いちばんよくわかる

HTML5&CSS3デザイン

入門

狩野祐東／著

SB Creative

本書に関するお問い合わせ

この度は小社書籍をご購入いただき誠にありがとうございます。小社では本書の内容に関するご質問を受け付けております。本書を読み進めていただきます中でご不明な箇所がございましたらお問い合わせください。なお、お問い合わせに関しましては以下のガイドラインを設けております。恐れ入りますが、ご質問の際は最初に下記ガイドラインをご確認ください。

ご質問の前に

小社 Web サイトで「正誤表」をご確認ください。最新の正誤情報を下記の Web ページに掲載しております。

本書サポートページ

URL https://isbn.sbcr.jp/88541/

上記ページの「正誤情報」のリンクをクリックしてください。なお、正誤情報がない場合、リンクをクリックすることはできません。

ご質問の際の注意点

- ご質問はメール、または郵便など、必ず文書にてお願いいたします。お電話では承っておりません。
- ご質問は本書の記述に関することのみとさせていただいております。従いまして、○○ページの○○行目というように記述箇所をはっきりお書き沿えください。記述箇所が明記されていない場合、ご質問を承れないことがございます。
- 小社出版物の著作権は著者に帰属いたします。従いまして、ご質問に関する回答も基本的に著者に確認の上回答いたしております。これに伴い返信は数日ないしそれ以上かかる場合がございます。あらかじめご了承ください。

ご質問送付先

ご質問については下記のいずれかの方法をご利用ください。

▶ Webページより

上記のサポートページ内にある「この商品に関する問い合わせはこちら」をクリックすると、メールフォームが開きます。要綱に従ってご質問をご記入の上、送信ボタンを押してください。

▶ 郵送

郵送の場合は下記までお願いいたします。

〒106-0032
東京都港区六本木2-4-5
SBクリエイティブ　読者サポート係

はじめに

スマートフォン向けのWebサイトが普及し始めた数年前あたりから、HTML・CSSの書き方は大きく変わりました。ただ、使うタグやCSSの機能が大きく変わったわけではありません。スマートフォンとパソコンの両方に対応したコーディングをするために、それまでとは違う考え方でページを組む必要が出てきたのです。

本書は、レスポンシブWebデザインが“当たり前”の時代の、新しいガイドブックになることを目指して書きました。ことさら「レスポンシブだ」「スマホだ」と強調はしませんが、全面的にスマートフォン時代のHTML・CSSコーディングにフォーカスしています。とくに、HTMLは組むときの「考え方」に重点を置き、CSSは単に機能の説明をするのではなく、実践的なテクニックをたくさん取り入れました。

1章では、Webサイトの仕組みやURLのこと、使えるファイルの種類と特徴など、制作を始める前に知っておきたい基礎知識をまとめました。

2章、3章では、簡単な例を通して、HTML・CSSコーディングの流れをつかみます。とくに、どんなときに、どういうタグを使って組み上げていくのか、その考え方を中心に取り上げています。

4章から8章では、機能別にHTML・CSSのコーディング例を紹介しています。「説明のためのサンプル」ではなく、できるだけ実践的なテクニックを選んで取り上げたので、トレーニングにも、リファレンスにも使えると思います。

9章はレイアウト。典型的なページレイアウトとナビゲーションを、これからの主役「フレックスボックス」を使って実現する方法を、詳しい解説とともに紹介しました。

10章では、それまでに紹介してきたテクニックを組み合わせて、実際のWebサイトを構築していきます。WebサイトのHTMLやCSSを書くときの流れや、考え方に沿った作業手順を紹介すると同時に、どんなに複雑に見えるデザインでも、実は「小さなテクニックの積み重ね」でできていることがイメージできるような作りにしました。

本書は、タグの説明やCSSの機能の説明だけでなく、「こうしたらページができあがる」という、作業の全体像を知ってもらうことに重点を置きました。読者の皆さんに細切れの知識ではなく、実践で役立つ力を伝えることができたなら幸いです。

最後に、本書の執筆にあたり、多くの方々の協力を賜りました。この場を借りて厚く御礼申し上げます。中でもSBクリエイティブ社・編集者の友保健太氏、サンプル作成に協力してくれた妻さやかに感謝します。

狩野祐東

CONTENTS
HTML5&CSS3

サンプルデータの使い方

本書を読み進める前に、サンプルデータをダウンロードして解凍しておいてください。サンプルデータは次のURLからダウンロードすることができます。

URL http://isbn.sbcr.jp/88541/

解凍したサンプルデータは、お使いのパソコンのデスクトップや「ドキュメント」フォルダ（Macの場合は「書類」フォルダ）など、どこでもお好きなところに保存してください。

サンプルデータには、本書で紹介するHTMLファイル、CSSファイル、画像ファイルが多数収録されています。どのファイルを開けばよいかは、本書のHTMLやCSSのソースコードを掲載している部分に書かれています。

図 サンプルデータの保存場所はここで確認

HTML フッター部分のHTML　chapter10/c10-01/index.html

```
<!-- ========== footer ========== -->
<footer>
  <div class="container footer-container">
       <ul class="footer-nav">
      <li><a href="course/">コース紹介</a></li>
        <li><a href="qanda/">よくある質問</a></li>
        <li><a href="contact/">お申し込み</a></li>
```

CSS フッター部分のCSS　chapter10/c10-01/css/main.css

```
/* ========== フッター ========== */
footer {
  ...
}
.footer-container {
  ...
}
```

サンプルの動作環境

本書で紹介するサンプルは、IE11以降、Edge13以降、Chrome、Firefox、Safariで動作するように作られています。また、一部のサンプルはAndroid 6.0.x、iOS 9.xおよび10.xでも動作します。

Webサイトの仕組みを知ろう

HTMLやCSSは比較的習得が容易な言語です。ちょっとしたことならすぐに理解できて、Webページを作れる手軽さがあります。でも、その単純さゆえに、複雑なレイアウトのページを作るときや規模の大きなサイトを管理するとなると、とたんに難しくなるのも事実です。本章では、Webサイトを構築するために必要な基礎知識と、HTMLやCSSを書く前に知っておきたいポイントを解説します。

一段高いクオリティを目指すために知っておきたいこと

Webサイトが表示される仕組み

すべてのWebページは、Webブラウザが、インターネット上にあるWebサーバーからデータをダウンロードすることによって表示されます。Webデザインをするためにネットワークの仕組みやWebサーバーのことを詳しく知っている必要はありませんが、サイトの完成度を高めるために押さえておきたいポイントがいくつかあります。

Webページのデータは、Webサーバーからダウンロードされる

「Webページ」は、HTMLやCSS、JavaScript、画像ファイルといったさまざまな「データ」で作られています。Webブラウザ(以下、ブラウザ)は、ユーザーが見たいと思ったWebページの各種データを、それが保存されている「Webサーバー」からダウンロードしてきて、そのデータの内容を解析して、表示したり、音声にして読み上げたりします[*1]。

ブラウザがページを表示する(または読み上げる)ために、Webサーバーにそのデータを要求することを「**リクエスト**」といいます。また、リクエストを受けたWebサーバーがそのデータを返す(ブラウザにダウンロードさせる)ことを「**レスポンス**」といいます。Webページは、「ブラウザがリクエストする」「Webサーバーがリクエストのあったファイルをレスポンスする」という処理を通じて、はじめて表示されるのです。

*1　データをダウンロードする、解析する、表示するという処理を、ブラウザはユーザーの“代わりになって”行うことから、ブラウザのことを「ユーザーエージェント」と呼ぶことがあります。エージェント(agent)は英語で「代理人」という意味で、ユーザーエージェントとは「ユーザーの代わりに処理をする人(もの)」ということになります。

図1-1　ブラウザがリクエストしてWebサーバーがレスポンスする

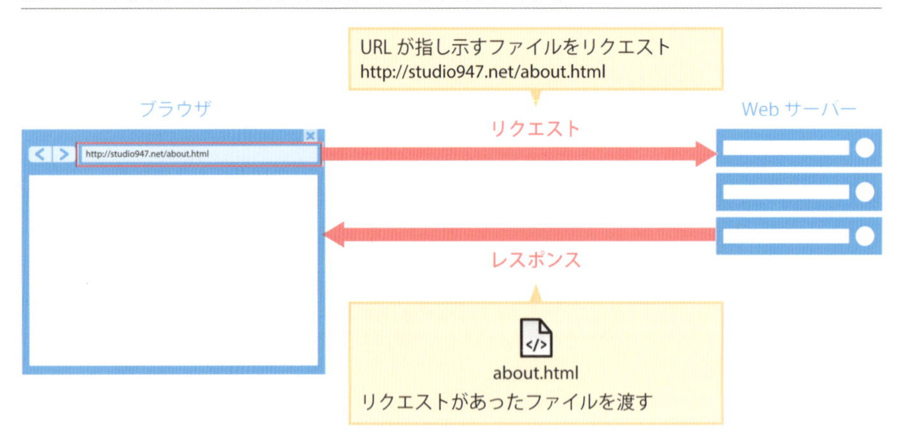

さて、ブラウザがリクエストしたデータをWebサーバーが持っていなかった場合、返すものがありません。どうしましょう。

そんなときのために、Webサーバーはレスポンスのとき、リクエストのあったデータだけでなく、そのリクエストがうまくいったかどうかの結果も一緒に返します。このリクエストに対するレスポンス結果には何種類かあって、それぞれに番号がついていま

す。その番号は「レスポンスコード」と呼ばれています。

主なレスポンスコードには次のものがあります。

表1-1　主なレスポンスコード

レスポンス結果のメッセージ	説明
200 OK	リクエストが成功して、URLが指し示す正しいデータが返された
301 Moved Permanently	サイトが引っ越したなどの理由でURLが永久的に変わった。新しいURLにリダイレクト（転送）された
302 Found	URLが一時的に変わっていて、代わりのURLにリダイレクトされた
403 Forbidden	パスワードなどがかかっていて、アクセスする権限がない。URLが指し示すファイルにアクセスできなかった
404 Not Found	URLが指し示すファイルがなかった
500 Internal Server Error	プログラムのエラーなどで、サーバーでエラーが発生した。URLが指し示すファイルにアクセスできなかった
503 Service Unavailable	サイトのメンテナンスなどで、URLが指し示すファイルが一時的に利用できない

これらのレスポンスコードのうち、正しくデータを返すことができた「200」のときは、何の問題もありません。ですが、それ以外のレスポンスコードが発生した場合、Webサーバーはリクエストのあったデータを正しく返せなかったことになり、何らかの対処をしておく必要があります。

「何らかの対処」はWebサーバーの側で行われます。基本的にはWebサーバーの管理者が設定ファイルなどを編集して、200番以外のレスポンスコードに対処しておくのですが、Webデザイナーにも重要な仕事が1つ待っています。それは「404」が発生したとき、つまり、ユーザーが見たいと思ってリクエストしたページが存在しないときに表示されるWebページ――通称「404ページ」――を作成しておくことです。リンクが間違っていたり、ユーザーがURLを打ち間違えたりすることはよくあるので、404ページは思ったよりもよく見られています[*1]。

図1-2　リクエストしたページが存在しないときの画面の例

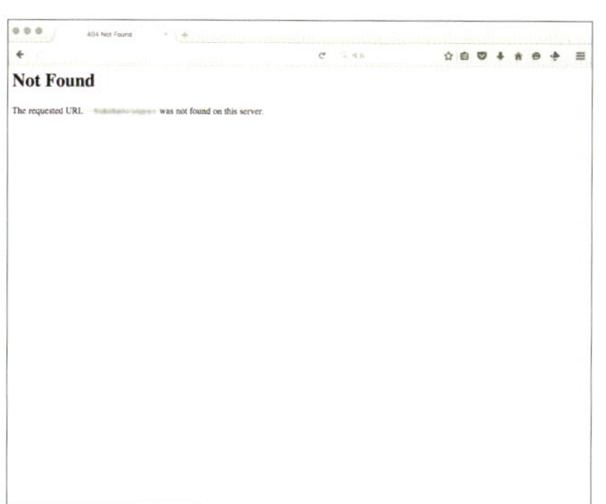

404 ページが用意されていないサイト

404 ページが用意されているサイト

＊1　404 ページもほかの Web ページ同様、Web サーバーにアップロードしておかなければなりません。通常はルートフォルダ（Web サーバーの一番上の階層）に「404.html」という名前の HTML ファイルをアップロードしておくのですが、Web サーバー側の設定により異なります。

URLは一度決めたら変えないのがいまの鉄則

URL

ブラウザはWebサーバーにほしいページのデータをリクエストする際、「どこにある」「何のデータか」を的確に指定する必要があります。ほしいデータを確実にリクエストするために使われるのが「URL」です。

URLとは

URL[*1]は、次のような見た目をしています。ブラウザのアドレスバーに表示されているか、または入力する文字列です。

＊1　URLは「Uniform Resource Locator」の略です。

▶ URLの例

```
http://studio947.net/info/about.html
```

URLは、ある特定のファイルを指し示す「住所と名前」のようなものです。インターネット上に公開されているすべてのファイル・データには、固有のURLが割り振られています。**あるURLは世界に1つしか存在せず、同じURLが2つ以上のデータを指すことはありません。**だから、ブラウザはほしいデータのリクエストを的確に出せるのです。

URLは、いくつかの部分に細かく分解することができます。

図1-3　URLはいくつかの部分に分解できる

http://sbcr.jp/products/4797383584.html

パス

スキーム

URLの先頭は必ず「**スキーム**」で始まります。

インターネットでは、Webページに使われるHTMLや画像だけでなく、メールなどさまざまな種類のデータがやり取りされています。スキームとは「このURLが指し示すデータが、Webページ用なのか、メール用なのか、それともほかの何に使われるのか」を表すものです。スキームには何種類かありますが、Webページで使われるのは「**http**」または「**https**」の2種類です。

このうちhttpsは、そのWebページをリクエストするときも、レスポンスが返ってくるときも、通信中のデータが暗号化されることを示しています。データが暗号化されていれば、万が一インターネット上で第三者に傍受されても、中身を覗かれることはまずありません。httpsはいままでクレジットカード番号やログインパスワードなど、漏洩してはまずい大事なデータをやり取りするときに使われていました。が、近年、セキュリティに対する意識の高まりを受けて、常時暗号化しているWebサイトが増えてきています。なお、スキームがhttpの場合は、通信中のデータはまったく暗号化されません。

Note 「file:///」スキーム

Webページのリクエスト・レスポンスで使われるスキームは基本的にhttpとhttpsの2種類だけですが、ブラウザでローカルファイル[*1]を開いた場合には、「file:///」という、特殊なスキームが使われます。

＊1　ブラウザが動いているのと同じパソコンに保存されているファイルのこと。

ドメイン名

スキームと区切り文字に続く「sbcr.jp」や「example.com」など、スラッシュ（/）の前までの部分を「ドメイン名」といいます[*2]。ドメイン名は、組織（企業など）や個人が、ドメイン登録管理団体に登録料を支払って取得します。同じドメイン名を持つWebサイトは世界に1つしかありません。以前はドメイン名には英数字と一部の記号（「-」など）しか使えませんでしたが、現在では漢字やひらがな、カタカナも使えるようになっています。

＊2　ドメイン名は「ホスト名」と呼ばれることもあります。

なお、ドメイン名の前に「www」などがつくURLもあります。このドメイン名の前につく文字を「**サブドメイン**」といいます。ドメイン名が同じでも、サブドメインが違えばそれぞれ別のWebサイトとして扱われます。次図に示す3つのURLはサブドメインが違うことから、それぞれ別のWebサイトとして扱われます。

図1-4　サブドメインがあるURLの例

```
http://sbcr.jp/
http://www.sbcr.jp/
http://isbn.sbcr.jp/
```

サブドメイン

パス

ドメイン名の後ろのスラッシュ（/）以降は「**パス**」と呼ばれます。このパスの部分は、Webサイトのフォルダとファイルの階層構造を示しています。パスについて詳しくは「テキストにリンクを追加する」（p.82～91）を参照してください。

少し複雑なURLの例

URLの中には、最後の「/」やファイル名の後ろに「?」や「&」「=」がついているものがあります。

▶ 「?」や「&」などが含まれるURLの例

```
http://example.com/products/camera.html?search=true&lang=ja
```

このURLは、ブラウザが通常のURL（http://example.com/products/camera.htmlの部分）に加え、何らかの追加情報をつけ足して、Webサーバーにリクエストしていることを示しています。

「?」以降は、Webサーバーに送られる追加情報で「**クエリパラメータ**」と呼ばれています。クエリパラメータは、たとえばページ内検索機能があるWebページで、ユーザーが入力した検索文字列をWebサーバーに送るときなどに使われます。

図1-5　URLの「?」以降の使用例。サイト内検索機能があるサイトで、検索文字列をWebサーバーに渡すときに使われている

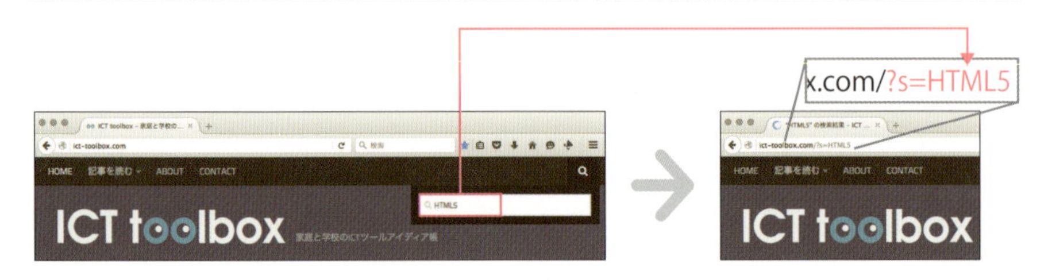

Webページはさまざまなファイルで構成されている

Webサイトに使われるファイルの種類

1枚のHTMLファイルがあれば、1枚のWebページが作れます。でも、通常はHTMLを用意するだけでなく、CSSファイルでレイアウトを調整したり、画像を掲載したりします。ここでは、Webサイトで使用できるファイルの種類と、効果的な使い分け方を把握しておきましょう。

HTMLファイル

Webページを作るうえで最も重要なのが、HTMLファイルです。ページに掲載するテキストや画像の情報にタグづけして、構造化する――人間が読めて、コンピュータが処理できるかたちにする――のがHTMLです。1つのWebページには、1枚のHTMLファイルが必要です。HTMLファイルの拡張子は「.html」または「.htm」です。

CSSファイル

HTMLファイルには、Webページに表示されるテキストや画像といったコンテンツの情報を持たせることができます。しかし、それを「どのように表示するか」という、レイアウトを指示する機能はHTMLにはありません。

CSSは、HTMLにレイアウト機能を提供する、HTMLとは別のコンピュータ言語です。通常、Webページは、HTMLファイルとCSSファイルを組み合わせて作成します。CSSファイルの拡張子は「.css」です。

JavaScriptファイル

HTMLファイルとCSSファイル、画像ファイルでできたWebページは、一度ブラウザに表示されてから次のページが表示されるまで、コンテンツの内容も、見た目のレイアウトも、まったく変化しません。しかし、JavaScriptというプログラミング言語を使えば、一度表示されたWebページをさまざまに変化させることができます。JavaScriptファイルの拡張子は「.js」です。

Webページを見ていると、一定時間で写真が切り替わる「スライドショー」をよく見かけると思います。また、TwitterやFacebookなどのSNSサイトでは、スクロールしていくと次から次へと新しい投稿が表示されて、終わりがないように見えるページもあります。こうした、最初に表示された状態からどんどん変化するページは、JavaScriptを使って作られています。JavaScriptでWebページに動きをつけるには、HTMLやCSSを記述するのとはまた違う、プログラミングのスキルが必要です。

画像ファイル

ブラウザが表示できる画像ファイルの形式は決まっています。**JPEG**形式、**PNG**形式、**GIF**形式と、少し特殊な**SVG**形式の4種類です。これらのファイル形式にはそれぞれ長所と短所があり、画像の内容に応じて使い分けます。

写真またはグラデーションのあるイラストの場合はJPEG

画像が写真、またはグラデーションを多用していて階調が多い（使っている色数が多い）イラストなどの場合は、JPEG形式の画像を作成します。JPEGファイルの拡張子は「.jpg」または「.jpeg」です。

JPEG形式はフルカラー（約1670万色）を扱えるのが特徴で、色数の多い写真などの画像に適しています。また、色数を保ったまま圧縮率を変えることができて、ファイルサイズを小さくすることができます（ただし圧縮率を高めれば画質は落ちます）。

図1-6　写真など階調が多い画像はJPEG形式が最適

グラフや図、べた塗りの面積が大きいイラストの場合はPNG

グラフや図、べた塗りの面積が大きいイラスト、グラフィックに文字が含まれている場合など、輪郭がはっきりしていて階調が少ない画像の場合は、PNG形式の画像を作成します。PNG形式は色数を256色に制限することもフルカラーにすることもできるファイル形式ですが、輪郭がはっきりした画像の場合は、色数を制限したPNGファイルを作成します。Photoshopなどの画像編集ソフトでは、色数を256色に制限したPNG形式を「PNG-8」と呼んでいます。PNG形式のファイルの拡張子は「.png」です。

図1-7　ロゴやUI部品（ユーザーインターフェース）など色数が少ないグラフィックはPNGが最適

企業ロゴ

UI 部品

画像にマスクをする場合もPNG

画像にマスクをしたい場合には、フルカラーのPNG形式を作成します。マスクとは、イメージの一部を切り抜いて、そのほかの部分を透過できる機能のことです。きれいなマスクを作れるのはフルカラーのPNGしかありません。

なお、Photoshopなどの画像編集ソフトでは、フルカラーでマスク機能がついたPNG形式を「PNG-24」と呼んでいます。ファイルの拡張子はPNG-8と同じく「.png」です。

図1-8　マスクがある画像とない画像

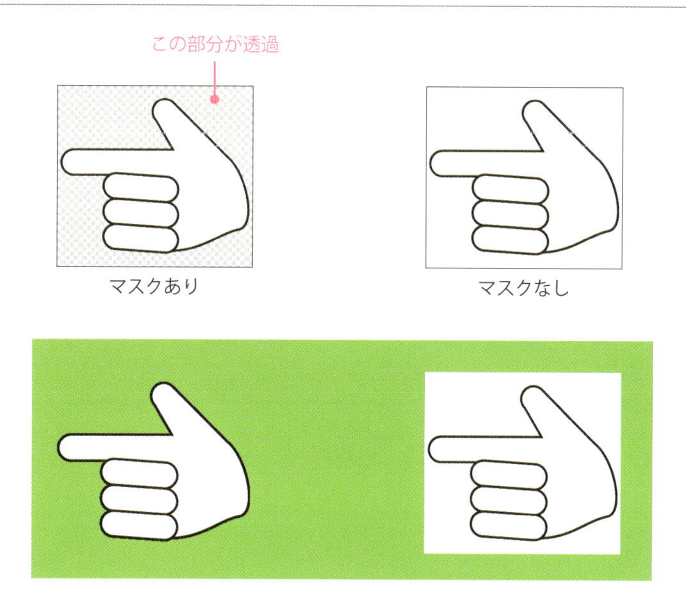

アニメーションをする場合はGIF

パラパラ漫画のように、何枚かの画像を組み合わせてアニメーションをさせたいときは、GIF形式のファイルを作成します。アニメーション機能は、ページが読み込み中であることを示す「ローディングサイン*1」や、ごく短い動画の作成によく使われます。

GIF形式は色数が256色に制限されたファイル形式で、拡張子は「.gif」です。GIF形式で静止画も作れますが、静止画であればPNG-8のほうが高性能で、ほとんどの場合ファイルサイズも小さくなります。GIF形式はパラパラ漫画アニメーションを作るものと考えてよいでしょう。

*1　「ローディングアニメーション」「プリローダー」などと呼ばれることもあります。

図1-9　読み込み中を表す、くるくる回るローディングサインはGIFアニメーションでできていることが多い

JavaScriptで操作できる、特殊なグラフィック

JPEG、PNG、GIFはすべて「ビットマップ」と呼ばれる画像の形式で、基本的には画像の1画素ごとに色の情報を持っています。このビットマップに対し、線や塗りの情報が数式で表されている「ベクター」という形式の画像があります。**ベクター形式は拡大・縮小しても画質が変わらない半面、ビットマップに比べて描画に時間がかかります。**Webサイトで使える画像の中では、SVG形式の画像だけが唯一ベクター形式の画像です。

図1-10　ベクター形式は拡大しても画質が変わらない

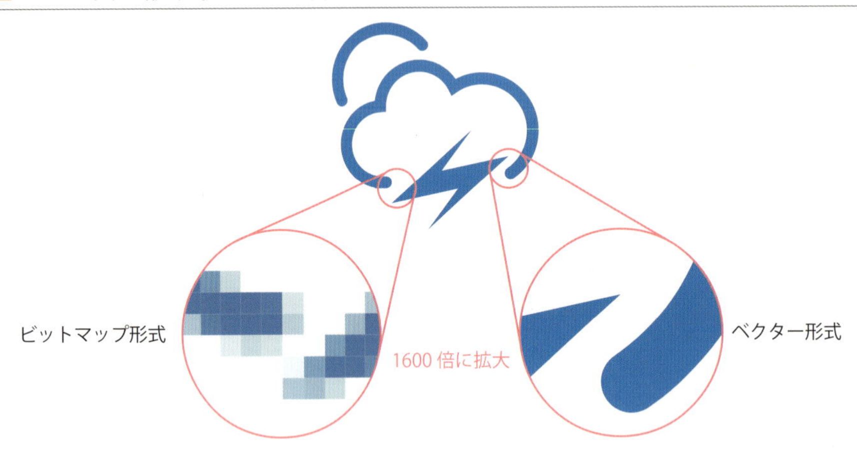

SVG形式の画像は、画像ファイルでありながら、データの中身は「SVG」というHTMLと似たような言語で書かれています。そのため、SVGファイルはテキストエディタで編集できたり[*1]、JavaScriptを使えば画像をリアルタイムに書き換えられたりするという大きな特徴があります。その特徴を生かして、SVGはリアルタイムに変化するグラフを表示するときなどに使われます。

＊1　とはいえ、複雑なグラフィックはIllustratorなどで作成するのが一般的です。

図1-11　SVG形式の画像を使用した例

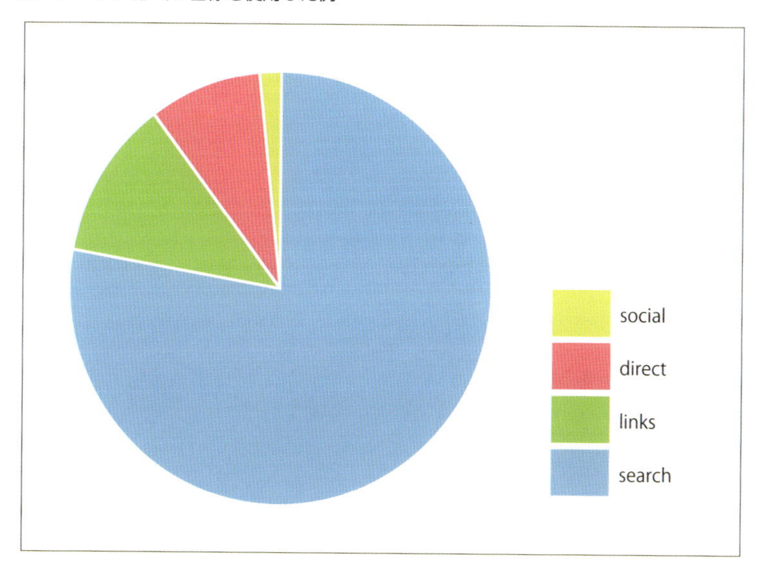

Note　ファイル形式の違いにあまりこだわる必要はない

現在は画像処理ソフトやブラウザの表示性能が向上したこともあって、ファイル形式の違いによる画質の差はそれほど感じられない場合が多いです。ファイル形式選びにあまり神経質になる必要はありません。

そのほかのよく使われるファイル

比較的新しいブラウザでは、画像ファイル以外にも、動画ファイルや音声ファイルをページに埋め込むことができます。

動画ファイル

HTML5で追加された新機能により、現在のブラウザは、動画ファイルをページに埋め込むことができるようになっています。ただ、少し前まではブラウザによって再生できる動画ファイルの形式が違っていたため、同じ動画を異なるファイル形式で複数用意しなければなりませんでした。現在ではMP4形式の動画ファイルさえ用意しておけば、主要なブラウザすべてで再生することができます。MP4形式のファイルの拡張子は「.mp4」です。

音声ファイル

HTML5では、動画だけでなく音声ファイルも再生できます。主要なブラウザでは、動画データがないMP4形式、またはMP3形式の音声ファイルを再生することができます。MP3ファイルの拡張子は「.mp3」です。

URLのわかりやすさと管理のしやすさを考えて
データを整理

Webサイトのファイル・フォルダ構造

Webサイトにはたくさんのファイルが使われるので、効率的に整理しておくことが重要です。

Webサイトのファイル・フォルダ構造

Webサイトで使用するファイルを整理するときは「そのフォルダ構造がそのままURLになる」ことを常に考えておく必要があります。原則としては、次の3つのことに注意しながら、フォルダ構造を作ります[*1]。

- URLができるだけ短くなるようにする
- なるべくURLを見るだけでそのページの内容が想像できるようなフォルダ名・ファイル名をつける
- 階層はできるだけ浅くする(あまりたくさんの「/」がないようにする)。「フォルダの中にフォルダがある」構造はできるだけ避ける

*1 Webサーバーでは「フォルダ」のことを「ディレクトリ」と呼ぶのが一般的です。ただ、ここではディレクトリではなく、フォルダと呼ぶことにします。

実践的な例1：HTMLファイルを可能なかぎりルート階層に置く

実践的なファイル・フォルダ構造には大きく分けて2通りがあります。そのうちの1つは、HTMLファイルを可能なかぎり「ルート階層」に置く方法です。ルート階層とは、それより上の階層がないフォルダのことで、たとえば次のようなフォルダ構成にします。

図1-12　HTMLファイルをルート階層に置くフォルダ構造とURL

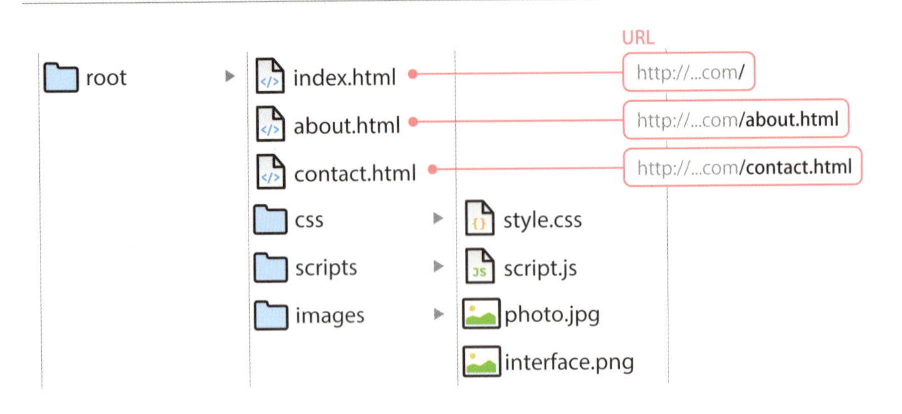

この方法でファイルをまとめると、フォルダをほとんど使いません。全体に階層構造が浅くなり、URLも短くなります。どんなファイルがあるのか一目で見やすく、ページ数が少ないWebサイトの場合は、管理が非常にしやすいといえます。

ただし、フォルダをほとんど使わないことから、ページ数が増えてくると大量のHTMLファイルがルート階層に保存されることになり、だんだん管理がしづらくなるという欠点があります。そのためこのフォルダ構造は、小～中規模（ページ数が最大でも数十ページ程度）のWebサイト向きといえます。

実践的な例2：1ページにつき1つのフォルダを作る

実践的なファイル・フォルダ構造の2つ目は、Webサイトのトップページを除くすべてのページを、別々のフォルダに保存する方法です。また、それぞれのフォルダにはimagesフォルダを作り、ページに含まれる画像はそのimagesフォルダに保存しておきます[*1]。

＊1　使用する画像が少ない場合は、ルート階層の「images」フォルダだけ用意する場合もあります。

図1-13　1ページにつき1つのフォルダを作るフォルダ構造とURL

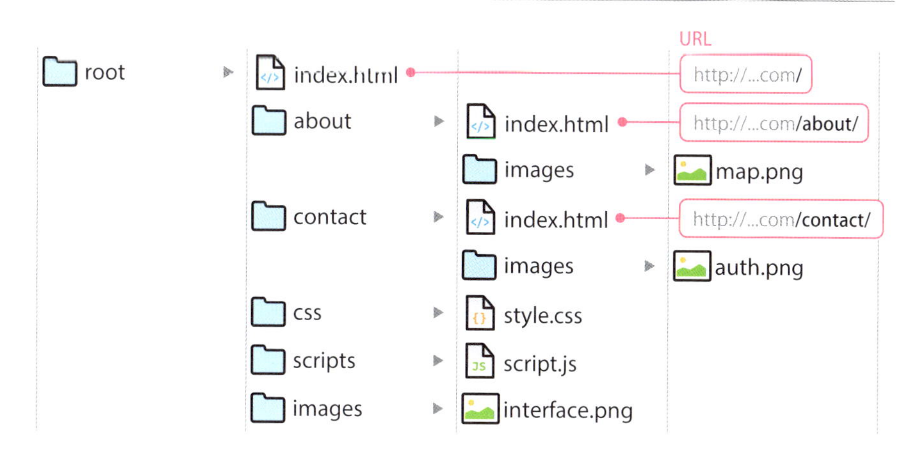

全体にフォルダが多くなるため、ファイルの一覧性は悪くなります。また、一見URLも長くなりそうですが、「index.html」というファイル名はURLから省略できるため[*2]、1つ目の方法に比べてURLが長くなるわけではありません。このフォルダ構造は、扱うファイル数が多くなる、大企業のWebサイトやたくさんの商品を使うECサイトなど、大規模サイト向きといえます。最近は「index.html」を省略したURLのほうが好まれることもあって、小規模サイトであってもこのパターンで作成するケースが増えています。

＊2　「特殊なファイル名『index.html』」（p.87）

Note　静的ページと動的ページ

Webページには、あらかじめ書いておいたHTMLファイルを表示する「静的ページ」と、ブラウザからのリクエストがあったときにWebサーバーに設置されたプログラムがHTMLを生成する「動的ページ」があります。CMS[*1]は、動的にページを生成するプログラムの代表例です。

*1　「コンテンツ管理システム」とも呼ばれています。大量のページを手動ではなく、自動的に生成することを目的としたプログラムで、WordPressやDrupalなどが有名です。

図1-14　動的ページのリクエスト・レスポンスの流れ

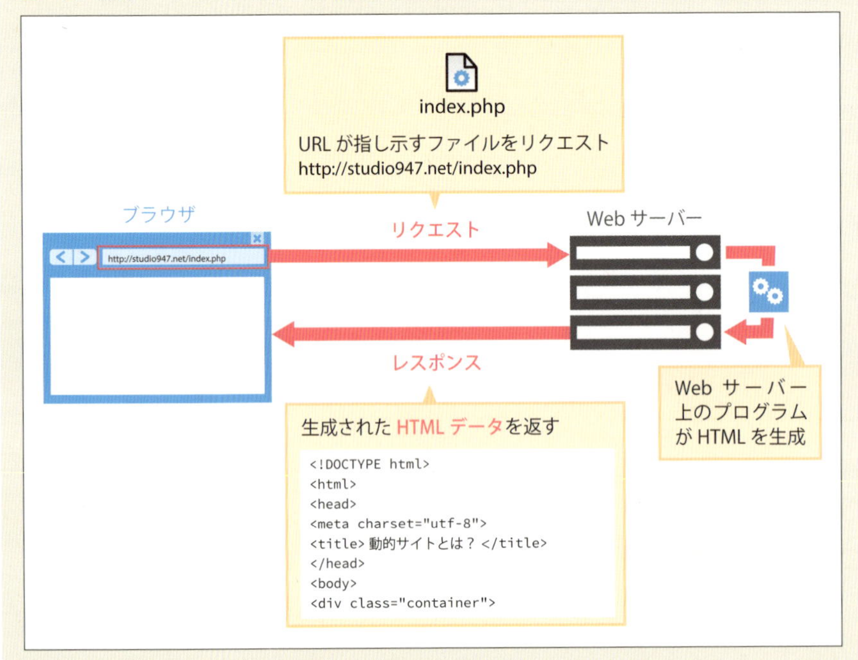

静的なWebサイトを作る場合は、HTMLをはじめとするすべてのファイルやフォルダを、その構造を崩さずにそっくりそのままWebサーバーにアップロードして公開します。そのため、作業用のパソコンで制作を始める前に、最終的なファイル・フォルダ構造をきっちり決めておく必要があります。

一方、CMSを使った動的サイトを作る場合、一般にデザイナーは、生成するページのひな形となる「テンプレート」を作成することになります。使用するCMSによってテンプレートの保管場所が決まっているため、作成したファイルを最終的にアップロードする場所は、制作中のファイル・フォルダ構造と異なる場合があります。

ファイル名・フォルダ名はURLの見た目を考えて

HTMLファイルのファイル名やフォルダ名は、その名前がそのままURLとしてブラウザのアドレスバーに表示されます。そのことを考えて、中身を見なくてもおおよその内容が推測できるようなファイル名・フォルダ名をつけるクセをつけましょう。

ファイル名・フォルダ名は次のルールでつけるとよいでしょう。

- 半角の英単語、数字、または英単語と数字の組み合わせにする
- 英単語はできるだけ簡単なものを使う
- 英字は小文字のみを使う。大文字は使わない
- 2つ単語を使う必要がある場合は、単語の区切りをハイフン(-)でつなげる
- 記号には使用できない文字(半角スペース、&、:、?、=、など)があるため、原則としてハイフン(-)のみを使用する

もし、同種のファイルが複数ある場合――たとえばある記事に1ページ目と2ページ目があるときや、スライドショーに複数の画像を使う場合――、ファイル名の後ろに通し番号、もしくは日付と時間などをつけてもよいでしょう。

表1-2　つけてよいファイル名、つけてはいけないファイル名

	ファイル名	説明
○	contact.html	英字のみを使ったファイル名
○	img001.jpg	英数字を使ったファイル名
○	work02.html	英数字を使ったファイル名
○	news-2020724.html	英数字とハイフンを使った、日付入りのファイル名
△	share_contents.html	アンダースコアよりハイフンを使ったほうがよい
×	お買い得情報.html	日本語は使えないわけではないが通常使用しない
×	PressRelease.html	大文字は使わない
×	watch and clock.html	ファイル名に半角スペースは使えない
×	coding/design.html	ファイル名にスラッシュは使えない

CSSファイルやJavaScriptファイルなど、HTMLファイルや画像ファイル以外の決まりきったファイルやフォルダの名前は、あまり考えずに次のようにします。

- 画像ファイルを保存しておくフォルダ名は「images」または「img」にする
- CSSファイルを保存しておくフォルダ名は「css」にし、ファイル名は「style.css」「main.css」などにする
- JavaScriptファイルを保存しておくフォルダ名は「script」または「scripts」にし、ファイル名は「script.js」などにする

Note　アンダースコア(_)ではなくハイフン(-)を使う理由

アンダースコア(_)とハイフン(-)はどちらもファイル名に使えますが、本書では「-」をお勧めします。

コンピュータは基本的に「-」を単語の区切りとして処理します。「_」は単語の区切りとして処理されません。コンピュータの動作に合わせて、単語の区切りには「-」を使うルールにしましょう。なお、Googleは、「_」を使うか「-」を使うかで検索結果に大きな差が出るわけではないとしつつも、原則として「-」の使用を勧めています。
https://www.youtube.com/watch?v=AQcSFsQyct8 (英語)

専用のツールがあったほうが作業効率アップ

Webサイトの制作環境を整えよう

Webページの制作には、ブラウザ、テキストエディタ、FTPクライアントを用意しましょう。

ブラウザ

ブラウザには、WindowsのEdgeまたはInternet Explorer（本書ではこれ以降IEと呼びます）、MacのSafari以外に、Chrome、Firefoxなどがあります。Webサイトを作成するには、これら4つのブラウザ——Edge/IE、Safari、Chrome、Firefox——であれば、どれをメインに使ってもかまいません。ただし本格的なWeb制作では、動作確認のために、すべてのブラウザをインストールしておくのが一般的です。

また、スマートフォン向けのWebサイトを作成する場合には、AndroidやiPhoneなどの実機を用意しておいたほうがよいでしょう。スマートフォン向けWebサイトの基本的な表示や動作の確認はパソコン用ブラウザでもできますが、最終的な確認は実機で行ったほうが確実です。

表1-3　主要なブラウザ

	ブラウザ名	OS	特徴
	Microsoft Edge	Windows 10	Windows 10ではじめて搭載された、Internet Explorerの後継ブラウザ。パソコンだけでなく、タブレット「Surface」にも搭載されている
	Microsoft Internet Explorer	Windows	Edgeが登場するまでWindowsの標準ブラウザだった。今後新しいバージョンは登場しない。最終バージョンは11
	Apple Safari	macOS/iOS	macOS、iOSに標準搭載されているブラウザ
	Google Chrome	Windows/macOS/Android/iOS	Google社が開発するブラウザ
	Mozilla Firefox	Windows/macOS/Android/iOS	Mozilla Foundationが開発するブラウザ

テキストエディタ

HTMLやCSSを編集するために、HTML/CSSのコーディングをはじめ、Webサイトやソフトウェアの開発に適した専用のテキストエディタを用意しましょう。Windowsのメモ帳やmacOSのテキストエディットでもHTMLやCSSを編集できないわけではありませんが、使用は極力避けてください[*1]。

*1　メモ帳で作成したHTMLやCSSはまれにブラウザで表示できないことがあります。また、テキストエディットでHTMLを編集するには環境設定の変更が必要です。

はじめてテキストエディタを選ぶときは、次の点を重視するとよいでしょう。

コードの色分け機能

HTMLのタグやコメントなどを自動的に色分けする機能です。快適にHTMLやCSSを書くには必須の機能といえます。

入力補完機能

HTMLのタグやCSSを途中まで書くと、入力候補を提示してくれる機能です。タグ名などのつづりがうろ覚えでも入力できるので便利です。

日本語の扱い

日本製以外のテキストエディタでは、日本語の行折り返し（ウィンドウ幅に収まるように改行すること）やテキストの選択がちょっと苦手なものがあります。日本語の扱いが苦手でもHTMLやCSSは書けますが、気になるなら避けたほうがよいでしょう。

操作性が自分に合っているか、検索などよく使う機能の操作性がよいかどうかも大事なポイントです。試しに使ってみて、自分に合っていると感じたものを選びましょう。

図1-15　コードの色分け機能と入力補完機能

```
1  <!DOCTYPE html>
2  <html>
3  <head>
4  <meta charset="utf-8">
5  <title>パンくずリストを作成する | c06-02-c</title>
6  <style>
7  .breadcrumb ol {
8      list-style-type: none;
9      margin: 0;
10     padding: 0;
11 }
12 .breadcrumb li {
13     display: inline;
14 }
15 .breadcrumb li::after {
16     content: "»";
17 }
18 .breadcrumb li:last-child::after {
```

コードの色分け機能

```
1  <!DOCTYPE html>
2  <html>
3  <head>
4      <meta charset="utf-8">
5      <meta http-equiv="X-UA-Compatible" content="IE=
6      <title></title>
7      <link rel="stylesheet" href="">
8  </head>
9  <body>
10     <di
11 </bo   div       <div>
12 </ht   dir       Tag
          div       Tag
          div       Tag
          details   Tag
          datalist  Tag
```

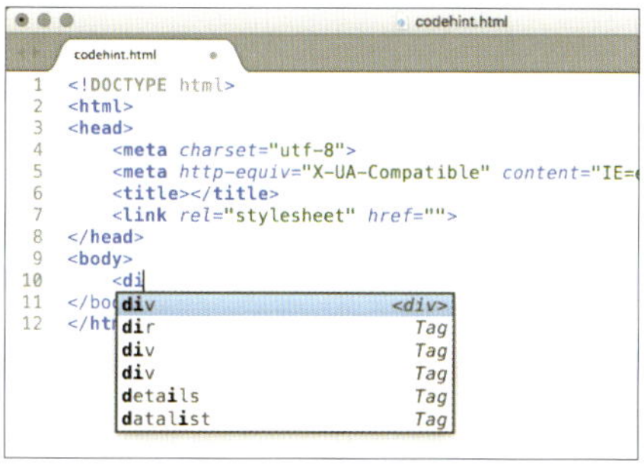

入力補完機能

Note　マルチファイル検索・置換も便利

Webサイトを制作すると、たくさんのHTMLファイルを作ることになります。一度作ったファイルを後から修正するには、「マルチファイル検索・置換」が便利です。この機能があると、特定のフォルダに含まれるファイルを一括で検索・置換できるので、作業の手間が省けます。次表で紹介するテキストエディタの中では、Brackets、Sublime Text、Adobe Dreamweaverが対応しています。

お勧めのテキストエディタ

これからテキストエディタを選ぶ方に、お勧めのテキストエディタを紹介しておきます。すでに使い慣れたテキストエディタがある場合、わざわざ乗り換える必要はありません。

表1-4　HTML/CSS編集にお勧めのテキストエディタ

アプリケーション名	Win/Mac	有料・無料	コードの色分け機能	入力補完機能	日本語の扱い	URL
Brackets	Win/Mac	無料	あり	あり	○	URL http://brackets.io
サクラエディタ	Win	無料	あり	なし	○	URL http://sakura-editor.sourceforge.net
CotEditor	Mac	無料	あり	なし	○	URL https://coteditor.com
Sublime Text	Win/Mac	有料	あり	あり	△	URL http://www.sublimetext.com
Adobe Dreamweaver	Win/Mac	有料	あり	あり	○	URL http://www.adobe.com/jp/products/dreamweaver.html

FTPクライアント

Webサイトのすべてのデータができあがったら、Webサーバーにアップロードして、公開します。データのアップロードには、FTPクライアントを使用するのが基本です*1。主要なFTPクライアントを紹介しておきます。

*1　最近はFTPクライアントではなく「バージョン管理システム」というシステムを使用してデータを公開する場合もあります。

表1-5　代表的なFTPクライアント

アプリケーション名	Win/Mac	有料・無料	URL
WinSCP	Win	無料	URL https://winscp.net/
CyberDuck	Win/Mac	無料	URL https://cyberduck.io
FileZilla	Win/Mac	無料	URL https://osdn.jp/projects/filezilla/
Transmit	Mac	有料	URL https://panic.com/jp/transmit/

Note　自分のWebサーバーを持つと勉強になる

テキストエディタやFTPソフトを揃えること以外に、自分のドメイン名を取得して、自分のWebサーバーを借りてみることもお勧めします。自由に使えるWebサーバーを借りていると、HTMLやCSSの勉強に役立つだけでなく、いろいろと経験を積むことができます。いまはドメイン名の取得も年間1000円以下でできますし、Webサーバーも月数百円程度で借りることができて手軽です。

拡張子を表示しておこう

HTMLに画像ファイルへのリンクを書くときなど、Webサイトを作成するときにはファイルの拡張子がわかっていることが重要です。OSの設定を変更してファイルの拡張子を表示させるようにしておきましょう。

Windowsで拡張子を表示する

Windowsは標準ではファイルの拡張子を表示しないので、必ずOSの設定を変更します。操作方法は次のとおりです。

操作 Windowsで拡張子を表示する

1. コントロールパネルを開き、［エクスプローラーのオプション］をクリックします❶。

2. 「エクスプローラーのオプション」ダイアログが開いたら、［表示］タブをクリックして❷、詳細設定にある「登録されている拡張子は表示しない」のチェックを外します❸。最後に［OK］をクリックします。

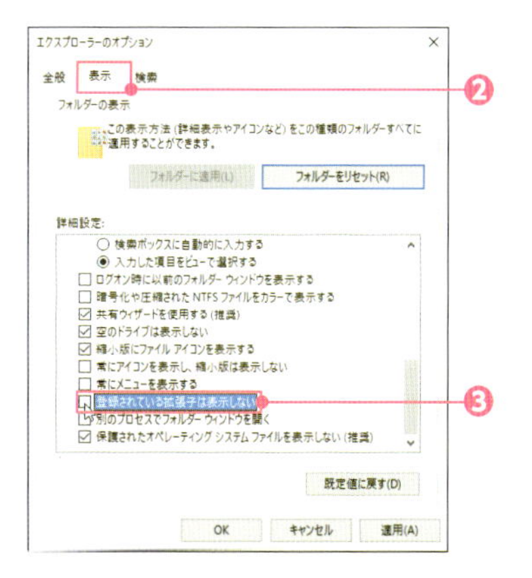

Macで拡張子を表示する

Macは標準で多くのファイルの拡張子を表示するようになっているので設定の変更は必要ありません。もし、すべてのファイル拡張子を表示させるには次のように操作します。

操作 Macで拡張子を表示する

1. Finderアプリケーションに切り替えて、［Finder］メニュー―［環境設定］を選びます❶。

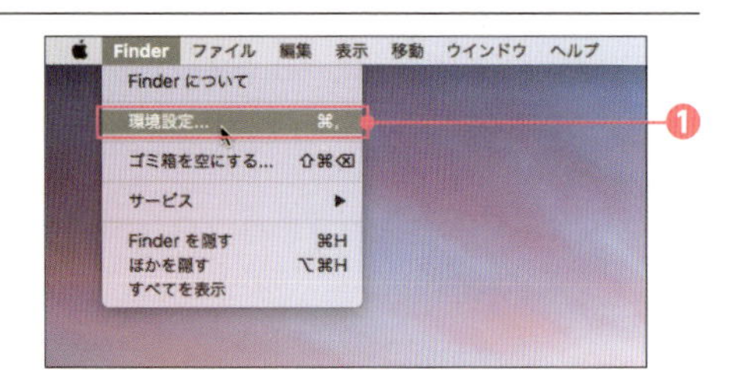

2. 「Finder環境設定」ダイアログボックスの［詳細］タブをクリックし❷、「すべてのファイル名拡張子を表示」にチェックをつけます❸。

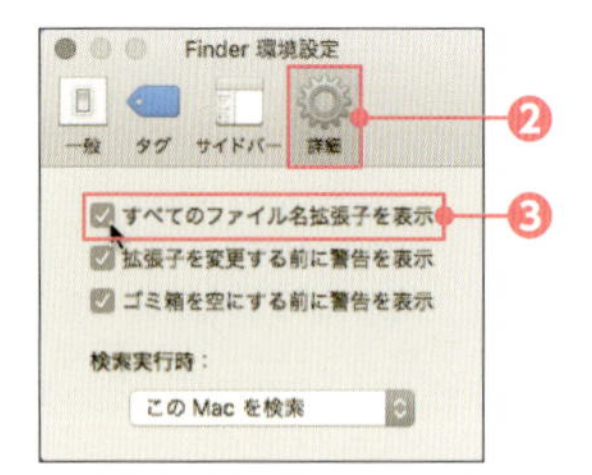

HTMLの基礎知識とマークアップの実践例

この章ではまず、HTMLを書くために必要な基礎知識と書式のルールを見ていきます。ひととおり書式を確認した後は、テキスト原稿をマークアップしながらタグ選びのポイントと考え方を紹介します。

HTMLの基本的な役割と文法を知ろう

HTMLとは

Webページを作るのに最も重要なのが「HTML」です。ここではこのHTMLの役割と基本的な文法を紹介します。

HTMLは「タグを使って文書をフォーマット」するもの

HTML（Hypertext Markup Languageの略）はWebページを作成するためのコンピュータ言語です。Webページに載せたいテキストや画像をタグづけすることにより、そのテキスト（や画像）の意味合いをはっきりさせて、人間にもコンピュータにも理解できるドキュメントの構造を作るのがHTMLの役割です。1つのWebページには、1つのHTMLドキュメント――HTMLで書かれたソースコードのこと――が必須です。

「タグ」の意味ははじめから決められている

HTMLにはあらかじめ定義されたタグが約200種類あります。200種類と聞くとたくさんあるように思えるかもしれませんが、その中でよく使われるのはせいぜい30～40種類くらいです。さらに、絶対に知っておかないといけない重要なタグは10種類程度です。実はHTML5になって、以前のバージョンのHTMLに比べてタグの数がほぼ倍増しています。しかし、実際に公開されているWebサイトのHTMLを見るかぎり、たくさんのタグを正確に使い分けることよりも、できるだけシンプルに書くことを目指す傾向にあり、使うタグの種類はあまり増えていません。いろいろな種類のタグの使い方を覚えるよりも、どうやってうまくドキュメントを構造化していくかのほうが重要といえます。

HTMLのバージョン

タグの定義や文法を含むHTML全般の仕様は、W3C（The World Wide Web Consortium）という国際的なインターネット関連技術の標準化団体が決めています。W3Cには世界各国の企業や個人が参加して、HTMLの仕様を話し合いで決めています。その話し合いの課程や最終的に決定された仕様は、すべてW3CのWebサイトで公開されています。

W3Cが定めたHTMLの仕様文書には、バージョン番号がついています。HTMLのバージョンとはその仕様文書のバージョンのことで、最新版は「HTML5」です[*1]。HTML5の仕様が確定したのは2014年ですが、すでに多くのWebサイトがHTML5の仕様に準拠して作られていて、十分に普及していると考えてよいでしょう。

HTML5以前のバージョンにはHTML4.01、XHTML1.0があり、古くからあるサイトでまだ見かけることがあります。ただ、これから新たに作るサイトでは、わざわざ古いバージョンのHTMLを使う必要はありません。

＊1　2017年12月14日に、HTML5を強化・改良した「HTML5.2」が正式の仕様になりました。

HTMLの仕様文書は慣れないうちは理解するのが大変ですが、タグの意味や正しい使い方など細かいところまで正確に書かれています。興味がある方は一度ご覧になってみてはいかがでしょうか。

W3Cで公開されている最新のHTMLの仕様文書（英語）
URL http://www.w3.org/TR/html52/

図2-1 HTML5.2の仕様文書

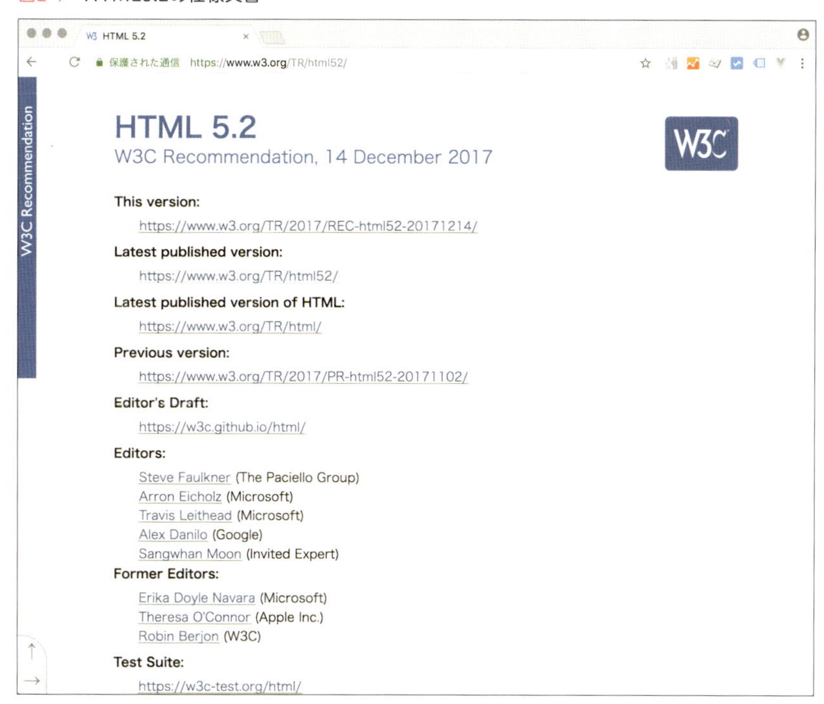

HTML5とそれ以前のHTMLの違い

HTML5は、過去のバージョンに比べてタグの数が大幅に増え、多くの機能が追加されました。また、一部のタグの書き方がシンプルになり、HTMLが書きやすくなっています。

新機能やタグの書き方の仕様変更に加え、HTML5は以前のバージョンに比べて仕様が厳格になりました。主要なブラウザ――Edge/IE、Safari、Chrome、Firefox――も、W3Cが公開するHTMLの仕様に沿って開発が進められるようになり、異なるブラウザ間の表示誤差は以前よりもはるかに小さくなっています。ブラウザ間の誤差が小さくなったことで、Webサイトを作るときも、余計なことをあまり気にせず制作に集中できるようになりました。

なお、本書ではHTMLといえばHTML5のことを指すことにします。

タグ1つひとつの書式を把握しよう

HTMLの書式

HTMLタグの書式にはシンプルなルールがあります。ここではタグの書式と各部の名称について説明します。

HTMLの一般的な書式

タグの典型的な書式を見てみましょう。リンクを意味する<a>タグを例にして、典型的な書式と各部の呼び名を紹介します。

図2-2　タグの典型的な書式と各部の呼び名

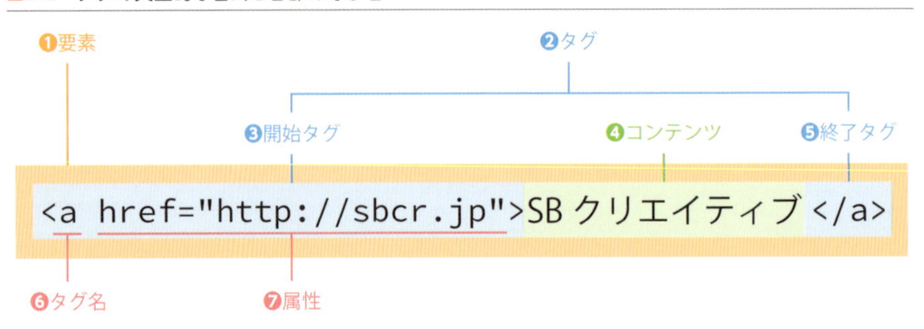

開始タグ❸と終了タグ❺で、コンテンツ❹を囲むのがHTMLの基本的な書式です。HTMLのタグ❷は、コンテンツ❹の意味合いを定義するのに使われます。この例の場合「SBクリエイティブ」というテキストに「リンクの意味を持たせる」ということをしています。<a>は「アンカーリンク（いわゆるリンク）」という意味のタグです。

開始タグ❸はコンテンツの始まりを示すタグで、半角の「<」と「>」でタグ名を囲むかたちになっています。開始タグにはタグ名❻のほか、1つ以上の属性❼が含まれることがあります。属性については後で詳しく説明します。

終了タグ❺は半角の「</」と「>」でタグ名を囲むかたちになっています。

コンテンツと要素

開始タグと終了タグに囲まれた部分を「コンテンツ❹」といいます。コンテンツとは「ブラウザに表示される部分」と考えてよいでしょう。

また「開始タグ〜コンテンツ〜終了タグ」を全部まとめて「要素❶」といいます。コンテンツも要素も、HTMLを扱ううえでの重要な専門用語なので、覚えておきましょう。

タグ名

HTMLには、あらかじめ定義されたタグ名❻が何種類もあります。コンテンツの意味合いやドキュメントの構造に応じて、適切なタグ名を選んで使います。

属性と属性値

開始タグのタグ名の後ろに続くのが「属性❼」です。タグに追加的な情報を付け加えるときに使います。属性は1つもつかないこともあれば、1つだけつくことも、2つ以上つくこともあります。

属性には大きく分けて、「そのタグに固有の属性」と「どんなタグにも追加できる属性」の2種類があります。たとえば<a>タグには「href属性」があります。href属性にはリンク先ページ――テキストをクリックしたときに表示されるページ――のURLを指定するのですが、これは<a>タグに固有の属性です。

もう1種類の「どんなタグにも追加できる属性」は、文字どおりどんなタグにも追加できる属性で、正式には「**グローバル属性**」と呼ばれています。代表的なものに**class属性**や**id属性**などがあります。

属性は、基本的には次のような書式で記述します。

図2-3　属性の基本的な書式

```
   属性 =" 属性に指定する値 "
<a href="http://sbcr.jp">...</a>
```

「属性（たとえばhref）」とそれに続く「=」、その属性に指定する値を囲む「"」は、必ず半角で続けて書きます。また、タグ名と属性の間、属性と属性の間には半角スペースを入れて区切ります。よくやってしまうのが、この区切りに間違えて全角スペースを入れてしまうことです。ここに全角スペースを入れてしまうと、正しくHTMLが表示されなくなるなど、正常に動作しなくなります。半角スペースも全角スペースも目には見えない空白なので、間違って入力すると気づくのが難しいので要注意です。

図2-4　タグ名と属性、属性と属性の間には必ず半角スペースを入れる

```
<a□href="http://sbcr.jp"□target="_blank">...</a>
```

必ず半角スペースで区切る

Note　半角スペースと全角スペースを見分けるには

半角スペースと全角スペースは、始めたばかりの初心者だけでなく経験者でも打ち間違えます。打ち間違いを減らすために、使用しているテキストエディタに「制御文字を表示する」というような設定オプションがある場合は、オンにしておくことをお勧め

します。制御文字とは、半角スペース、全角スペース、タブ、改行など、目には見えない文字のことです。設定方法はテキストエディタによって異なりますので、アプリケーションのヘルプやインターネットで検索してみてください。また、制御文字は英語で「control character」または「white space」といいます。Sublime Textなど英語版のアプリケーションを使っている場合にはこうした単語で検索するとよいでしょう。

図2-5　制御文字を表示していれば、半角スペースと全角スペースを見分けやすくなる

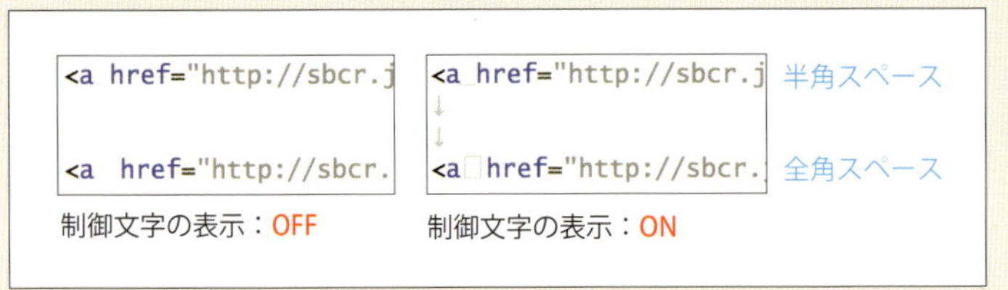

空要素

多くのタグには開始タグと終了タグがあって、それらでコンテンツを囲むのがHTMLの基本の書式です。でも、中には「空要素（からようそ）」と呼ばれる、終了タグがないものもあります。空要素には終了タグがないので、テキストなどのコンテンツを囲むことができません。

どのタグが空要素かは覚えるしかありませんが、基本的な考え方としては、「画面に表示するコンテンツがない」、または「表示するコンテンツを属性で指定する」タイプのタグは空要素と考えます。代表的な空要素には次のようなものがあります。

- <meta>タグ——画面には表示されない、HTMLドキュメント自体の情報を記しておくタグ
- <link>タグ——同上
-
タグ——改行を意味するタグで、改行以外には表示するコンテンツがない
- <img>タグ——画像を表示するタグで、表示するコンテンツはsrc属性で指定する
- <input>タグ——フォームのテキストフィールドやチェックボックスなどを表示するタグで、表示するフォーム部品（つまり表示するコンテンツ）はtype属性で指定する

Note　空要素の特殊な記法

空要素のタグを書くときに、「>」の前に「/」を書くことがあります。たとえば
であれば
と書きます。これは「XHTML記法」と呼ばれる書式の1つです。HTML5以前の仕様であるHTML4.01とXHTML1.0は、微妙に書式が異なっていました。HTML5ではどちらの書式で書いてもよいことになっていますが、本書では、空要素に「/」は書かないようにしています。

HTMLは構造が重要

HTMLドキュメントの構造

HTMLドキュメントには多数のタグが使われます。タグのコンテンツには別のタグが含まれることも多く、要素（タグとコンテンツ）と要素の間で階層構造が作られています。ここでは要素と要素が作り出す階層構造と、関連する用語を紹介します。

要素と要素は階層構造を作る

タグのコンテンツ（開始タグと終了タグに囲まれた部分）に含まれるのは、テキストだけではありません。ほかのタグがコンテンツになることもあります。そうした、タグのコンテンツに別のがタグが含まれる例を紹介しましょう。例に出てくる<p>タグはテキストの段落を、<a>はリンクを意味します。

▶ タグの階層構造の例

```
<p>各館の上映時間は<a href="schedule.html">スケジュールページ</a>をご覧く
ださい。</p>
```

この例の場合、<p>と</p>に囲まれるコンテンツの中に、通常のテキストだけでなく、<a>要素（<a>タグとそのコンテンツ）が含まれています[*1]。こうした、要素の中に別の要素がある構造を「階層構造」といいます[*2]。新たにHTMLを書くときだけでなく、既存のページを編集して更新するときも、この階層構造を把握しておくことが重要です。また、Webページのレイアウトを調整するためにCSSを書くときにも、HTMLの階層構造を把握しておくことがとても重要になります。

HTMLの要素（タグとそのコンテンツ）同士の階層構造には、その構造を表す用語がいくつかあります。以下に紹介していきます。

*1 「コンテンツと要素」(p.24)

*2 「ツリー構造」や「木構造」と呼ばれることもあります。本書では階層構造と呼んでいます。

親要素と子要素

ある要素から見て1階層上にある要素を「親要素」、逆に、ある要素から見て1階層下にある要素を「子要素」といいます。省略して、「親」「子」というときもあります。

図2-6 親要素と子要素

祖先要素と子孫要素

ある要素の親要素、そのまた親要素……というように、親要素をさかのぼってたどり着く要素を「祖先要素」といいます。逆に、ある要素の子要素、そのまた子要素というように、子要素を伝ってたどり着く要素を「子孫要素」といいます。

図2-7　祖先要素と子孫要素

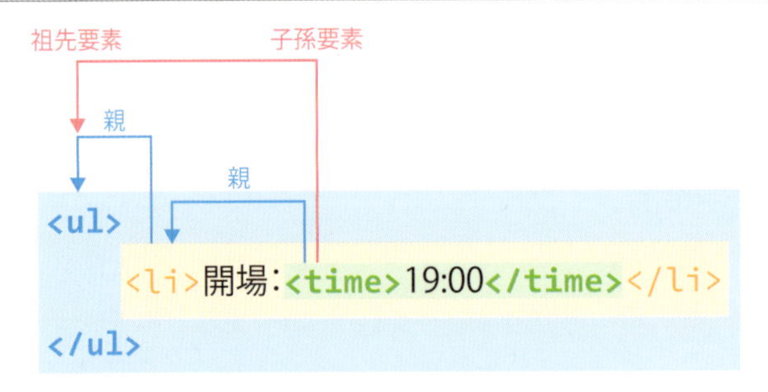

兄弟要素

同階層にある要素、言い換えれば親要素が同じ要素を「兄弟要素」といいます。兄弟要素のうち、ある要素より前に出てくる要素を「兄要素」、後ろに出てくる要素を「弟要素」ということもあります。

図2-8　兄弟要素

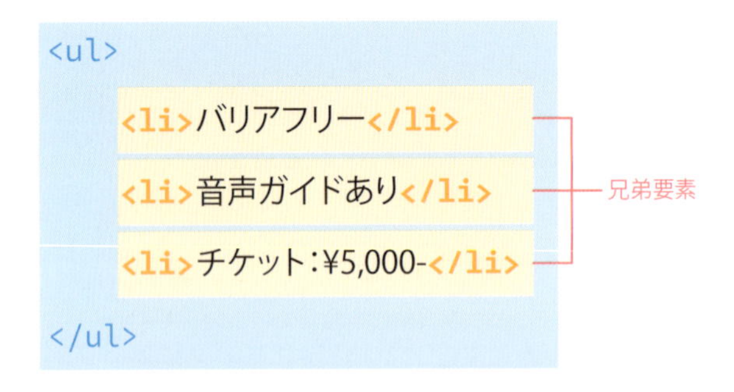

これはダメ！ 親要素からはみ出す子要素

子要素は、必ず親要素の開始タグと終了タグの間に収まっている必要があります。そのため、親要素の終了タグよりも後ろに子要素の終了タグが来ることは絶対にありません。次の例は親要素から子要素がはみ出してしまった、間違いの例です。

図2-9　親要素から子要素がはみ出している例

× 親要素から子要素がはみ出すのはダメ

```
<p> 上映時間は <a href="time.html"> スケジュールをご覧ください </p></a>
```

考え方とマークアップの順序を身につけよう

マークアップの考え方トレーニング

実践的な流れに沿って、文書をマークアップをする流れを見ていきます。ここでは、どんなタグを選び、どこからどこまでを1つにまとめるかという、マークアップの考え方を把握しましょう。

マークアップの基本的な考え方を身につけよう

HTMLのタグは1つひとつの意味は難しくないのですが、どんなときに、どのタグを選んでマークアップするのかはなかなかわかりづらいものです。そこで、簡単な例題を通して、テキスト原稿をHTMLに完成させるまでの流れを見てみます。既存のサイトにページを追加するときや、ブログのようなWebサイトに記事を追加するときをイメージしてもらうとよいでしょう。

元の原稿は次のとおりです。まずは原稿を読んで、この記事のだいたいの構造をイメージしてみてください。

TEXT 記事の元原稿 chapter2/c02-01.txt

```
ひとつ上のWeb開発を目指すセミナーvol.2　ローカル開発環境の構築　参加者募集！

　「ひとつ上のWeb開発を目指す」セミナー第1回は100名以上の参加があり盛況のうちに終了しました。好評につき、第2回を開催いたします。
　第2回となる今回のテーマは「ローカル開発環境の構築」。 静的なHTML/CSSを書いてWebサイトを構築するだけでなく、 近年とみに増えている、WordPressなどCMSパッケージを利用した動的なWebサイトを構築するのに最適な、ローカル開発環境の構築をゼロから紹介します。
　作業用のパソコンにローカルWebサーバーを構築すれば、 より本番に近い環境でサイトの開発を進めることができます。 今回のセミナー前半では、 ローカル開発環境を作ることの利点と事前に知っておくべき知識の紹介、後半ではXAMPP/MAMPのインストールと設定を紹介します。
　講師にはWebスペクタクル株式会社のエンジニア、船出健一氏をお招きします。また、セミナー終了後には懇親会も予定しております。皆様のご参加をこころよりお待ちしております。

場所と日時
場所:Mr. HandsON 新宿カンファレンスタワー　11F A会場(地図)
日時:10月16日　19:00〜21:00(開場は18:30から)
入場料:¥2,000-

注意事項
・ノートパソコンはなくても受講できますが、 お持ちになることをお勧めします。Wi-Fiは完備しています
・事前にチケットをお買い求めください
・受付でメールに添付のQRコードを確認いたします。メール本文をプリントアウトするか、その場でご提示ください
```

船出健一プロフィール
アメリカに留学してIT技術を勉強した後、大手通信会社に勤務、会員専用サイトの構築・運営に携わる。2013年よりWebスペクタクル株式会社。各種Webサービスの企画・開発、インフラ整備を担当している。

記事の大見出しを立てる

記事をマークアップする際、まずは「大見出し」を立てることから始めます。大見出しのテキストに重要なのは「その記事の内容がひとことでわかる」ことです。元原稿の1行目を大見出しにするために、そのテキストを<h1>タグで囲みます。

HTML　大見出しを立てる　chapter2/c02-02/index.html

```
<h1>ひとつ上のWeb開発を目指すセミナーvol.2　ローカル開発環境の構築　参加者募集！</h1>
```

大見出しの<h1>タグ

<h1>タグは「そのページの一番重要な見出し、大見出し」を意味します。記事全体の内容を要約したテキストを大見出しにするとよいでしょう。

この大見出しは非常に重要です。なぜなら、このページを見るユーザーは、大見出しを読んで続きを読むかどうか判断するはずだからです。また、検索エンジンはこの大見出しの内容を重視すると考えられているため、検索してページを見つけてもらうためにも、記事の内容にあった適切な大見出しを作っておく必要があります。

中見出しを立てる

大見出しを立てたら、次にそれ以外の見出しを立てます。

HTML　記事の中見出しを立てる　chapter2/c02-02/index.html

```
<h1>ひとつ上のWeb開発を目指すセミナーvol.2　ローカル開発環境の構築　参加者募集！</h1>
...
<h2>場所と日時</h2>
...
<h2>注意事項</h2>
...
<h2>船出健一プロフィール</h2>
...
```

<h1>以外の見出しタグ

HTMLの見出しタグには、重要な順に<h1>、<h2>、<h3>、<h4>、<h5>、<h6>の、6種類があります。このうち<h1>は先ほど説明したとおり、記事全体の内容がわかる大見出しをマークアップするために使います。それより重要度の低い<h2>～<h6>は、記事の一部を部分的に要約するために使用します。長い文章を整理して、読みやすくするためにつける見出しだと考えればよいでしょう。この原稿では、途中にある「場所と日時」「注意事項」「船出健一プロフィール」を<h2>の見出しにしています。

もし仮に、<h2>の見出しの範囲内にあるテキストに、さらに見出しが必要な場合は<h3>を使います。そして<h3>の見出しの範囲内にあるテキストにさらに見出しが必要な場合は<h4>……と、だんだん重要度を下げながら見出しを立てて、文章を整理していきます。通常使うのは<h3>か<h4>までで、<h5>や<h6>はあまり使いません。

段落を作る

見出しを立てたら、残るテキストの部分をマークアップしていきます。まずは、文章になっているところを段落ごとに<p>と</p>で囲みます。

HTML　記事の段落を作る　chapter2/c02-02/index.html

```
<p>「ひとつ上のWeb開発を目指す」セミナー第1回は...好評につき、第2回を開催いたします。</p>
<p>第2回となる今回のテーマは「ローカル開発環境の構築」。...ローカル開発環境の構築をゼロから紹介します。</p>
<p>作業用のパソコンにローカルWebサーバーを構築すれば、...XAMPP/MAMPのインストールと設定を紹介します。</p>
<p>講師にはWebスペクタクル株式会社のエンジニア、...こころよりお待ちしております。</p>
...
<h2>船出健一プロフィール</h2>
<p>アメリカに留学してIT技術を勉強した後、大手通信会社に勤務、会員専用サイトの構築・運営に...インフラ整備を担当している。</p>
```

段落を作るのは<p>タグ

「段落」とは長い文章の一部分で、文章の先頭から改行までのことをいいます。元原稿では文章の先頭に全角スペースが入っていますが、これは消してもかまいません。<p>は「段落」を意味するタグで、原則として文章の先頭から改行までを囲みます。

<p>～</p>で囲むと、HTMLの表示では次の段落との間に1行分のスペースが空きます。

図2-10　<p> ～ </p>で囲むと、次の段落との間に1行分のスペースが空く

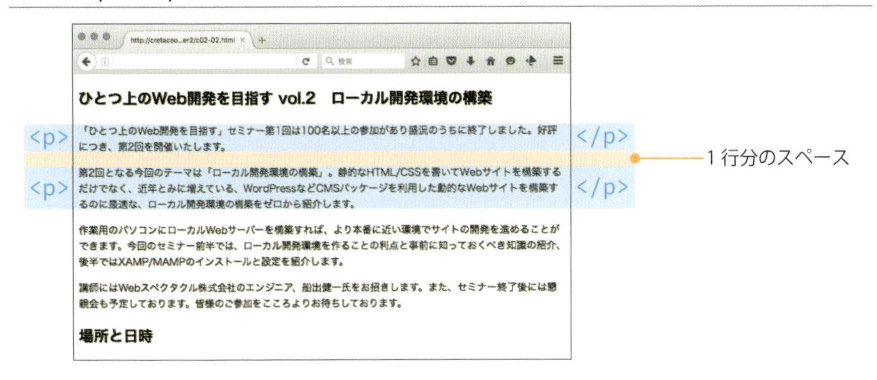

このスペースが空かないように、段落の終わりの改行する部分に強制改行（
タグ）を入れるケースがよくあります。でも、段落の終わりの改行に
タグを使うのは、正しいHTMLとはいえません。正しく、美しいHTMLマークアップを目指すなら、段落の終わりに
を入れるのではなく、<p> ～ </p>で囲むべきです[*1]。そのうえで、段落と段落の間に空くスペースを取り除きたいなら、CSSで調整します。

＊1　
の使い道はほかにあります。詳しくは「見出しにサブタイトルをつける」（p.79）を参照してください。

箇条書きを作る

<h2>で見出しを立てた「場所と日時」および「注意事項」に続くテキストは、どちらも箇条書きと考えて、<ul>と<li>でマークアップします。<ul>と<li>でマークアップすると、<li> ～ </li>で囲まれるテキストの先頭には自動的に「・」がつくので、元原稿の「・」は削除してしまいます。

ここで使用する<ul>は、「非序列リスト」という、いわゆる箇条書きを意味するタグです。また、<li>は、箇条書きの各項目を意味するタグです[*2]。

＊2　「箇条書き（リスト）のマークアップ」（p.114）

HTML　箇条書きを作る　chapter2/c02-02/index.html

```
<h2>場所と日時</h2>
<ul>
  <li>場所:Mr. HandsON 新宿カンファレンスタワー  11F A会場(地図)</li>
  <li>日時:10月16日  19:00～21:00(開場は18:30から)</li>
  <li>入場料:¥2,000-</li>
</ul>

<h2>注意事項</h2>
<ul>
  <li>ノートパソコンはなくても受講できますが、お持ちになることをお勧めします。
Wi-Fiは完備しています</li>
  <li>事前にチケットをお買い求めください</li>
  <li>受付でメールに添付のQRコードを確認いたします。メール本文をプリントアウトす
るか、その場でご提示ください</li>
</ul>
```

リンクを作る

ドキュメントの大枠の意味づけが終了したので、次はテキストを詳細にマークアップしていきます。まずは、「地図」と書かれたところをリンクの<a>タグで囲みます。

また、「場所：」「日時：」「入場料：」の部分を、読んでいる人の注意を引くために太字にします。

HTML　テキストを詳細にマークアップする　chapter2/c02-02/index.html

```
<ul>
  <li><b>場所:</b>Mr. HandsON 新宿カンファレンスタワー  11F A会場(<a href="http://studio947.net">地図</a>)</li>
  <li><b>日時:</b>10月16日  19:00〜21:00(開場は18:30から)</li>
  <li><b>入場料:</b>¥2,000-</li>
</ul>
```

太字の<b>タグ

テキストを太字にするには<b>タグを使用します。囲んだテキストそのものはとくに重要ではないけれど、読者に注目してもらうために太字にするときには、この<b>タグを使用します。もし、タグで囲むテキストが「重要」な場合には、<b>タグではなく<strong>タグを使用します。

▶ <strong>の使用例。囲んだテキスト自体が「重要」なときは、<b>ではなく<strong>を使う

```
<p><strong>開演中の途中入退室はできません</strong>。時間に余裕を持ってお越しください。</p>
```

HTMLのタグには<b>や<strong>のように、テキストの表示を強調するのに使われるものがいくつかあります。それぞれのタグの意味を考えて厳密に使い分ける必要はなく、ブラウザウィンドウでの表示を見ながら選んでかまいません。

表2-1　テキストの表示を強調するのに使われるタグの一覧

タグ	意味	使用例	表示結果
<b>	太字で表示する	<b>受付：</b>1階ロビー受付にお越しください	**受付：**1階ロビー受付にお越しください
<i>*	イタリック（斜体）で表示する	昨年から<i>12%</i>の上昇	昨年から*12%*の上昇
<u>**	下線を引く	リンクと<u>下線</u>は紛らわしい	リンクと下線は紛らわしい

＊ 日本語には斜体がないので使用しません。また、メイリオなど斜体にならないフォントもあります。
＊＊ テキストに下線を引くとリンクと見た目の区別がつかず紛らわしいため、原則として<u>は使用しません。

表2-1 テキストの表示を強調するのに使われるタグの一覧（続き）

タグ	意味	使用例	表示結果
<strong>	重要	<strong>キャンセルの場合はご連絡ください</strong>	**キャンセルの場合はご連絡ください**
<em>	強調	<em>定員に達したため申し込みは終了しました</em>	*定員に達したため申し込みは終了しました*
<mark>	マーカー（蛍光ペン）	初日は<mark>混雑が予想されます</mark>	初日は混雑が予想されます

記事をセクションごとにまとめる

見出し、段落、箇条書きに加え、リンクなどをつけたことで、HTML化はほぼ終了しているといってよいでしょう。しかし、さらに丁寧なマークアップを目指すなら、記事をセクションごとに分けることもできます。セクションとは「見出しとそれに続く内容」をひとまとめにしたセットのことです。

HTML 記事の一部分をセクションにする　chapter2/c02-02/index.html

```
<section>
  <h2>場所と日時</h2>
  <ul>
    <li><b>場所:</b>Mr. HandsON 新宿カンファレンスタワー 11F A会場(<a href="http://studio947.net">地図</a>)</li>
    ...
  </ul>
</section>

<section>
  <h2>注意事項</h2>
  <ul>
    <li>ノートパソコンはなくても受講できますが、お持ちになることをお勧めします。Wi-Fiは完備しています</li>
    ...
  </ul>
</section>

<section>
  <h2>船出健一プロフィール</h2>
  <p>アメリカに留学してIT技術を勉強した後、大手通信会社に勤務、会員専用サイトの構築・運営に...インフラ整備を担当している。</p>
</section>
```

記事の一部分をまとめる<section>タグ

セクションとは、記事の一部分、または文書の節のことを指します。Webサイトの記事では、見出しとそれに続くテキストをセットにして<section>～</section>タグで囲み、ひとまとまりにします。<section>はHTML5で新たに登場したタグですが、使い方がはっきりしないためか実際のWebサイトでの使用頻度はそれほど高くないようです。<section>を使用していると検索エンジンの検索結果で優遇されるといったわかりやすいメリットもないようなので、無理して使う必要はありません。

記事全体を<article>でまとめる

次に、記事全体を<article>タグで囲みます。<article>タグも<section>タグと同様、「見出しとそれに続く内容」をひとまとめにするためのものです。

HTML　記事全体を<article>でまとめる　chapter2/c02-02/index.html

```
<article>
  <h1>ひとつ上のWeb開発を目指す vol.2 ローカル開発環境の構築</h1>
  ...
  <section>
    <h2>船出健一プロフィール</h2>
    <p>アメリカに留学してIT技術を勉強した後、...インフラ整備を担当している。</
p>
  </section>
</article>
```

記事全体をまとめる<article>タグ

<section>が記事の一部分をひとまとめにするのに対し、<article>は「記事全体をひとまとめにする」ために使います。そのページで一番重要な<h1>と記事全体を<article>で囲むのが典型的な使用例です。<article>もHTML5で新たに登場したタグですが、<section>と同様に用途がわかりづらいため、無理して使う必要はありません。

HTMLドキュメントの基礎部分をマークアップ

記事のマークアップは完了しましたが、HTMLにはそれ以外に、どんなWebページであっても書いておかなければならない基礎部分があります。テキストエディタで新規ファイルを作成し、次のHTMLを記述します。そして、このHTMLの<body>～</body>の間に、作成した記事のHTMLをコピー&ペーストします。

HTML すべてのHTMLに共通する基礎部分　chapter2/c02-03/index.html

```
<!DOCTYPE html>
<html lang="ja">
<head>
<meta charset="utf-8">
<meta name="description" content="ひとつ上のWeb開発を目指すセミナーvol.2を10月16日に開催します。今回はローカルWebサーバーの構築を紹介します。ただいま参加者募集中。">
<title>ひとつ上のWeb開発を目指すセミナーvol.2　ローカル開発環境の構築　参加者募集！</title>
</head>
<body>
<article>
...                          ← ここに記事のHTMLを挿入する
</article>
</body>
</html>
```

Note　HTMLファイルは文字コードをUTF-8に

HTMLファイルを作成する際は、ファイルの文字コードを「UTF-8」にします。どうしてもほかの文字コード（Shift JIS、EUC-JPなど）を使わざるをえないケースもあるかもしれませんが、現在のWebサイトではUTF-8にするのが標準です[*1]。

また、多くのテキストエディタでは文字コード以外に「改行コード」を選択できるようになっていますが、これはどれを選んでもまったく問題なくHTMLが作成できます[*2]。

これで1枚のHTMLが完成しました。完成したファイルをブラウザで開いて確認すると、次のように表示されます。

図2-11　記事のマークアップ完成例

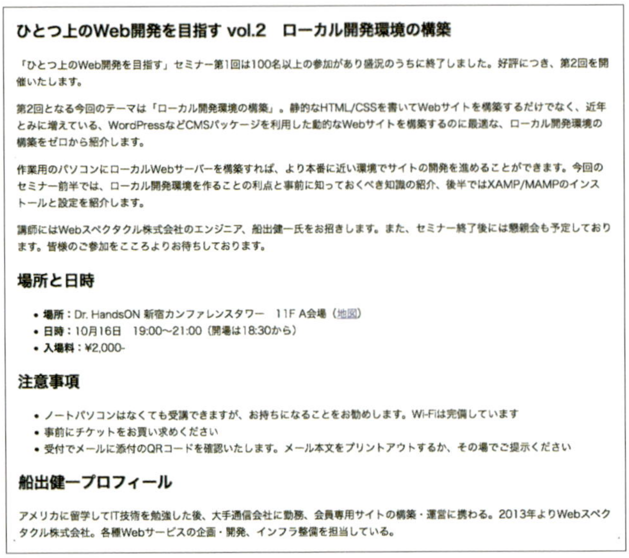

ひとつ上のWeb開発を目指す vol.2　ローカル開発環境の構築

「ひとつ上のWeb開発を目指す」セミナー第1回は100名以上の参加があり盛況のうちに終了しました。好評につき、第2回を開催いたします。

第2回となる今回のテーマは「ローカル開発環境の構築」。静的なHTML/CSSを書いてWebサイトを構築するだけでなく、近年とみに増えている、WordPressなどCMSパッケージを利用した動的なWebサイトを構築するのに最適な、ローカル開発環境の構築をゼロから紹介します。

作業用のパソコンにローカルWebサーバーを構築すれば、より本番に近い環境でサイトの開発を進めることができます。今回のセミナー前半では、ローカル開発環境を作ることの利点と事前に知っておくべき知識の紹介、後半ではXAMP/MAMPのインストールと設定を紹介します。

講師にはWebスペクタクル株式会社のエンジニア、船出健一氏をお招きします。また、セミナー終了後には懇親会も予定しております。皆様のご参加をこころよりお待ちしております。

場所と日時

- **場所**：Dr. HandsON 新宿カンファレンスタワー　11F A会場（地図）
- **日時**：10月16日　19:00~21:00（開場は18:30から）
- **入場料**：¥2,000-

注意事項

- ノートパソコンはなくても受講できますが、お持ちになることをお勧めします。Wi-Fiは完備しています
- 事前にチケットをお買い求めください
- 受付でメールに添付のQRコードを確認いたします。メール本文をプリントアウトするか、その場でご提示ください

船出健一プロフィール

アメリカに留学してIT技術を勉強した後、大手通信会社に勤務、会員専用サイトの構築・運営に携わる。2013年よりWebスペクタクル株式会社。各種Webサービスの企画・開発、インフラ整備を担当している。

＊1　文字コードは、テキストエディタで新規書類を作成するか、その書類をはじめて保存するときに設定します。ただ、多くのテキストエディタが新規書類をUTF-8で作成するので、あまり心配する必要はありません。1章で紹介したものの中ではサクラエディタだけが、新規書類をShift JISで作成します。

＊2　ただしWindowsの「メモ帳」を使ってHTMLを編集しようとすると、改行コードが「CRLF」でないと、改行したはずのところで改行されなかったりします。メモ帳はHTMLやCSSの編集には向きません。

DOCTYPE宣言

HTMLドキュメントの1行目にある「<!DOCTYPE html>」はDOCTYPE宣言と呼ばれるもので、どのバージョンのHTMLで書かれているかを示しています。

「<!DOCTYPE html>」は、このドキュメントがHTML5の仕様に基づいて書かれていることを示しています。新規に作成するHTMLには、このHTML5のDOCTYPE宣言を書いておけば大丈夫です。

ちなみに、以前のバージョンのHTMLには、次表のようなDOCTYPE宣言がありました。古くからあるWebサイトをメンテナンスするときには見かけるかもしれません。

表2-2　以前のバージョン（HTML4.01、XHTML1.0）の代表的なDOCTYPE宣言

HTMLバージョン	DOCTYPE宣言
HTML4.01	<!DOCTYPE HTML PUBLIC "-//W3C//DTD HTML 4.01 Transitional//EN" "http://www.w3.org/TR/1999/REC-html401-19991224/loose.dtd">
XHTML1.0	<!DOCTYPE html PUBLIC "-//W3C//DTD XHTML 1.0 Transitional//EN" "http://www.w3.org/TR/xhtml1/DTD/xhtml1-transitional.dtd">

<html>タグとlang属性

DOCTYPE宣言の次の行には<html>タグを書き、その子要素には<head>タグと<body>タグを含めます。

また、<html>タグにはlang属性を追加します。このlang属性には、このWebページで使用する主な言語を指定しておきます[*1]。このページで使われているのが日本語なら「<html lang="ja">」とします。もしほかの言語のページを作るのであれば、<html>のlang属性を次表のようにします。

＊1　検索エンジンは、<html>タグのlang属性でそのページの主な言語を判別している可能性があります

表2-3　代表的な言語のlang属性の書き方

言語	言語コード	<html>タグでの使用例
英語	en	<html lang="en">
中国語	zh	<html lang="zh">
韓国語	ko	<html lang="ko">
スペイン語	es	<html lang="es">

<head>タグ

<head>～</head>の中には「このHTML自体の情報」を記述します。この、HTML自体の情報のことを「**メタデータ**」といいます。

<head>～</head>に書かれたメタデータがブラウザウィンドウに表示されることはありませんが、<body>～</body>の部分を正しく表示させるためと、検索サイトなどにそのページの内容を伝えるために重要なことが書かれています。<head>～</head>の中に、最低限書いておくべきなのは次の3行です。

<meta charset="utf-8">

このHTMLの文字コードが「UTF-8」であることを示しています。ブラウザはこの行を見て、そのHTMLの文字コードを判別します。そのため、これがないとページが文字化けして表示される場合があります。また、できるだけ早くブラウザに文字コードを伝える必要があるので、<meta charset="utf-8">は必ず<head>開始タグの次の行に書きましょう。

<meta name="description" content="ひとつ上のWeb開発を…参加者募集中。">

ページの概要を記しておく部分です。ページの概要は「content="…"」の「…」の部分に、70～80文字程度の長さで書いておきます。

<title> ～ </title>

このHTMLファイルのタイトルを「～」のところに書いておきます。この<title>～</title>の中に書いたテキストは、ブラウザウィンドウのタイトルとして表示されます。目立たないのでそれほど大事ではないと思いがちですが、実は大変重要なタグです。

この<title>～</title>のコンテンツ部分と、<meta name="description" content="…">の「…」の部分は、検索サイトの検索結果に表示される可能性が高く[*1]、ページに表示されないからといって手を抜いてはいけません。

＊1　検索結果のページに必ず表示されるわけではありません。その可能性が高いというだけで、表示されないこともあるようです。

図2-12　<title>タグのテキストと、<meta name="description">の内容が表示される場所

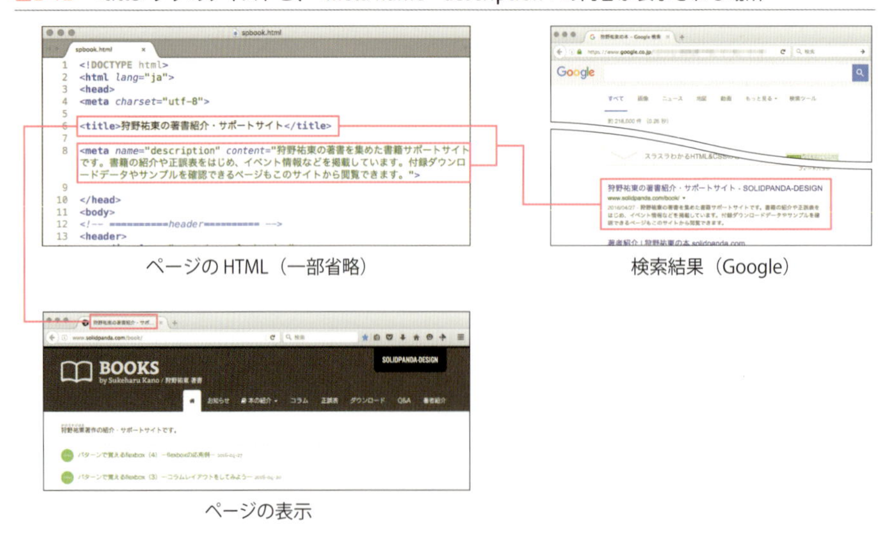

ページの HTML（一部省略）　検索結果（Google）　ページの表示

<body>タグ

ブラウザウィンドウに表示される部分は、すべて<body>～</body>の間に含めます。「HTMLを書く」という作業のほとんどが、<body>～</body>にタグとコンテンツを追加していくことだといってよいでしょう。

CSSの基礎知識とページデザインの実践例

この章では、CSSを理解するための基礎知識を解説します。その後に、実践的な流れに沿って実際にページをデザインしてみることにします。

CSS3とは、それまでのCSS2.1に機能を拡張したバージョン

CSSの基礎知識

Webページは、1枚のHTMLを作れば最低限のものができますが、通常は画面上での見映えも調整します。そこで使用するのがCSSです。ここでは、CSSの言語的な特徴を紹介します。

HTMLに表示のためのスタイル情報を追加するのがCSS

CSSはCascading Style Sheetsの略で、単に「スタイルシート」と呼ばれることもあります。

HTMLは、タグでコンテンツの意味づけをすることができますが、そのコンテンツをどういうふうに表示するか、ページのスタイルやレイアウトを調整する機能は持っていません。そうした、HTMLがブラウザに表示されるときの見た目を調整するのがCSSです。

CSSのバージョン

HTML同様、CSSにもバージョンがあります[*1]。CSSの仕様もW3Cが決めていて、仕様文書も公開されています。

現在、CSSの仕様の最新バージョンは、2004年に大枠が確定し、2011年に正式な仕様として公開された「CSS2.1」です[*2]。このCSS2.1には、CSSの文法や基本的な動作の仕様と、とくに重要なスタイル機能が含まれています。

現在は、CSS2.1で定められた文法や基本的な動作の仕様、重要機能をベースに、新しく開発された機能がどんどん追加されています。こうした、CSS2.1以降に登場した新しい機能の数々を、まとめて「CSS3」と呼んでいます。

CSS2.1とCSS3には完全な互換性があり、Webページを作るときに「これはCSS2.1の機能？　それともCSS3の機能？」と心配する必要はありません。全部まとめて「CSSだ！」と考えていてかまいません。

*1 「HTMLのバージョン」(p.22)

*2 現在、修正版のCSS2.2が策定中です。

図3-1　現在のCSSは、CSS2.1をベースに新しい機能を追加した状態になっている

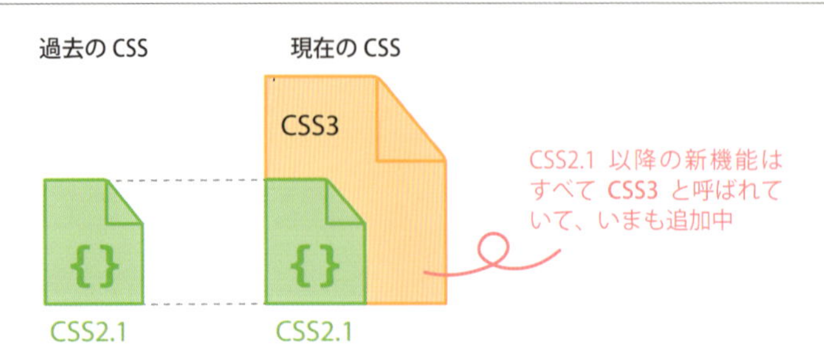

CSSの基本的な書き方をマスターしよう

CSSの書式

HTMLが表示されるときのデザインやレイアウトは、すべてCSSで定義します。まずは、CSSの基本的な書式を確認しましょう。

CSSの基本書式

CSSの基本書式は次のようになっています。英数字も記号も、途中にあるスペースもすべて半角で記述します。

図3-2　CSSの基本書式と各部の呼び名

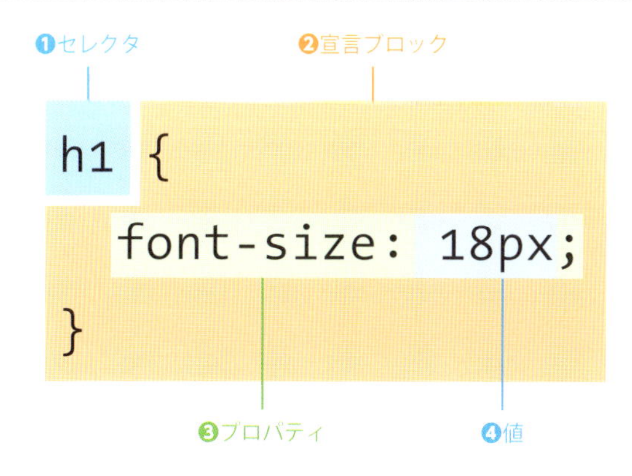

セレクタ

CSSには、HTMLの「どこに」、「どんな」スタイルを適用するかが書かれています。CSSの基本書式のうち「セレクタ❶」は、「どこに」にあたる部分です。このセレクタで、HTMLドキュメントの中から、スタイルを適用したい「要素」を選択します。

セレクタには多数のバリエーションがあり、いろいろな方法でHTMLの要素を選択することができます。図の例では、タグ名で要素を選択する「タイプセレクタ」というセレクタを使っています。セレクタのそのほかのバリエーションについては、本書中ではじめて使う際にそのつど説明します。

宣言ブロック

「どこに」を指定するセレクタに続くのが、「どんな」スタイルを適用するのかを記述する「宣言ブロック❷」です。「{ ～ }」の間に、適用したいスタイルを書きます。

プロパティとその値

プロパティ❸とその値❹がセットになった行が、セレクタで選択した要素に適用するスタイルです。プロパティとその値は、コロン(:)で区切って並べて書きます。コロン(:)の後ろにすぐ値を書くこともできますし、スペースを空けてから値を書くこともできます。また、値の後ろには必ずセミコロン(;)を書きます。

プロパティにはいくつもの種類があります。図の例に書かれている「font-size」は、要素に含まれるコンテンツのフォントサイズを変更するためのプロパティです。もし、設定したいスタイルが複数ある場合――たとえば、フォントサイズを変えて、さらにテキスト色も変えたいときなど――には、プロパティと値のセットを何行でも書くことができます。

プロパティに設定する値❹には、いくつかの種類があります。図の例では「18px」と、数字と単位(「px」の部分)が書かれていますが[*1]、ほかのパターンもあり、どういう値にするかはプロパティによって違います。値の書き方は、今後新しいプロパティが出てくるたびに紹介します。

＊1　「CSSの単位」(p.52)

Note　CSSの対応状況を調べる方法

HTMLやCSSには新しい機能がどんどん追加されています。とくにCSSの各機能は、ブラウザのバージョンが古いと動かないものがあります。

そこで、実践的なWebサイト制作では、事前にブラウザの対応状況を調べて、どんな機能なら使ってよいかを事前に決めておくことがよくあります。そうした判断には、次のようなサイトや資料が役に立ちます[*2]。

＊2　本書の最後にある「参考資料：HTML・CSSの機能とブラウザの対応状況」(p.269)というコラムも参考にしてみてください。

● HTMLやCSSのブラウザ対応状況を調べるには

「caniuse.com」というサイトが役に立ちます。各ブラウザのHTML・CSS・JavaScriptの対応状況をまとめているサイトです。新しい機能を使う場合にはこのサイトで調べるとよいでしょう。

caniuse.com
URL http://caniuse.com

● どんなブラウザが使われているかを調べるには

ユーザーがどんなOS、どんな端末、どんなブラウザを使ってWebサイトにアクセスしているかを調べたいときは、「StatCounter Global Stats」や、総務省が年1回発行している「情報通信白書」を参考にするとよいでしょう。

StatCounter Global Stats
URL http://gs.statcounter.com

総務省・情報通信白書
URL http://www.soumu.go.jp/johotsusintokei/whitepaper/

実際にスタイルを適用してみよう

ページにCSSを適用するトレーニング

それでは、実践的な作業の流れに沿って、HTMLにCSSを適用するトレーニングを行っていきます。

このトレーニングのポイント

2章で紹介した記事のHTMLドキュメントを、CSSを使って整形します。ここで使用するプロパティについても簡単に説明しますが、まずはHTMLを整形するときの作業の流れやCSSを記述する順序を把握しましょう。

新規にCSSファイルを作成し、HTMLにCSSを読み込む

実際のWebサイトを作るときは、HTMLファイルとは別に専用の外部CSSファイルを用意するのが一般的です。ここでは、HTMLファイル（c03-01フォルダ内のindex.html）と同じところに「style.css」という名前で保存します。また、HTMLファイルと同様、文字コードは「UTF-8」にします。

CSSファイルの1行目に次のように書きます[*1]。

＊1 HTMLやCSSで文字コードを指定するときは、「UTF-8」と大文字で書いても「utf-8」と小文字で書いてもかまいません。本書では小文字にしています。

CSS　CSSファイルの文字コードを指定する　chapter3/c03-01/style.css

```css
@charset "utf-8";
```

次にHTMLファイルを編集して、style.cssを読み込むようにします。

HTML　HTMLに外部CSSファイルを読み込む　chapter3/c03-01/index.html

```html
...
<head>
<meta charset="utf-8">
<meta name="description" content="ひとつ上のWeb開発を目指すセミナーvol.2を...参加者募集中。">
<link rel="stylesheet" href="style.css">
<title>ひとつ上のWeb開発を目指すセミナーvol.2　ローカル開発環境の構築　参加者募集！</title>
</head>
...
```

@charset "utf-8";

CSSファイルに書いた「@charset "utf-8";」は、そのCSSファイルの文字コードを指定するためのものです。必ずCSSファイルの1行目に書かかなくてはなりません。

CSSファイルを読み込む<link>タグ

HTMLからCSSファイルを読み込むときは、<head>～</head>の間に、次のような書式で<link>タグを追加します。href属性には、そのHTMLファイルから読み込みたいCSSファイルへの「パス」を指定します。パスについては後ほど詳しく説明します[*1]。

*1 「テキストにリンクを追加する」(p.82)

CSSファイルを読み込むときの<link>タグの書式

```
<link rel="stylesheet" href="読み込みたいCSSファイルへのパス">
```

なお、HTML4.01やXHTML1.0ではCSSを読み込む<link>タグにtype属性も含めておく必要がありましたが、HTML5では不要です。

図3-3　HTML4.01やXHTML1.0では必要だったtype属性は、HTML5では不要

```
<link rel="stylesheet" href="style.css" type="text/css">
```

HTML5 では type 属性は不要

Note　CSSを適用する別の方法

HTMLにCSSを適用するには外部CSSファイルを用意するのが一般的ですが、それ以外にも2つの方法があります。ここでそれぞれ紹介します。

● タグ自体に直接書く

すべてのタグにはstyle属性を追加することができます。style属性は、そのタグに適用するCSSを指定するためのものです。次の例では「まだ注文は確定していません。」という<p>のコンテンツのテキスト色を赤くして、太字にしています。

▶ タグにstyle属性を追加する

```
<p style="color: #ff0000;font-weight: bold;">まだ注文は確定して
いません。</p>
```

style属性の値として「"～"」の間に、プロパティとその値を指定します。セミコロン(;)で区切れば、複数のプロパティと値を書くことができます(「;」の後に改行することはできません)。CSSを適用するタグ自体にスタイルを書くため、セレクタは書きません。

ただ、このstyle属性を使用する方法は、公開するWebサイトではまず使いません。なぜなら、タグごとにCSSを記述するとHTMLがごちゃごちゃしてしまい、管理が大

変になるから、というのが理由の1つです。

もう1つ大きな理由があって、style属性を使うと詳細度が非常に高くなり、後でCSSを上書きするのが難しくなるからです。詳細度については「詳細度」(p.197)で詳しく取り上げます。

● <style>タグを使ってHTMLに書く

もう1つの方法は、HTMLの<head>～</head>の間に<style>タグを追加し、そのコンテンツとしてCSSを書く方法です。

HTML　HTMLドキュメントに<style>タグを追加する　chapter3/c03-02/c03-02.html

```
...
<head>
...
<style>
p {
  color: #ff0000;
  font-weight: bold;
}
</style>
</head>
<body>
  <p>まだ注文は確定していません。</p>
</body>
</html>
```

図3-4　<style>タグのスタイルが適用され、テキストが赤く、太字になる

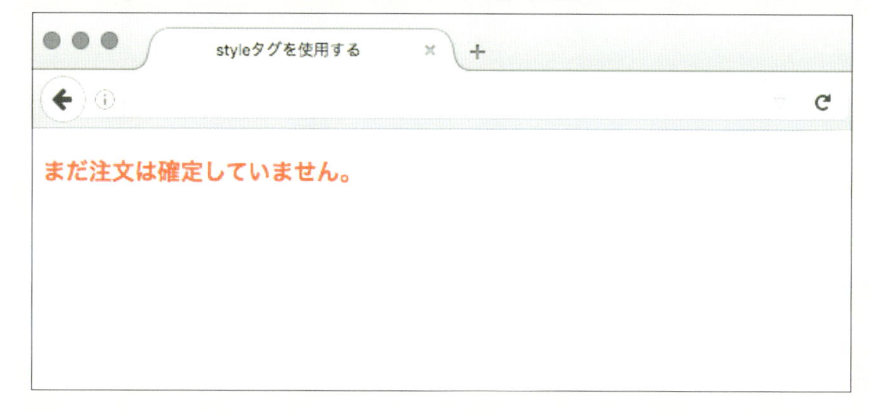

<style>タグを使用する方法も、実際のWebサイトで使うことは多くありませんが、そのHTMLにしか使わない短いCSSを書く必要があるときなどに、補助的に使用する場合があります。また、この方法はHTMLとCSSを一覧できて学習には便利なため、本書のサンプルでは使用しています。

ページ全体のフォントを指定する

ここからHTMLのスタイルを調整していきます。CSSはすべて外部CSSファイル（style.css）に書きます。

CSSを編集する際は、まずページ全体のスタイルを調整するCSSから書いていき、その後に特定の場所にだけ適用されるスタイルを追加していくのが基本です。できるだけ「ページ全体のスタイル→特定の場所のスタイル」という順番でCSSを書いていくほうが、最終的なCSSソースが短く、シンプルになります。

ここではまず、ページ全体のフォントを「ゴシック体」にします。

CSS　ページ全体のフォントを指定する　chapter3/c03-01/style.css

```
@charset "utf-8";

body {
  font-family: sans-serif;
}
```

タイプセレクタとfont-familyプロパティ

ここで使用したCSSのセレクタは「body」です。このセレクタは**タイプセレクタ**と呼ばれるもので、<body>タグに、「{ ～ }」内のスタイルが適用されます。

また、font-familyプロパティは、テキストの表示に使用するフォントを指定します[*1]。ここではその値に「sans-serif（ゴシック体）」を指定しています。

＊1　「font-family プロパティ」（p.63）

CSSの継承

「継承」とは、ある要素に指定されたプロパティの値が、その子要素、子孫要素にも適用されることです。CSSの重要な仕様の1つです。

いま、<body>要素にfont-familyプロパティを適用していますが、この<body>のコンテンツには、<h1>や<p>など、多数の子要素が含まれています。こうした子要素にも、<body>に設定したfont-familyプロパティの値がそのまま適用（継承）されます。

図3-5　CSSの継承。<body>要素に設定したfont-familyプロパティが子孫要素にも適用される

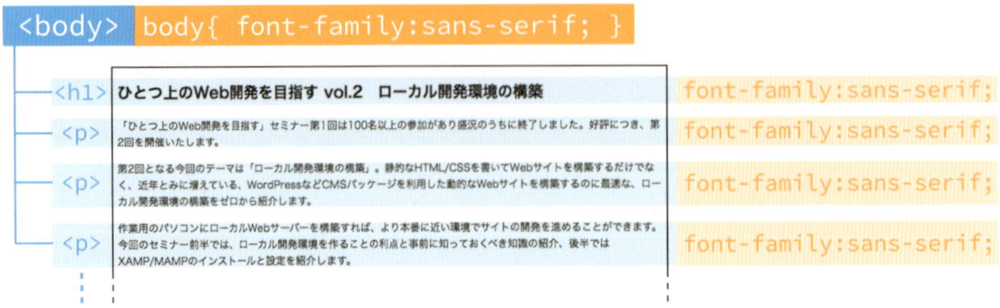

値が子要素に継承されるかどうかは、プロパティごとに決められています。正確に知ろうと思ったらプロパティを使うたびに調べなければならないのですが、大まかに次のことがいえます。

- フォント関係(フォントファミリー、フォントサイズ、テキスト色など)のプロパティは継承する
- 背景色や背景画像などのプロパティは継承しない
- ボックスモデル[*1]関係のプロパティは継承しない
- そのほかの多くのプロパティは継承しない

*1 「CSSのボックスモデル」(p.128)

<h1>、<h2>のフォントサイズを指定し、<p>と<p>の間のスペースをなくす

次に、<h1>、<h2>のフォントサイズを小さくして、さらに<p>と<p>の間のスペースをなくします。

CSS　見出しのフォントサイズを指定し、段落の上下の空きを調整する　chapter3/c03-01/style.css

```
body {
  font-family: sans-serif;
}
h1 {
  font-size: 21px;
}
h2 {
  font-size: 18px;
}
p {
  margin-top: 0;
  margin-bottom: 0;
}
```

font-sizeプロパティ

今回追加したCSSで使用した「h1」「h2」「p」というのは、すべてタイプセレクタです。タグ名が「h1」「h2」「p」のすべての要素にスタイルが適用され、それぞれ表示が次のように変化します。

- すべての<h1>要素(今回のHTMLドキュメントには1つしかありませんが)のフォントサイズは21pxに
- すべての<h2>要素のフォントサイズは18pxに
- すべての<p>要素の上下マージンは0に(つまり、すべての<p>要素の上下にスペースが空かなくなる)

font-sizeプロパティの値には、数字の後に「px」がついています。これはCSSの「単位」と呼ばれるもので、pxの場合、その数値が「ピクセル」という長さの単位を使うことを示しています。単位について詳しくは「CSSの単位」（p.52）を参照してください。

場所と日時の箇条書きの先頭の「・」を消す

ページ全体のスタイル調整が終わったら、特定の部分にだけ適用されるスタイルを書いていきます。まずは見出し「場所と日時」の下にある箇条書きから、先頭の「・」を消します。

今回のHTMLドキュメントの中には、<ul> ～ </ul>が2箇所あります。1つは「場所と日時」で、もう1つは「注意事項」の部分です。このうち「場所と日時」の部分の箇条書きだけ「・」を消したいのですが、タイプセレクタを使って要素を選択してしまうと、ページ内の2つの<ul>要素両方にスタイルが適用されてしまいます。「場所と日時」の部分の箇条書きだけを選択するために、ここではclassセレクタを使用します。HTMLの側でスタイルを変更したい<ul>にclass属性を追加し、それからstyle.cssにCSSを追加します。

HTML　「場所と日時」の下にある<ul>にclass属性を追加する　chapter3/c03-01/index.html

```
...
<h2>場所と日時</h2>
<ul class="info">
  <li><b>場所:</b>Dr. HandsON 新宿カンファレンスタワー 11F A会場(<a href="http://studio947.net">地図</a>)</li>
  <li><b>日時:</b>10月16日 19:00～21:00(開場は18:30から)</li>
  <li><b>入場料:</b>¥2,000-</li>
</ul>
...
```

CSS　クラス名が「.info」の要素にスタイルを適用する　chapter3/c03-01/style.css

```
...
.info {
  list-style-type: none;
}
```

classセレクタ

今回要素を選択するのに使用したのは「classセレクタ」と呼ばれるものです。同じクラス名（HTMLのclass属性に指定した値）を持つ要素すべてにスタイルを適用するセレクタで、ピリオド（.）に続けてクラス名を記述します。

書式　classセレクタの書式

```
.クラス名
```

Note　セレクタはclassセレクタをメインに使用する

CSSのセレクタにはいろいろなバリエーションがありますが、特定の要素にスタイルを適用するときはclassセレクタをメインに使用します。

プロフィールのセクションを線で囲み、見出しを調整する

最後に、登壇者プロフィールの部分にだけ枠線をつけて、見出しの上下のスペースを調整します。今回もclassセレクタを使うので、まずHTMLの該当の要素（<section>）にclass属性を追加します。

HTML　<section>にclass属性を追加する　chapter3/c03-01/index.html

```
...
<section class="profile">
  <h2>船出健一プロフィール</h2>
  <p>アメリカに留学してIT技術を勉強した後、...インフラ整備を担当している。</p>
</section>
...
```

CSS　クラス名が「.profile」の要素にスタイルを適用する　chapter3/c03-01/style.css

```
...
.info {
  list-style-type: none;
}
.profile {
  padding: 16px;
  border: 1px solid #095cdc;
}
.profile h2 {
  margin-top: 0;
  margin-bottom: 0;
}
```

これでCSSを使った見た目の整形は終了です。

図3-6　CSSが適用され、完成したWebページ

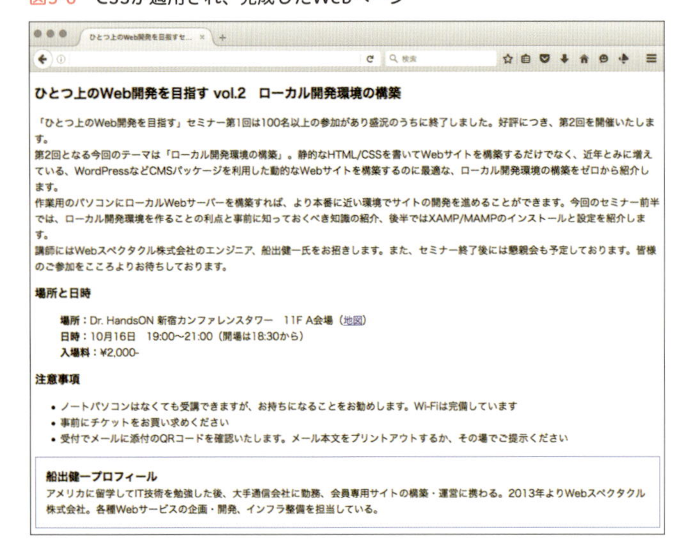

子孫セレクタ

今回使用したセレクタは「.profile」と「.profile h2」の2つです。前者はclassセレクタですが、後者は「**子孫セレクタ**」と呼ばれています。

子孫セレクタは、先頭のセレクタ（ここでは.profile）で選択された要素の子孫要素のうち、2番目のセレクタ（ここではh2）に該当する要素だけを選択します。先頭のセレクタと2番目のセレクタは半角スペースで区切って記述します。子孫セレクタは、特定の場所にある要素だけを絞り込むのに使われます。

図3-7　子孫セレクタは、先頭で選択された要素の子孫要素を選択する

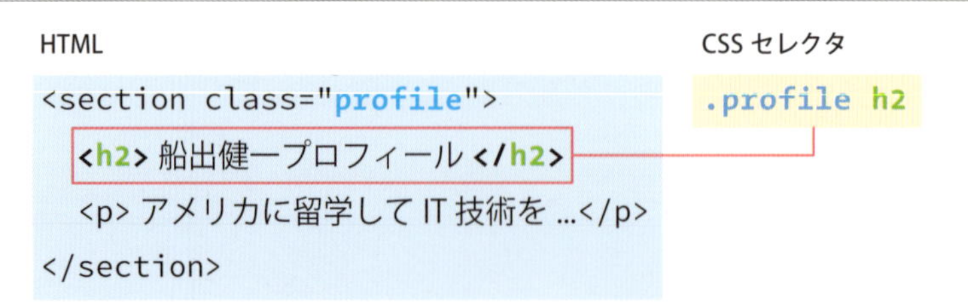

タイプセレクタ、クラスセレクタ、子孫セレクタはよく使う3大セレクタ

HTMLドキュメントの要素を選択するセレクタには、現在約40種類のバリエーションがあります。その中でも**タイプセレクタ**、**クラスセレクタ**、**子孫セレクタ**は、よく使う3大セレクタといってよいでしょう。この3種類のセレクタはどんなHTML要素を選択できるのかがわかりやすく、CSSの管理がしやすくなります。セレクタを選ぶ際は、まずはこの3種類のうちのどれかを検討します。

テキストの装飾

本章では、CSSのテキスト装飾機能を主に取り上げます。フォントサイズやテキスト色の変更、行間の調整など、テキストに関連するCSSの機能はたくさんあり、どれもよく使います。しっかりマスターしておきましょう。

フォントサイズの変更の仕方とCSSの単位

見出しや本文のフォントサイズを調整する

フォントサイズの調整自体は3章でも取り上げましたが、ここではより実践的なフォントサイズの指定方法を紹介します。

CSSの単位

CSSのプロパティには、フォントサイズや幅、高さなどを設定するものがあります。こうしたプロパティには長さ（または高さ）を指定する必要がありますが、その場合「数値＋単位」というかたちで値を指定します。

図4-1　単位の例。ここでは幅に300pxを指定している

```
width: 300px;
```

CSSで長さを指定するときに使われる単位には、次のようなものがあります。

表4-1　CSSで長さを指定するときに使われる主な単位

単位	読み方	説明	使用例
px	ピクセル	ディスプレイの1ピクセル（画素）を1pxとする単位。フォントサイズやボックス[*1]の大きさを指定するのによく使われる	font-size: 16px;
em	エム	1文字の大きさを1emとする単位。フォントサイズやボックスの大きさを指定するのによく使われる	font-size: 1.25em;
%	パーセント	パーセントは、基準となる長さに対するパーセンテージを指定する。基準となる長さがどの長さを指すのかはプロパティによって異なる。主にボックスの大きさを指定するのに使われる	width: 100%;
rem	ルートエムまたはレム	<html>タグに指定されたフォントサイズを1remとする単位。フォントサイズを相対的に指定するのに便利	font-size: 1.2rem;
vw	ビューポート・ウィズ	ビューポート（ウィンドウサイズまたは端末の画面サイズ）の幅の100分の1を1vwとする単位	width: 100vw;
vh	ビューポート・ハイト	ビューポートの高さの100分の1を1vhとする単位	height: 50vh;

＊1　「CSSのボックスモデル」（p.128）

フォントサイズを指定するときによく使われる単位

フォントサイズを指定するのによく使われる単位は、px、em、%、remの4つです。この4つの単位の中で、最もわかりやすいのがpxです。フォントサイズの指定にpxを使用すると、1文字の大きさがピクセル数で決まることになります。

図4-2　font-sizeの値の単位をpxにしたときに設定されるフォントサイズ

たとえば、font-size:16px; と設定すると
1 文字が 16px 角に収まる大きさで表示される

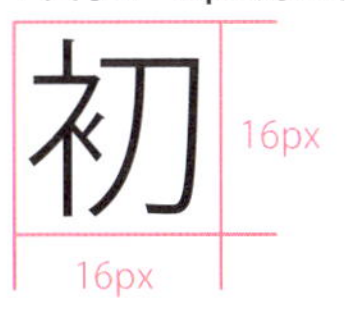

コンピュータのディスプレイは、小さな点が無数に集まってできています[*1]。「1px」は、その小さな点1つ分の大きさです。

＊1　この小さな点のことを「画素」または「ピクセル」といいます。

実は、この小さな点1つ分の大きさは、ディスプレイによって異なります。そのため、フォントサイズを「16px」と指定しても、実際に表示される文字の大きさはディスプレイによってまちまちです。一般に、ノートパソコンのディスプレイはデスクトップパソコンよりも1ピクセルの大きさが小さいため、文字も少しだけ小さく表示されます。また、スマートフォンのディスプレイは、ノートパソコンよりも1ピクセルの大きさがさらに小さいため、文字も小さく表示されます。

図4-3　同じフォントサイズ16pxの文字でも、表示するディスプレイによって大きさは異なる

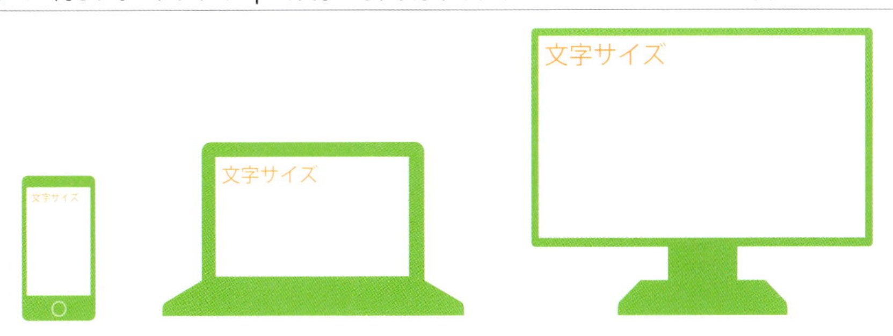

現代的なWebサイトでは、パソコン向けには本文サイズを14～16px程度の大きさに設定することが多いようです。スマートフォン向けでは14pxだと小さすぎるので、本文サイズを16px以上にすることが一般的です。

フォントサイズを指定する単位にem、%を使うときは要注意

フォントサイズを指定するfont-sizeプロパティは、親要素に指定されている値を継承します[*2]。

＊2　「CSSの継承」(p.46)

font-sizeプロパティに指定する値の単位を「em」にすると、親要素に指定されたフォントサイズを1emとして、その要素のフォントサイズが決まります。そのため、要素が入れ子（階層化）になっている場合には、予想外のフォントサイズになることがあり、注意が必要です。

HTML 要素(ここでは<div>)が入れ子になっている　chapter4/c04-01-a/index.html

```
...
<style>
body {
  font-size: 1em;
}
div {
  font-size: 0.8em;
}
</style>
</head>
<body>
bodyのフォントサイズ(1em = 16px) ―― ❶
<div>
  body→divのフォントサイズ(16pxを継承したフォントサイズの0.8em =
約13px) ―― ❷
  <div>
    body→div→divのフォントサイズ(13pxを継承したフォントサイズの0.8em =
約10px) ―― ❸
  </div>
</div>
...
```

図4-4　<div>の子要素の<div>のテキストはさらに小さく表示される

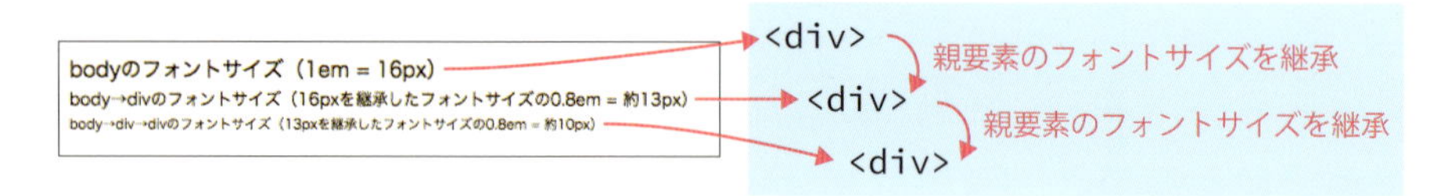

<style>～</style>に書かれたCSSを見てみると、<body>要素のフォントサイズを1emに指定しています。主要なブラウザの標準的なフォントサイズは16pxに設定されているので、<body>～</body>内に書かれたテキストのフォントサイズ(❶の部分)は16pxの大きさになります。

さて、<body>の直接の子要素に、<div>が1つあります。font-sizeプロパティは親要素の値を継承するので、この<div>のフォントサイズは最初から16pxに設定されていることになります。そこに、さらにCSSが適用されます。CSSには、<div>のフォントサイズを0.8emにすると書かれているので、この<div>のフォントサイズは「16pxの0.8文字分」で、約13pxで表示されることになります❷。

さらに、この<div>には子要素として別の<div>が含まれています。この<div>も親要素のフォントサイズを継承するため、最初から13pxに設定されています。そこにCSSが適用されるため、この<div>のフォントサイズは「13pxの0.8文字分」で約10pxになります❸。

このように、単位にemを使用していると、HTMLの構造とCSSの書き方によってはフォントサイズの制御が難しくなる場合があります。注意しましょう。

なお、フォントサイズの単位に「%」を使ったときも同様のことが起こります。

タグごとにフォントサイズを指定する方法

Webページのフォントサイズを決める方法は、大きく分けて2通りあります。1つ目は単位にpxを使って、タグごとにフォントサイズを指定する方法です。この方法は、継承の問題も起こらず、シンプルでわかりやすいのが特徴です。

次のHTMLのように、ページ内に<h1>、<h2>、<p>、<ul>タグがあるとします。それらのタグのうち、見出しの<h1>、<h2>のフォントサイズはそれぞれ20px、16pxにして、そのほかのテキストは14pxにする場合を考えます。<h1>、<h2>以外のフォントサイズは、<body>要素で設定します。

HTML　タグごとにフォントサイズを指定する　chapter4/c04-01-b/index.html

```
...
<head>
...
<style>
body {
  font-size: 14px;
}
h1 {
  font-size: 20px;
}
h2 {
  font-size: 16px;
}
</style>
</head>
<body>
<h1>4月28日オープン！</h1>
<p>本を読みながらコーヒーを楽しめる新しいかたちの書店＆カフェ「Boofé」が駅前にオー
プン。開店を記念して、ブレンドコーヒーを半額でご提供いたします。</p>
<h2>場所と営業時間</h2>
<ul>
  <li>〒106-0032 東京都港区六本木2-4-5</li>
  <li>営業時間：10:00 - 21:00</li>
</ul>
</body>
</html>
```

単位にpxを使って、タグごとにフォントサイズを指定する方法は、CSSが解読しやすく、どの要素が何ピクセルで表示されるのか一目瞭然なのが利点といえます。とくに、

Photoshopなどの画像処理ソフトで作成したページのデザインがあって、そのデザインをHTMLで再現することが目標の場合は、この方法を使うのが一般的です。

すべてのフォントサイズを相対的に決める方法

Webページのフォントサイズを決めるもう1つの方法は、基準のフォントサイズを決めておいて、各要素のフォントサイズを、基準のフォントサイズに対して相対値で指定する方法です。単位にはpxとremを使用します。

HTML　フォントサイズを相対的に決める　chapter4/c04-01-c/index.html

```
...
<head>
<meta charset="utf-8">
<title>見出しや本文のフォントサイズを調整する</title>
<style>
html {
  font-size: 14px;
}
h1 {
  font-size: 1.4rem;
}
h2 {
  font-size: 1.14rem;
}
</style>
</head>
<body>
<!-- body内は「タグごとにフォントサイズを指定する方法」c04-01-b/index.htmlと
同じ -->
...
</body>
</html>
```

フォントサイズを相対的に決める方法

フォントサイズを相対的に決める方法では、まず<html>要素に対して「基準のフォントサイズ」を単位pxで設定します（<body>要素ではないことに注意してください）。紹介しているサンプルの場合は、基準のフォントサイズを14pxにしています。font-sizeプロパティは継承するので、<p>や<ul>など、基準のフォントサイズで表示される要素のテキストは14pxに設定されます。

▶ <html>に対して基準となるフォントサイズをpxで指定する

```
html {
  font-size: 14px;
}
```

基準のフォントサイズを指定したら、次に見出しなどのフォントサイズを指定します。

▶ <h1>、<h2>のフォントサイズを指定する

```
h1 {
  font-size: 1.4rem;
}
h2 {
  font-size: 1.14rem;
}
```

ここで使用している単位は「rem（ルートエム）」です。ここでいう「ルート」とは、すべての要素の親要素のことで、常に<html>を指します。単位にremを使うと、<html>に指定されたフォントサイズに対する倍率で、要素のフォントサイズを指定することができます。今回のサンプルでいえば、次のような設定になっています。

図4-5　<h1>、<h2>、そのほかの要素のフォントサイズ

<h1>	<html> のフォントサイズ（**14px**）の **1.4rem**（1.4 倍）	＝約 20px
<h2>	<html> のフォントサイズ（**14px**）の **1.14rem**（1.14 倍）	＝約 16px
そのほかの要素	<html> のフォントサイズ（**14px**）を継承	＝　14px

単位にremを使う利点は、「フォントサイズを指定する単位にem、%を使うときは要注意」(p.53) で紹介したような継承の問題を気にすることなく、すべての要素のフォントサイズを相対的に決められることです。こうしておけば、<html>要素に指定したフォントサイズを変えるだけで、すべての要素のフォントサイズを一括で大きくしたり小さくしたりできるようになり、CSSの管理や修正がしやすくなります。とくに、レスポンシブWebデザイン[*1]で、パソコン向けとスマートフォン向けでフォントサイズを変えたいとき——たとえば、スマートフォン向けは全体にフォントサイズを大きくしたいときなど——に威力を発揮します。

＊1　10 章「レスポンシブ Web デザインのページを作成しよう」で解説します。

CHAPTER 4 SECTION 2 HTML5&CSS3

テキストの行間は読みやすさに大きく影響

読みやすい行間にする

行間とは、テキストの行と行の間に空くスペースのことです。行間の空き具合は文章の読みやすさに影響します。とくにブログサイトやニュースサイトなど、記事を読ませるサイトでは行間の調整が重要です。

テキストの行間を調整する

次のサンプルでは、<body>に含まれるすべてのテキストの行間を1.7に設定しています。

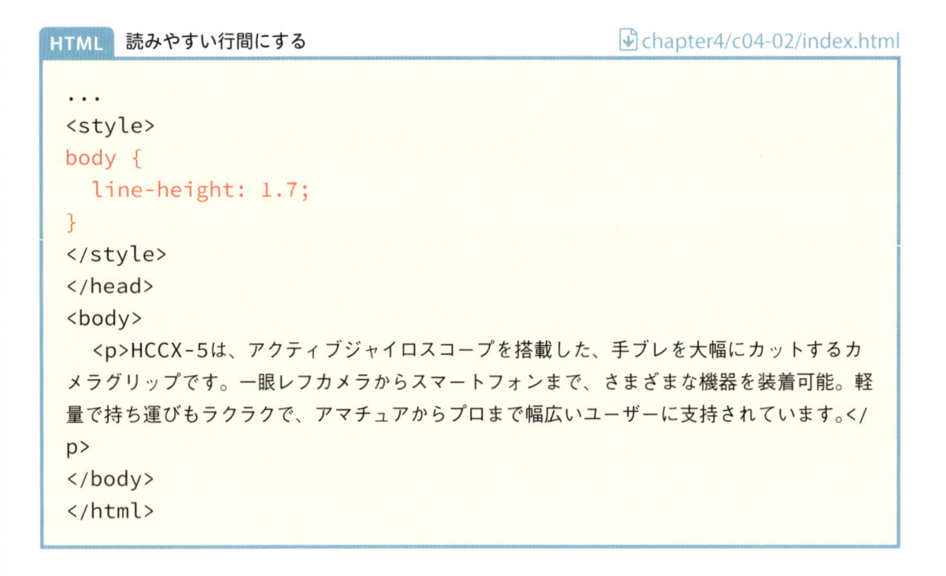

HTML　読みやすい行間にする　chapter4/c04-02/index.html

```
...
<style>
body {
  line-height: 1.7;
}
</style>
</head>
<body>
  <p>HCCX-5は、アクティブジャイロスコープを搭載した、手ブレを大幅にカットするカメラグリップです。一眼レフカメラからスマートフォンまで、さまざまな機器を装着可能。軽量で持ち運びもラクラクで、アマチュアからプロまで幅広いユーザーに支持されています。</p>
</body>
</html>
```

図4-6　行間の調整前と調整後

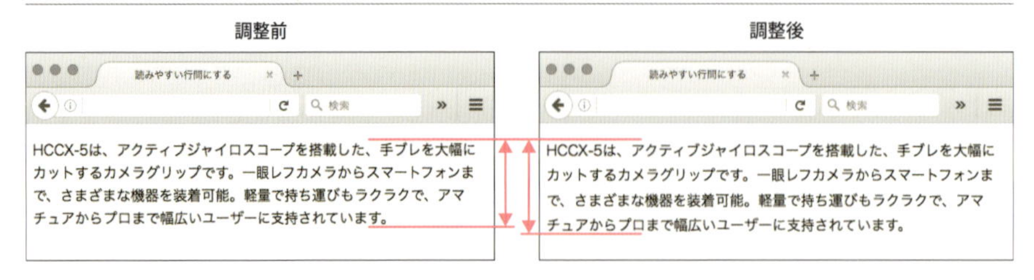

line-heightプロパティの値

line-heightプロパティを使用すると、テキストの行の上下にスペースが追加されます。値には単位をつけない数値を指定します。

図4-7　line-heightプロパティで設定される行の高さ

軽量で持ち運びも　フォントサイズ　line-height

ラクラクで、アマ

line-height:1.7; なら、行間はフォントサイズの 1.7 倍

line-heightプロパティは子要素に継承されるため、<body>に設定しておけばページ全体の行間を一括して調整できて便利です。

一般に、line-heightプロパティに指定する数値は1.5 ～ 1.8程度です。ただし、見出しなどフォントサイズが大きい要素ではそれより小さく、1.2くらいにすることもあります。

ちなみに、主要なブラウザのline-heightプロパティの初期値は1.5あたりに設定されています。とくに、長い文章は行間が広い・狭いによって読みやすさに大きな違いが出るので、設定する数値を少しずつ変えながら、一番読みやすい値に調整しましょう。

図4-8　行間は広すぎても狭すぎても読みにくい

line-height:

1.0
狭すぎる

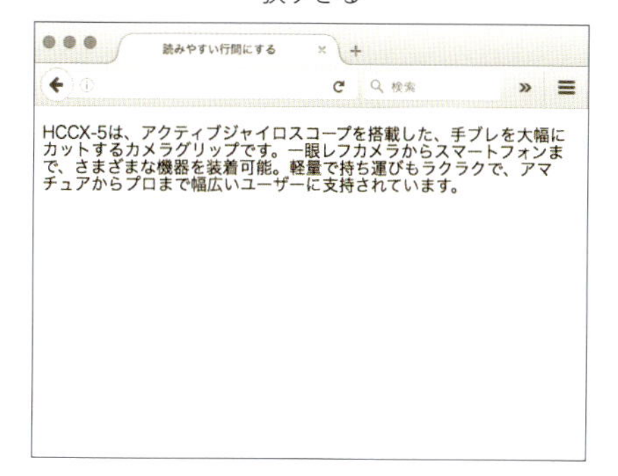

1.7
適度

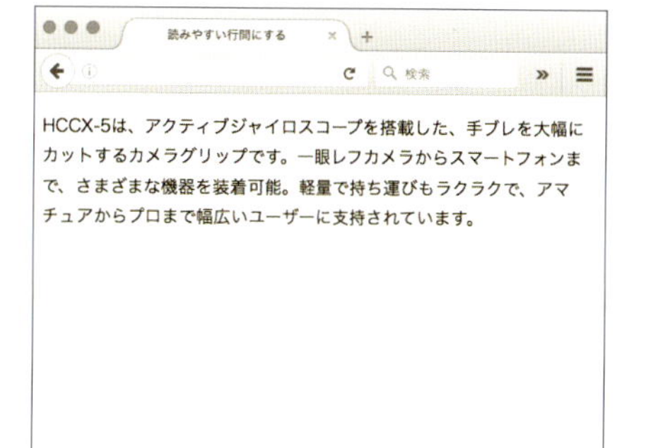

3.0
広すぎる

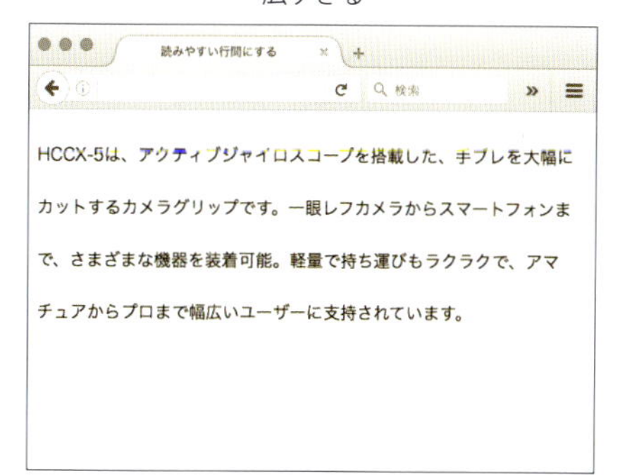

ニュースサイトやブログサイトの定番テクニック

段落のテキストをリード文だけ太字にする

リード文とは記事の概要を記した短いテキストのことで、通常は記事本体の前に掲載されます。このリード文のテキストを太字にして目立たせます。

クラス名セレクタを利用する

HTMLには「リード文」を意味するタグはないので、段落の<p>にクラス名をつけて代用します。そして、そのクラス名をセレクタに使って、CSSでテキストを太字にします。

HTML 段落のテキストをリード文だけ太字にする chapter4/c04-03/index.html

```
...
<style>
body {
  line-height: 1.7;
}
.lead {
  font-weight: bold;
}
</style>
</head>
<body>
<h1>手ブレのない画像を</h1>
<p class="lead">HCCX-5は、アクティブジャイロスコープを搭載した、手ブレを大幅にカットするカメラグリップです。一眼レフカメラからスマートフォンまで、さまざまな機器を装着可能。</p>
<p>軽量で持ち運びもラクラクで、...お問い合わせください。</p>
</body>
</html>
```

図4-9　最初の段落が太字で表示される

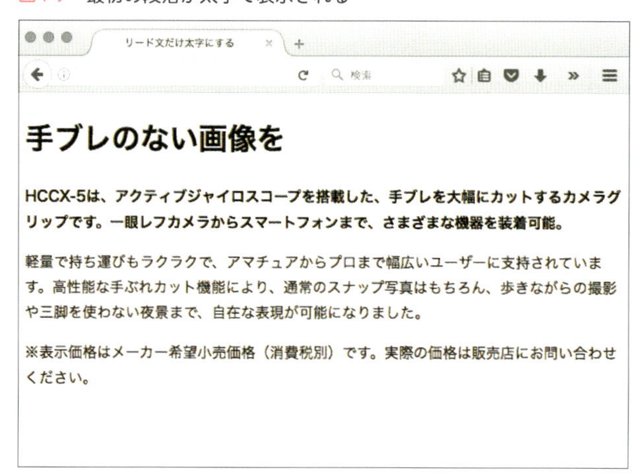

font-weightプロパティ

font-weightは、その要素のテキストを太字にするかどうかを決めるプロパティです。値は「bold(太字)」または「normal(通常の太さ)」のどちらかにする場合がほとんどです。

書式　テキストを太字にするときのfont-weightプロパティの書式

```
font-weight: bold;
```

逆に、もともとは太字で表示される<h1>の見出しテキストなどを通常の太さにすることもできます。たとえば、<h1>のテキストを通常の太さで表示したいときには、次のようなCSSを書きます。

▶ <h1>のテキストを通常の太さで表示する

```
h1 {
  font-weight: normal;
}
```

Note　font-weightプロパティの値はbold、normal以外にもある

font-weightプロパティの値は、100、200、300、400、500、600、700、800、900と、9種類の数値を指定することもできます。値を400にすると、テキストは通常の太さで表示されます。また、400より小さい数値を指定すると通常より細いテキストで、大きい数値を指定すると通常より太いテキストで表示されます。

font-weightプロパティに使用する値は、一般にはboldまたはnormalのどちらかを使いますが、Google FontsなどのWebフォント[*1]を使うときは、値に数値を指定する場合もあります。

＊1　「Webフォントを使用する」(p.65)

Webフォントの登場で選択肢が拡大！

表示するフォントを設定する

表示するフォントの設定をします。フォントの設定にはいくつかのパターンがあり、ここでは実際のWebサイトでよく使われる方法を紹介します。

Webページに表示するフォントは、パソコンやスマートフォンなど閲覧に使用するコンピュータにインストールされているフォントか、または後述するWebフォントの中から選ぶことができます。最近はWebフォントから選ぶことも増えてきましたが、まだまだコンピュータにインストールされているフォントから選ぶケースも少なくありません。

ところが、Windows、Mac、Android、iOSのすべてにインストールされているフォントはありません。そのため、インストールされているフォントの中から選ぶ場合は、どんな機器から閲覧されても問題ないように、いくつかの候補を挙げておく必要があります。

一般的なフォント指定の方法

日本語のWebサイトでは通常、画面上でも読みやすいゴシック体を選びます。表示するフォントにゴシック体を使用する場合は、次のようなCSSを書くのがほぼお決まりのパターンです[*1]。

＊1　最近はどのOSもアップグレードするたびにインストールされるフォントが増えています。そのため「どのOSに何のフォントがインストールされているか」を把握するのが難しくなっています。多少のデメリットはあるものの、今後は次に紹介する「省略パターン」の書き方をすることのほうが多くなるかもしれません。

HTML　表示フォントをゴシック体にする典型的な記述パターン　chapter4/c04-04-a/index.html

```
...
<head>
<meta charset="utf-8">
<title>表示するフォントを設定する</title>
<style>
body {
  line-height: 1.7;
  font-family: "Hiragino Kaku Gothic ProN", "ヒラギノ角ゴ ProN",
Meiryo, "MS  Pゴシック", sans-serif;
}
.lead {
  font-weight: bold;
}
</style>
</head>
<body>
...
</body>
</html>
```

ただ、最近になって、次に紹介するような省略した書き方が増えてきています。

HTML　表示フォントをゴシック体にする省略されたパターン　chapter4/c04-04-b/index.html

```
...
<style>
body {
  line-height: 1.7;
  font-family: sans-serif;
}
...
</style>
...
```

省略せずに書いたパターンと省略パターンはどちらもほぼ同じように表示されます。でも、よく見ないとわかりませんが、微妙に表示が変わるブラウザもあります。

図4-10　省略せずに書いたパターンと省略パターンの表示例

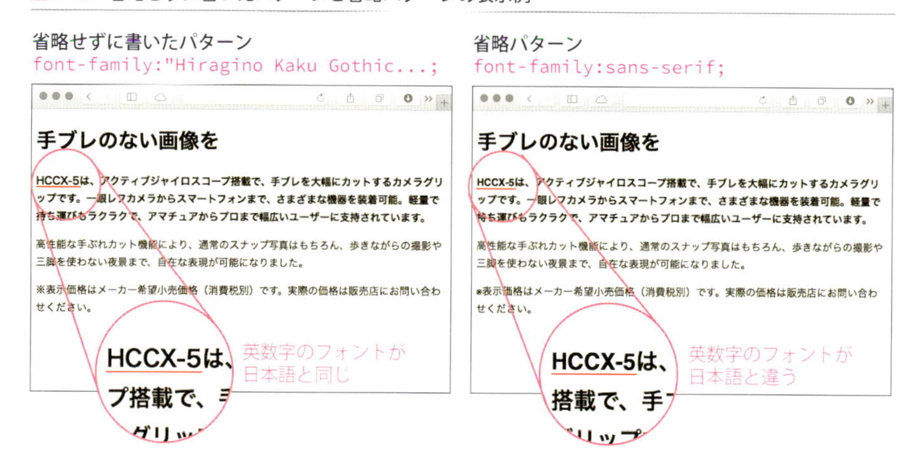

省略せずに書いたパターンと省略パターンの違いは、半角英数字に使われるフォントが変わるという点です[*1]。省略せずに書いたパターンの場合、すべてのブラウザで、全角文字も半角英数字も日本語フォントの文字で表示されます。しかし、省略パターンの場合、ブラウザによっては、全角文字は日本語フォントで、半角英数字は欧文フォントで表示されます。この差をよしとするかどうかは作っているWebサイトによります。どちらの方法でも対応できるよう、2通りのパターンがあることは覚えておきましょう。

*1　フォントが変わるかどうかはブラウザによって異なります。Edge と Safari ではフォントが変わります。

font-familyプロパティ

表示するフォントを決めるには、font-familyプロパティを使用します。値にはフォントの候補をカンマ(,)で区切って指定します。フォント名にスペースが含まれていたり、日本語だったりしたらダブルクォート(")で囲みます。

font-familyプロパティに複数のフォントが指定されている場合、ブラウザは1番目のものから順にコンピュータにインストールされているかどうかを調べ、最初に見つかったもので表示します。

なお、ゴシック体で表示する場合は、最後に必ず「sans-serif」を入れておきます。このsans-serifは、日本語では「ゴシック体」という意味で、指定したフォントがすべて見つからない場合でも、とにかくゴシック体で表示してくれるようになります。

Note　フォントの種類は大きく分けて2種類

フォントは、その字のデザインによって「セリフ体（serif）」と「サンセリフ体（sans-serif）」の2種類に大きく分けられます[*1]。

セリフ体は、横線よりも縦線のほうが太く、筆が止まるところにアクセントがあるデザインのフォントを指します。ちなみに「セリフ」とは、フランス語でこのアクセントのことを指しています。日本語フォントの「明朝体」は、セリフ体に分類されています。

また、もう一方のサンセリフ体は、字の横線と縦線の太さに大きな差がなく、筆が止まるところにアクセントがないデザインのフォントを指します。日本語フォントでは「ゴシック体」がサンセリフ体に分類されています。サンセリフ体の「サン」とは、フランス語で「ない」という意味があります。

＊1　サンセリフ体、セリフ体以外に、欧文フォントでは、1文字1文字の幅が同じで、ソースコードなどの表示に使われる「モノスペース」フォントや、筆記体の「カーシブ（cursive）」フォント、装飾性の強い「ディスプレイ」フォントなど、数種類の分類があります。

図4-11　セリフ体・明朝体とサンセリフ体・ゴシック体

印刷物などでは、長い文章はセリフ体・明朝体のほうが読みやすいとされています。そのため、英語のWebサイトなどでは、ニュースサイトを中心にセリフ体が使われることもあります。しかし、日本語の場合、形状が複雑な明朝体はコンピュータの画面では読みづらいため、長い文章であってもゴシック体が使われることがほとんどです。

Webフォントを使用する

パソコンやスマートフォンにインストールされているフォントだけでは、ほとんど選択肢がありません。ところが、「Webフォント」を使うと、フォントの選択肢を一気に増やすことができます。Webフォントは最近非常によく使われるようになっています。

「Webフォント」とは、Webページに表示するフォントをWebサーバーからダウンロードしてくる機能のことです。Webフォントを使うとフォントの選択肢が増えるほか、どんなコンピュータで閲覧しても同じフォントで表示できるという利点もあります*1。ここでは、Google Fontsというサービスが提供している日本語フォント「Noto Sans Japanese」を使用する例を紹介します。

*1　Webフォントが普及していなかった数年前まで、特殊なフォントを使うには画像にするしかありませんでした。Webフォントを使えばHTMLにテキストデータが残せるので、検索エンジンとの親和性も高くなります。

HTML　Webフォントを利用する　chapter4/c04-04-c/index.html

```
...
<head>
<meta charset="utf-8">
<title>Webフォントを使用する</title>
<link rel="stylesheet" href="http://fonts.googleapis.com/
earlyaccess/notosansjapanese.css">
<style>
body {
  line-height: 1.7;
  font-family: 'Noto Sans Japanese', sans-serif;
}
.lead {
  font-weight: bold;
}
</style>
</head>
<body>
...
</body>
</html>
```

図4-12　Noto Sans Japaneseフォントで表示されている

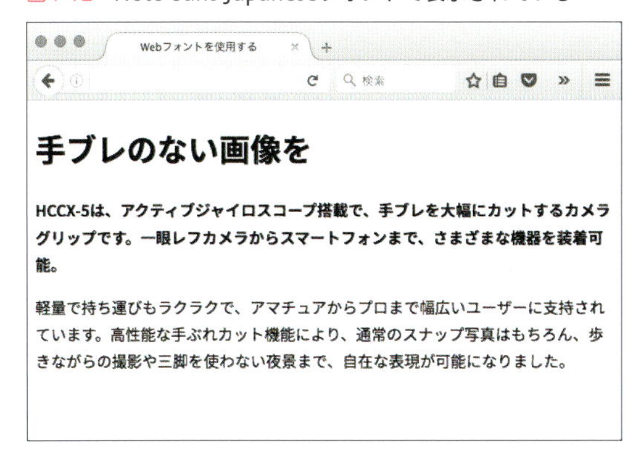

CHAPTER 4

Webフォントを使う方法

Webフォントを使用する方法は、次の2パターンがあります。

(1) フォントデータを自分のWebサーバーにアップロードして、それを使う方法
(2) Google FontsなどのWebサービスを利用する方法

今回のサンプルでは(2)の方法を使用しています。また、実際のWebサイトでも、ほとんどが(2)の方法を採用しています。

自分のWebサーバーにアップロードする(1)の方法の場合、自分でフォントを作るのでなければ、フォントデータをどこか別のWebサイトなどからダウンロードしてくる必要があります。その場合は、フォントのライセンスを十分に確認してください[*1]。

*1　とくに、フォントのデータをWebサーバーにアップロードしてもよいのか、Webフォントとして使用できるのか、といった条件をクリアする必要があります。

Google Fonts以外にもあるWebフォントのサービス

Google Fonts以外にもWebフォントを提供するサービスはいろいろあります。ただ、Google Fontsのように無料で使えるWebフォントサービスはまれで、ほとんどが有料です。とくに日本語フォントは高価なため、プロ向けの高品質商用フォントはほぼ間違いなく有料です[*2]。そのため、Webフォントは予算があるプロジェクトでしか利用できないかもしれませんが、デザインを重視するWebサイトでは採用例が増えています。

*2　サンプルで紹介したNoto Sans Japaneseは無料です。

表4-2　日本語フォントがある代表的なプロ向けWebフォントサービス

サービス名	説明	URL
Adobe TypeKit	Adobeが運営するサービス。欧文フォントが中心だが、少ないながらも日本語フォントも利用可能。	https://typekit.com
FONTPLUS	フォントワークスを中心として、多くの日本語フォントメーカーが参加するサービス。プロ向けフォントが利用できる	http://webfont.fontplus.jp
TypeSquare	日本語フォントメーカーのモリサワが運営するサービス。プロ向けフォントが利用できる	http://typesquare.com

COLUMN

Google Fontsでフォントを選ぶ方法

実際にGoogle Fontsでフォントを選んで、Webページに組み込んでみましょう。

操作 Google Fontsサービスの使い方

1. ブラウザでGoogle Fonts (https://fonts.google.com/) にアクセスして、まずは使いたいフォントを探します。右のサイドバー❶から、使いたいフォントの種類や太さなどを選んで、フィルタ[*3]することもできます。左にはフォントの一覧が表示されています。個々のフォントは、フォントサイズを変えたり❷、実際にテキストを入力したりして❸試すことができます。

*3　条件を設定して、その条件に合うものだけをふるいにかけること。

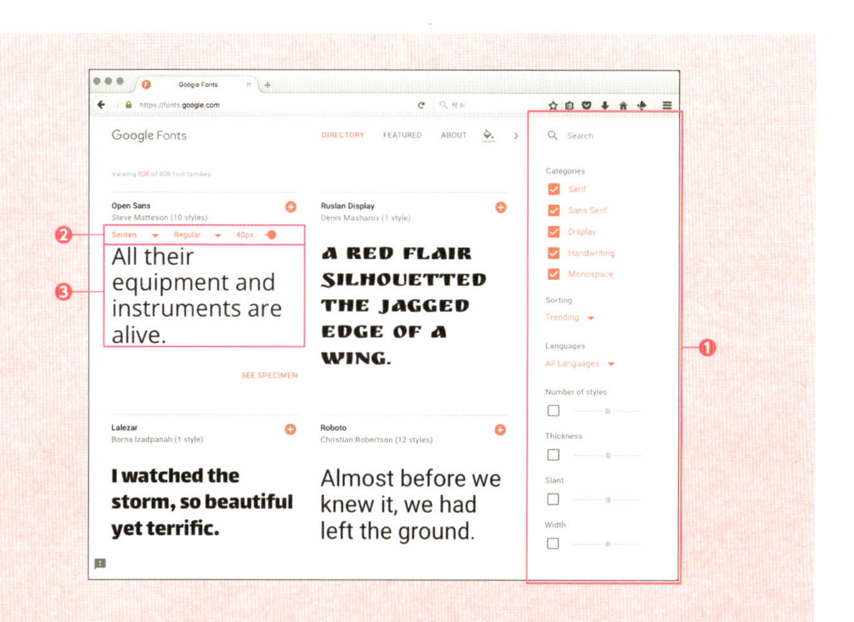

2 気に入ったフォントが見つかったら[＋]をクリックします❹。ページ下部に「1 Family Selected」と書かれたタブが表示されます❺。このタブをクリックすると、Webフォントを組み込むのに必要なソースコードが出てきます[*1]。

＊1　ここでは例として「Oswald」フォントを選択しています。

3 「Embed Font」にある<link>タグは、HTMLの<head>～ </head>にコピーします。また、「Specify in CSS」にはCSSのソースコードがあります。これを、フォントを使いたい要素のCSSにコピーします。

以下のソースコードは、実際に「Oswald」をページに組み込んだ例です。

HTML　Google Fontsでフォントを選ぶHTML　extra/webfont/index.html

```
<head>
<meta charset="utf-8">
<title>Google Fontsでフォントを選ぶ</title>
<link href="https://fonts.googleapis.com/
css?family=Oswald" rel="stylesheet">
<link rel="stylesheet" href="style.css">
</head>
<body>
  <h1 class="heading"><mark>Introducing New
<br>Swallow<br>Programming Language</mark></h1>
</body>
```

CSS　Google Fontsでフォントを選ぶCSS　extra/webfont/style.css

```
...
.heading {
  margin: 0;
  padding: 0;
  font-size: 62px;
  line-height: 1.6;
  font-family: 'Oswald', sans-serif;
}
```

図4-13　テキストが「Oswald」で表示される

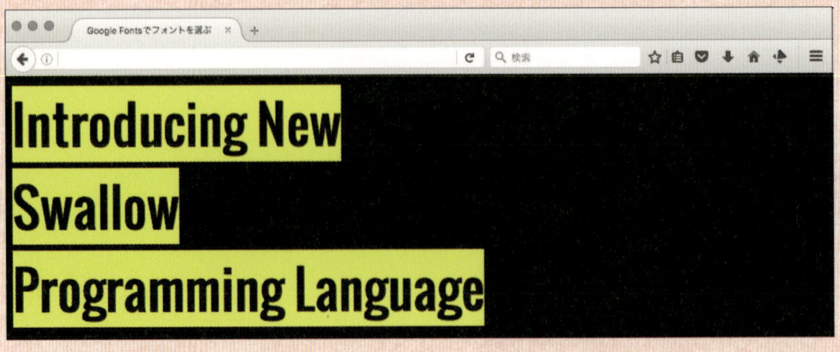

左揃え・中央揃え・右揃えが自由自在

テキストの行揃えを変更する

テキストはほとんどのタグで左揃えになりますが、CSSを使って中央揃えや右揃えなどにすることができます。

見出しのテキストを中央揃えにする

本文の大見出し（<h1>）のテキストを中央揃えにするには、次のようにCSSを書きます。

HTML 見出しのテキストを中央揃えにする　chapter4/c04-05-a/index.html

```
...
<style>
...
.headline {
  text-align: center;
}
...
</style>
</head>
<body>
<h1 class="headline">手ブレのない画像を</h1>
...
</body>
</html>
```

図4-14　見出しのテキストが中央揃えになる

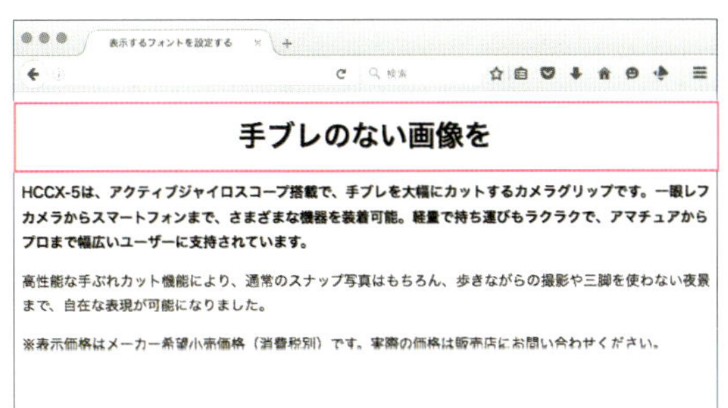

text-alignプロパティ

テキストの行揃えを変更するには、text-alignプロパティを使います。text-alignプロパティに設定できる値は次の4つです。

表4-3　text-alignプロパティに設定できる値

text-align	説明	表示例
text-align: left;	テキストを左揃えにする	手ブレのない画像を
text-align: center;	テキストを中央揃えにする	手ブレのない画像を
text-align: right;	テキストを右揃えにする	手ブレのない画像を
text-align: justify;	テキストを均等配置にする	次のサンプルを参照

「text-align: justify;」を指定すると、テキストが均等配置（ジャスティファイ）されます。これは主に、記事など長い文章をきれいに見せるのに使われます。次の例では、すべての<p>に含まれるテキストを均等配置にしています。

HTML　<p>のテキストを均等配置にする　chapter4/c04-05-b/index.html

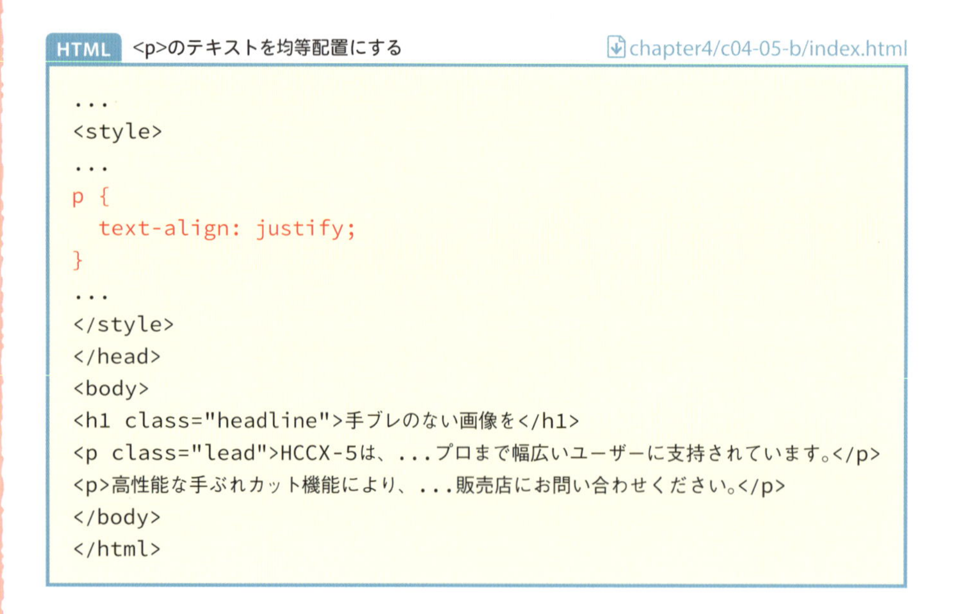

```
...
<style>
...
p {
  text-align: justify;
}
...
</style>
</head>
<body>
<h1 class="headline">手ブレのない画像を</h1>
<p class="lead">HCCX-5は、...プロまで幅広いユーザーに支持されています。</p>
<p>高性能な手ぶれカット機能により、...販売店にお問い合わせください。</p>
</body>
</html>
```

図4-15　text-align: justify;にすると、行のテキストが均等配置される

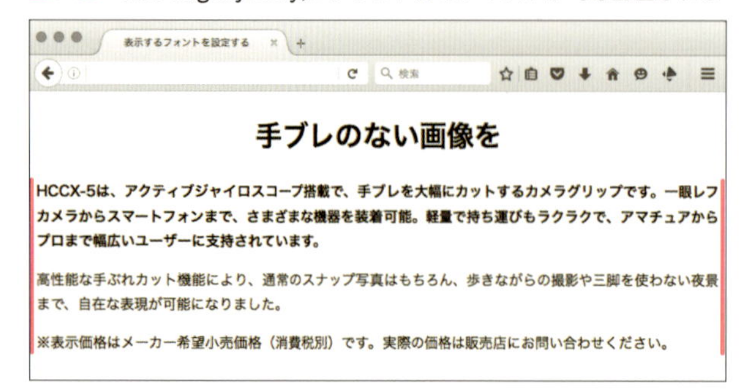

インデント機能を利用した定番テクニック

2行目以降を1文字下げる

箇条書きや注意書きなど、行の先頭にマークがつくテキストがあります。その注意書きなどのテキストを揃えつつ、マークだけを前に出す表現方法を紹介します。

クラスセレクタを利用する

注意書きのテキストの先頭にある「※」マークだけを前に出して、テキストを整列させます。「注意書き」そのものを意味するタグは定義されていないので、タグにクラス属性をつけて代用します。注意書きは<p>タグ、または<ul>タグを使用してマークアップしますが、ここでは<p>タグを使用しています。

HTML 「※」マークだけを前に出す　chapter4/c04-06/index.html

```
...
<style>
...
.note {
  padding-left: 1em;
  text-indent: -1em;
}
</style>
</head>
<body>
...
<p class="note">※表示価格はメーカー希望小売価格（消費税別）です。実際の価格は販売店にお問い合わせください。</p>
</body>
</html>
```

図4-16　※マークだけが前に出て、続くテキストは整列する

※表示価格はメーカー希望小売価格（消費税別）です。実際の価格は販売店にお問い合わせください。

text-indentプロパティ、padding-leftプロパティ

padding-leftは、CSSのボックスモデルに関連する重要なプロパティです。padding-leftプロパティについては後でより詳しく取り上げますが、ここでは「テキストの開始

位置」を1em、つまり1文字分右に移動させていると考えてください。

さて、テキストの開始位置が1em分右に移動した<p class="note">に、さらにtext-indentプロパティを適用します。text-indentプロパティを使うと、テキストの1行目の開始位置を移動させることができます。この例ではその値を「-1em」にしていることから、テキストの1行目だけ1文字分左にずらしています[*1]。

＊1　text-indent プロパティは、今回のように1文字目の「※」などのマークを整列させるときによく使われます。テキストをきれいに整列させることを目的に使用しますから、値の単位は通常「em」にします。そうしておけば「〇文字分左に、または右に」テキストの開始位置を移動させることができます。

図4-17　今回使用したpadding-leftプロパティとtext-indentプロパティの働き

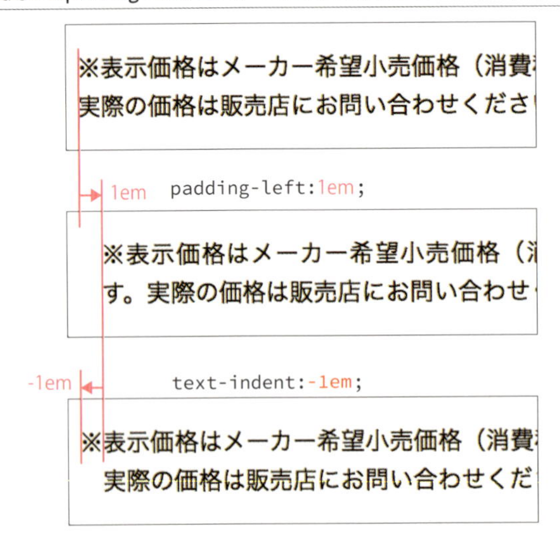

text-indentプロパティの書式は次のとおりです。

書式　text-indentプロパティの書式

```
text-indent: 1行目をずらしたい長さ;
```

Note　値が0なら単位はいらない

長さや大きさを指定するプロパティの値には、原則として単位をつける必要があります。その単位が「em」だったり「px」だったり「%」だったりするわけですが、指定する値が0の場合は、単位を書く必要はありません。たとえばtext-indentプロパティの値を「0」にする場合には、次のように書くことができます。

▶ 長さや大きさが0のときは単位を書く必要はない

```
text-indent: 0;
```

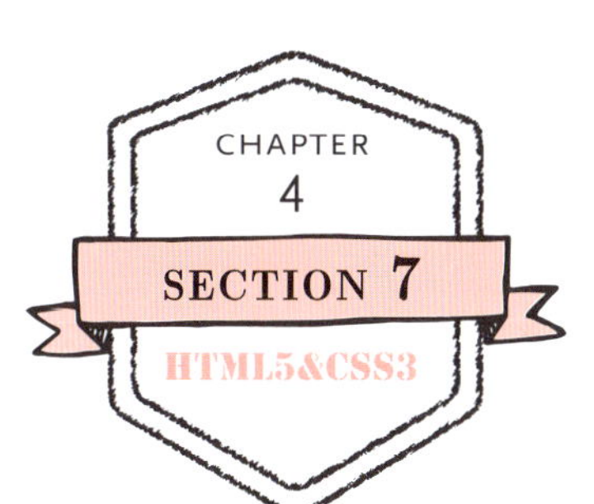

colorプロパティと色指定の仕方をマスター

テキスト色を変更する

ページ全体、または部分的にテキスト色を変更します。

ここでは、ページ全体のテキストの文字色を変える方法と、部分的に文字色を変える方法の2種類を紹介します。

ページ全体のテキスト色を変更する

Webデザインでは、ページ全体のテキスト色を変えることがよくあります。このサンプルではテキスト色を暗い紺色にしています。ページ全体のテキスト色を変更するときは、CSSのセレクタを「body」にします。

HTML　ページ全体のテキスト色を変更する　chapter4/c04-07-a/index.html

```
...
<style>
body {
  color: #002a5a;
}
</style>
...
```

図4-18　ページ全体のテキスト色が変更された

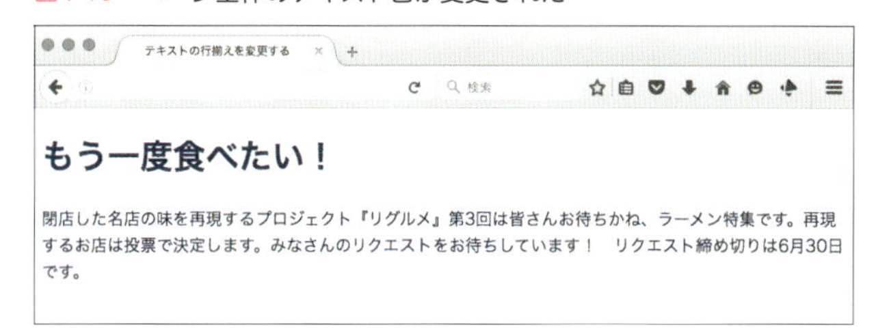

テキストの行揃えを変更する
もう一度食べたい！
閉店した名店の味を再現するプロジェクト『リグルメ』第3回は皆さんお待ちかね、ラーメン特集です。再現するお店は投票で決定します。みなさんのリクエストをお待ちしています！　リクエスト締め切りは6月30日です。

colorプロパティ

テキスト色を変更するにはcolorプロパティを使用します。colorプロパティの値には「色」を指定するわけですが、この色指定には何通りかの方法があります。最もよく使われるのは、色を6ケタのRGBカラー[*1]で表記する方法です。

コンピュータの画面に映し出されるすべての色は、赤（Red）、緑（Green）、青（Blue）3色の光線の強弱で表現されています。赤緑青それぞれの光線の強さは、16進数の数値

＊1　HEXカラーと呼ばれることもあります。「HEX」とは16進数のことです。

を使えば2ケタ（00～FF）で表現できます。RGBカラーは、「#」で始まり「Rの2ケタ」「Gの2ケタ」「Bの2ケタ」を続けて書いたものです。実際の数値はPhotoshopなどの画像編集ソフトで調べます。

RGBカラー

```
color: #RRGGBB;
```

図4-19　Photoshopのカラーピッカーに表示されたRGBカラーの値。この値をコピーして使用する

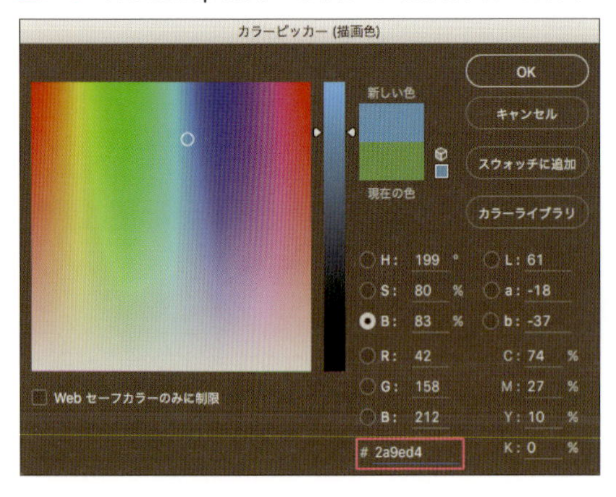

よく使う色の値

試しにHTMLやCSSを書くときなどに、わざわざPhotoshopを起動させるのは少し面倒です。そういうときは、RGB各色の値を「00」「33」「66」「99」「CC」「FF」のどれかにして、3色を組み合わせます。次のような値がよく使われます。

表4-4　よく使われる16進数の値

16進数	省略形	使用例	実際の色
#000000	#000	color: #000000;	黒
#333333	#333	color: #333333;	グレー
#666666	#666	color: #666666;	グレー
#999999	#999	color: #999999;	グレー
#CCCCCC	#CCC	color: #CCCCCC;	グレー
#FFFFFF	#FFF	color: #FFFFFF;	白
#FF0000	#F00	color: #FF0000;	赤
#FFFF00	#FF0	color: #FFFF00;	黄
#0000FF	#00F	color: #0000FF;	青

この表には「省略形」という欄があります。RGB各色の1ケタ目と2ケタ目の数値が同じ場合は省略して1ケタで表してもよいことになっていて、値をより短く書くことができます。

Note　そのほかの色指定の方法

CSSで色の値を指定する方法は、RGBカラー以外にもあります。ここでまとめて紹介します。

● カラーキーワードで指定

一部の色には「カラーキーワード」が定義されています。このカラーキーワードを、CSSで色を指定するときの値に使うことができます。主なカラーキーワードには次のようなものがあります[*1]。

表4-5　主なカラーキーワード

カラーキーワード	16進数の値	使用例	実際の色
black	#000000	color: black;	
gray	#808080	color: gray;	
white	#FFFFFF	color: white;	
red	#FF0000	color: red;	
green	#008000	color: green;	
yellow	#FFFF00	color: yellow;	
blue	#0000FF	color: blue;	

＊1　実際には、より多くのカラーキーワードが定義されています。詳しくは次のページを参照してください。CSS Color Module Level 3 4.3. Extended color keywords http://www.w3.org/TR/css3-color/#svg-color

● rgb()、rgba()

6ケタの16進数の値ではなく、RGB各色の10進数の値（0～255）を使って色を指定することができます。RGB各色の値には0～255の数値を、カンマで区切って指定します。

書式　RGB各色の値を0～255の数値で指定する方法

```
color: rgb(赤, 緑, 青);
```

また、RGB各色の値を指定するだけでなく、その色の透明度を設定することもできます。透明度には0～1の値を小数で指定します。この値が0のとき完全に透明、1のとき完全に不透明になります。

たとえば「ページ全体のテキスト色を変更する」（p.73）で<body>に適用したテキスト色「#002a5a」と同じ色を、透明度0.5（50%）で指定するなら、次のようになります。

HTML　rgba()を使ってテキスト色を指定する　chapter4/c04-07-b/index.html

```
body {
  color: rgba(0, 42, 90, 0.5);
}
```

書式　RGB各色に加え、透明度も指定する方法

```
color: rgba(赤, 緑, 青, 透明度);
```

部分的にテキスト色を変更する

部分的にテキスト色を変更したい場合は、次のようにします。

HTML 部分的にテキスト色を変更する　chapter4/c04-07-c/index.html

```
...
<style>
...
.important {
  color: #ff0000;
}
</style>
</head>
<body>
<p>閉店した名店の味を再現するプロジェクト『リグルメ』第3回は皆さんお待ちかね、ラーメン特集です。再現するお店は投票で決定します。みなさんのリクエストをお待ちしています！ <span class="important">リクエスト締め切りは6月30日</span>です。</p>
</body>
</html>
```

図4-20　<span>タグで囲まれたテキストだけ赤くなる

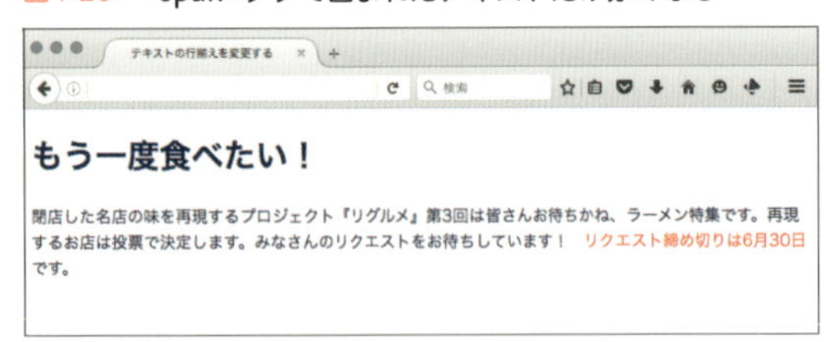

id属性、class属性の使い方

HTMLのすべてのタグには、id属性とclass属性を追加することができます。同じタグにid属性とclass属性の両方を追加してもかまいません。

▶ id属性やclass属性を<div>タグに追加した例

```
<div id="wrapper">...</div>
<div class="profile">...</div>
<div id="sidebar" class="sidebar">...</div>
```

id属性の特徴

id属性は、その要素に「ID名」をつけるために使われます。同じHTMLドキュメント内の複数のタグに、同じID名をつけることはできません。

図4-21　同じHTMLドキュメント内で同じID名をつけることはできない

```
<body>
  <h1 id="headline">IoT＋Fintech</h1>
  <p>スマホで操作して現金が下ろせる「ブタの貯金箱」が登場した。</p>
  <h2 id="headline">割るのは厳禁！</h2>
  <p>内蔵充電池から液漏れの危険があるため、割るのは禁止されている。</p>
</body>
```

×

id属性は、次のような用途で使われます。

- ページ内リンクのリンク先にするため
- CSSでその要素にスタイルを適用するため
- JavaScriptでその要素を操作するため

id属性を使用してCSSを適用する場合には、「idセレクタ」を使用します。idセレクタは1文字目が「#」で、それに続けてid名を書きます。

書式　idセレクタ

```
#id名 {
  ...
}
```

ただし、idセレクタは、どうしても使わなければならないとき以外は使用しないことをお勧めします。

その理由は、idセレクタは詳細度が非常に高いからです[*1]。Webサイトを運営していると、新たに作成したページのデザインをするために、公開時にはなかったCSSを追加することがあります。そのとき、すでにあるCSSの詳細度が高いと、新規ページのデザインがしづらくなるうえに、CSSのソースコードが複雑化してしまいます。原則としてidセレクタを使うのは避けましょう。

＊1　ここではCSSの上書きのしやすさだと考えてください。詳細度が高ければ高いほど、CSSのスタイルを上書きしづらくなります。より詳しくは「詳細度」（p.197）や「カスケード」（p.198）を参照してください。

class属性の特徴

class属性は、その要素に「クラス名」をつけるために使われます。クラス名は、基本的にCSSのセレクタで使うための名前だと考えてかまいません。CSSでHTMLの要素を選択するときは、idセレクタは使わず、classセレクタを積極的に使いましょう。その理由はidセレクタを使わない理由と逆で、classセレクタは詳細度が比較的低いからです。classセレクタは1文字目が「.」で、それに続けてクラス名を書きます。

書式　classセレクタ

```
.クラス名 {
  ...
}
```

class属性には、id属性にはない特徴があります。まず、class属性は、同じクラス名をHTMLドキュメント内の複数の要素につけることができます。

図4-22　複数の要素に同じクラス名をつけることができる

```
<body>
  <ul>
    <li class="spec">サイズ：20cm×15cm×20cm</li>
    <li class="spec">重量：400g</li>
    <li class="spec">発売：11月25日</li>
  </ul>
</body>
```

また、1つの要素に複数のクラス名をつけることもできます。その場合、それぞれのクラス名を半角スペースで区切ります。

図4-23　1つの要素に複数のクラス名をつけることができる

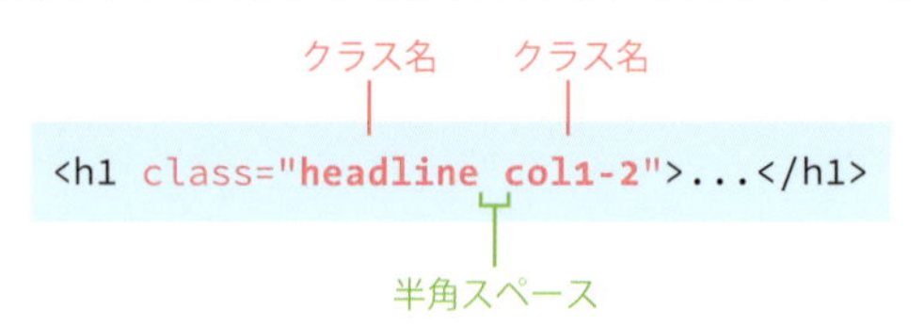

<span>タグの使い方

テキスト色を部分的に変更するために、今回のサンプルでは<span>タグを使用しました。<span>タグはそれ自体には何の意味も持たないタグで、主にCSSを適用するために使用します。<span>タグには、CSSのセレクタで選択できるようにclass属性を追加するのが基本です。

図4-24　<span>タグにはclass属性を追加するのが基本

```
<span class="クラス名">テキストコンテンツ</span>
```

CSS の class セレクタで要素を選択するために、
<span> には class 属性をつけるのが基本

CHAPTER
4
SECTION 8
HTML5&CSS3

サブタイトルは見出しタグ+
+<span>

見出しにサブタイトルをつける

見出しにサブタイトルをつけるには、<h1>などの見出しタグ以外に、
と<span>を使用します。ここでは
タグの正しい使い方に注目しましょう。

見出しにサブタイトルをつける

HTMLには「サブタイトル」そのものを意味するタグはありません。そこで、タイトル(見出し)もサブタイトルも、まとめて<h1>などの見出しタグで囲みます。そのうえで、サブタイトルだけを<span>で囲み、クラス名に「subtitle」とつけます。また、タイトルとサブタイトルの間は
を使って改行します。

HTML 見出しにサブタイトルをつける　chapter4/c04-08/index.html

```
...
<style>
h1 {
  font-size: 1.5em;
  line-height: 1.2em;
  text-align: center;
}
h1 .subtitle {
  font-size: 0.7em;
  font-weight: normal;
}
</style>
</head>
<body>
<h1>次世代ウェアラブル30日間無料！<br>
<span class="subtitle">〜体も心も可視化体験キャンペーン実施中〜</span></
h1>
</body>
</html>
```

図4-25　見出しが中央揃えになり、サブタイトルが少し小さい字で表示される

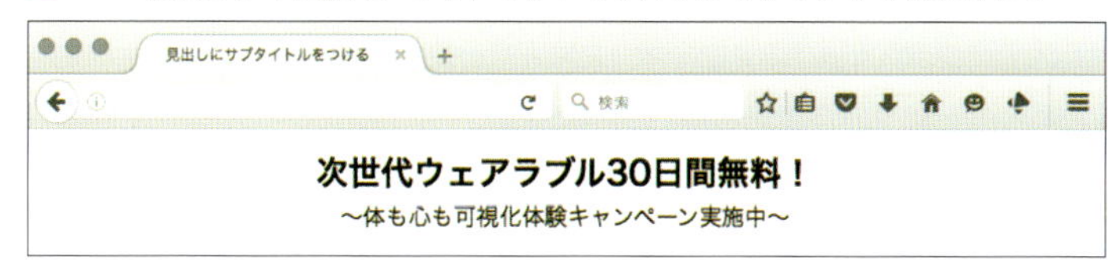
見出しにサブタイトルをつける
次世代ウェアラブル30日間無料！
〜体も心も可視化体験キャンペーン実施中〜

CSSの解説

見出しとサブタイトルを表現するためのCSSは次のようになっています。まず、<h1>タグ全体に対して――つまり、タイトルとサブタイトルの両方に適用されるスタイルとして――次のようなCSSを適用します。

(1) フォントサイズを1.5emとし、標準の<h1>よりも小さくする(標準の<h1>のフォントサイズは2em)
(2) 行間を1.2emとし、標準よりも少し狭める(標準の行間は1.5em程度)
(3) テキストを中央揃えにする

そして、サブタイトルの<span class="subtitle">に対して次のようなCSSを適用しています。

(1) サブタイトルのフォントサイズは、<h1>に設定したフォントサイズ(1.5em)の0.7文字分(0.7em)の大きさにする。font-sizeプロパティは子要素に継承することに注意*1
(2) サブタイトルは、太字ではなく通常の太さのフォントにする

*1 「CSSの継承」(p.46)

正しい
タグの使い方

このサンプルでは、タイトルもサブタイトルも同じ「見出し」の一部なので、<h1>タグで囲んでいます。しかし、そのままではタイトルとサブタイトルの間で改行されることはありませんので、改行したい部分に
を挿入します。
タグは、段落の改行に使うのではなく、同じ意味のコンテンツ中で改行したいときに使用するのが正しい使い方です。

最後に、
タグの正しい使い方、誤った使い方の代表例を挙げておきます。

表4-6
タグの正しい使い方、誤った使い方の例

	HTMLソース	説明
○	<h1>徹底解剖！ Lua入門 ゲームのレベルデータを作成しよう</h1>	見出しのタイトルとサブタイトルを改行している(サブタイトルを<span>で囲めばさらによい)。正しい使い方
○	<address> 〒106-0032 東京都港区六本木2-4-5 </address>	<address>は住所やメールアドレスなど連絡先を意味するタグ。同じ住所の郵便番号と住所を改行しているので正しい
×	<p>監督：船出健一 出演：田中康志</p>	「監督」の行と「出演」の行は別のコンテンツと考えられるので、1行ずつ<p>で囲むか、箇条書きの<ul>、<li>などを使用する
×	<p>次回に続きます。 </p>	段落のスペースを稼ぐために を使ってはいけない。スペースの調整が必要ならCSSで行う

リンクの設定と画像の表示

この章では、リンクや画像の基本的なマークアップとパスの知識を紹介します。リンクや画像の表示には、デザインやページのメンテナンス性の向上に関するさまざまなテクニックがあります。こうした実践的なテクニックも身につけて、高品質なWebページ作りを目指しましょう。

Webページにとってリンクは一番重要

テキストにリンクを追加する

リンクは、HTMLで最も重要な機能の1つです。リンクを設定するために、<a>タグの使い方と「パス」を正しく理解しましょう。

別のサイトへリンクする

リンクの最も簡単な例として、まず別のサイトへのリンクを指定する方法を紹介します。

HTML 別のサイトへリンクする　chapter5/c05-01-a/index.html

```
<a href="http://www.sbcr.jp">SBクリエイティブ社のWebサイトへ</a>
```

図5-1 リンクのテキストをクリックすれば、<a>タグのhref属性に指定したURLのページに移動する

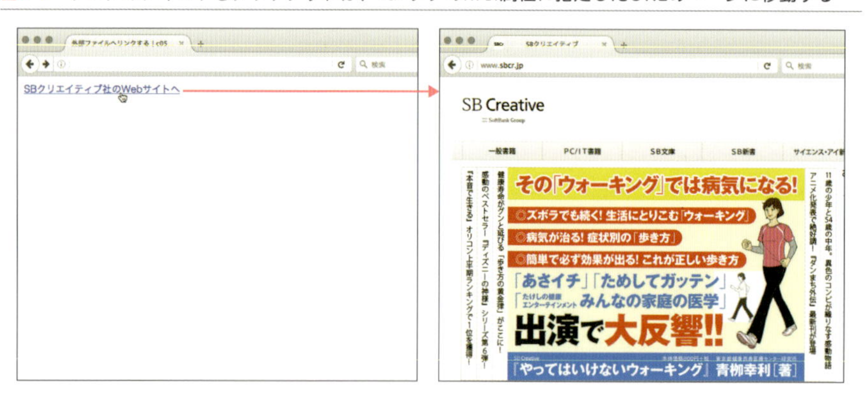

リンクを別タブで開く

<a>タグに「target="_blank"」を追加すれば、リンクをブラウザの別タブ、または別ウィンドウで開かせることができます[*1]。

*1　別タブで開かせるか、別ウィンドウで開かせるかを設定することはできません。

HTML リンクを別タブで開く　chapter5/c05-01-b/index.html

```
<a href="http://www.sbcr.jp" target="_blank">SBクリエイティブ社の
Webサイトへ</a>
```

図5-2　リンク先のページが別タブで開く

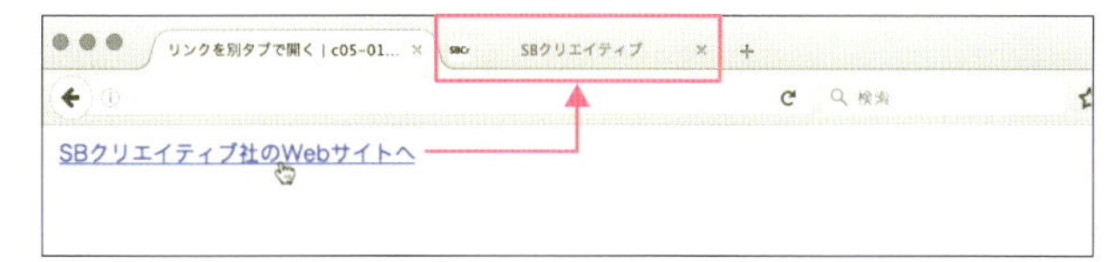

 <a> タグの使い方

<a>タグの使い方は簡単です。リンクを設定したいテキストを<a>～</a>で囲み、href属性の値にリンク先のURL（またはパス）を設定するだけです。また、<a>タグに「target="_blank"」を追加すれば、リンク先のページはブラウザの別タブで開くようになります。target属性はリンク先を開くウィンドウを指定する属性なのですが、現在その値には「_blank」以外はあまり使われません。

書式　<a>タグの書式

```
<a href="リンク先URLまたはパス">リンクを設定したいコンテンツ</a>
<a href="リンク先URLまたはパス" target="_blank">リンクを設定したいコンテンツ</a>
```

絶対パス

絶対パスとは、「http://」や「https://」から始まるURL[*1]のことです。

絶対パスは、主に別のサイトへのリンクに使われます。また、WordPressなどのCMSを使ったWebサイトでは、サイト内の別のページや画像にリンクするときにも使われます。

*1　「URL」（p.4）

▶ 絶対パスの例

```
<a href="http://www.example.jp">...
<a href="http://www.example.com/about/">...
<a href="http://www.example.com/about/access.html">...
```

Note　Webページで一番大事なのは「リンクされていること」

Webページを閲覧するユーザーは、リンクをクリックして次のページを見ます。Googleなどの検索結果からページを見に行くときも、SNSで紹介されたページを見に行くときも、ユーザーはリンクをクリックします。

多くの人にWebページを見てもらうためには、そのページがどこかからリンクされていることがとても重要です。そこで、作成するWebサイトのすべてのページは、少なくとも相互にリンクするようにしましょう。

図5-3 リンクがないページにはたどり着く手段がない

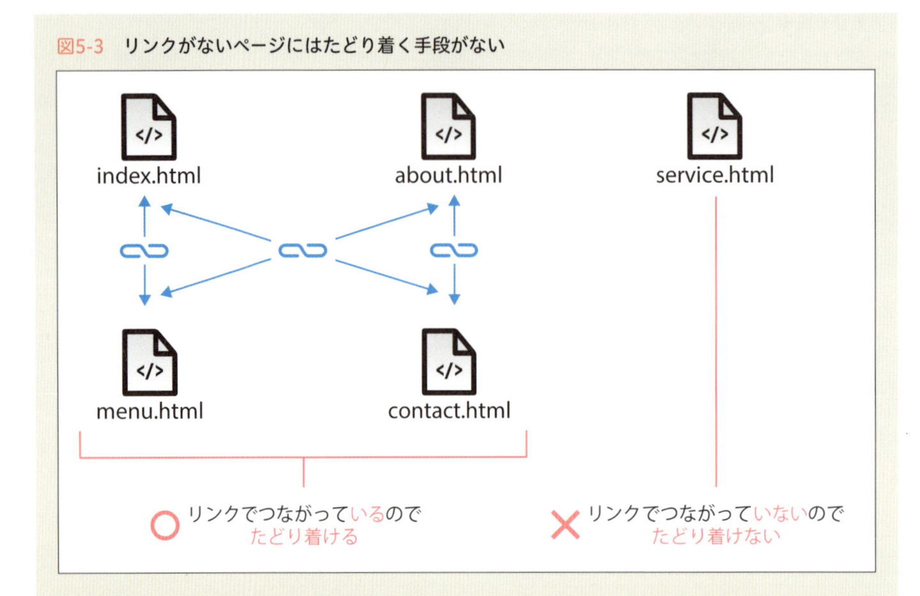

● 検索エンジンもリンクをたどっている

GoogleやYahoo!などの検索サイトは、世界中のWebサイトを巡回する「クローラー」と呼ばれるプログラムを使用して、ページの内容を収集して回っています。あらかじめページの内容を収集して、それをデータベースに保存しているからこそ、何を検索しても瞬時に結果が表示されるわけです。

実はそのクローラーも、Webページに含まれるリンクをたどって世界中のページを次から次へと巡回しています。どこからもリンクがつながっていないページにはクローラーが到達できず、内容も収集されません。内容が収集されないのですから、そのページは検索結果に出てきません。検索で見つけてもらうためにも、少なくともどこか1カ所からはリンクされている必要があるのです。

サイト内の別のページへリンクする

同一サイト内の別のページにリンクすることを「**サイト内リンク**」もしくは「**内部リンク**」といいます。サイト内リンクは、そのリンク先を「**相対パス**」と呼ばれる方法で指定することができます。相対パスは、HTMLファイルが作業用パソコン上にあるときでもリンクがつながるという利点があり、Webサイトの開発がしやすくなります。そのため、サイト内のページへのリンクには主に相対パスが使われます[*1]。

それでは、相対パスの書き方を見ていきましょう。ここで取り上げるサンプルは、4つのHTMLファイルで構成されています。相対パスを使って、4つのHTML間を相互に行き来できるようにリンクを設定します。サンプルのファイル・フォルダ構成は次のようになっています。

＊1 制作中は相対パスで書いておき、CMSに組み込む段階や、Webサーバーにアップロードする直前に、検索置換で絶対パスやルート相対パス（p.88）に変換することもあります。

図5-4　サンプルのファイル・フォルダ構成

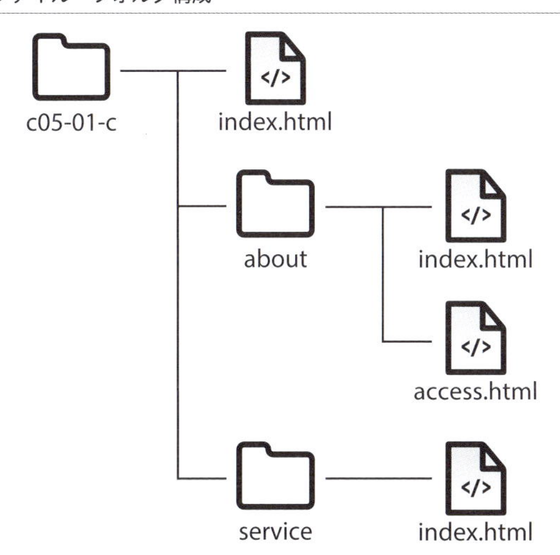

下の階層のファイルにリンクする

ルートフォルダ（c05-01-cフォルダ）に含まれるindex.htmlから、「about」フォルダ、「service」フォルダ内のHTML——どれも下の階層のファイル——にリンクします。

HTML　下の階層のファイルにリンクする　chapter5/c05-01-c/index.html

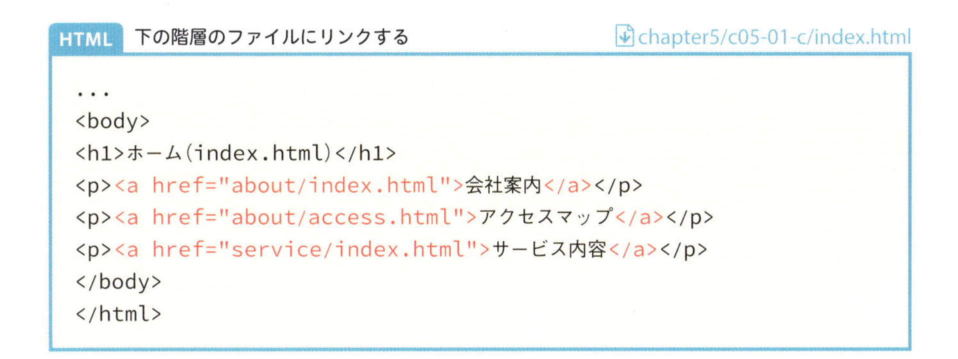

```
...
<body>
<h1>ホーム(index.html)</h1>
<p><a href="about/index.html">会社案内</a></p>
<p><a href="about/access.html">アクセスマップ</a></p>
<p><a href="service/index.html">サービス内容</a></p>
</body>
</html>
```

相対パスとは、リンク元のファイルを起点として、リンク先のファイルの場所を指定する方法です。

リンク元のindex.htmlから、下の階層にある各ファイルへリンクするときの相対パスは、リンク先のファイルまでのフォルダを「/」で区切って続けて書きます。

図5-5　下の階層のファイルにリンクする

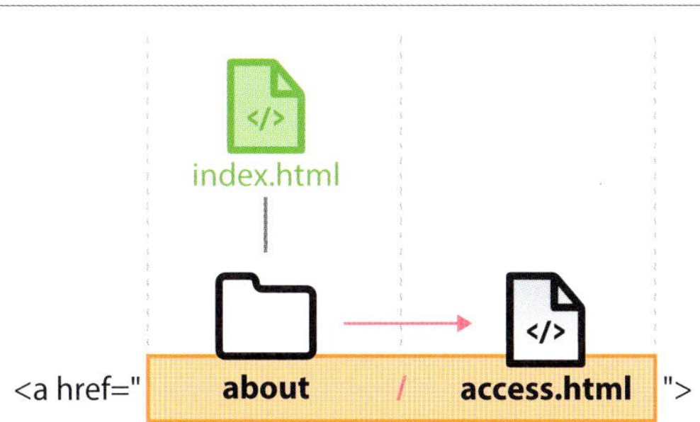

上の階層に上がってファイルにリンクする

「service」フォルダに含まれるindex.htmlから、ルートディレクトリのindex.html、「about」フォルダ内のindex.html、access.htmlにリンクするには、次のようにします。

HTML　上の階層に上がってファイルにリンクする　chapter5/c05-01-c/service/index.html

```
...
<p><a href="../index.html">ホーム</a></p>
<p><a href="../about/index.html">会社案内</a></p>
<p><a href="../about/access.html">アクセスマップ</a></p>
...
```

上の階層に上がってファイルへリンクするときの相対パスは、1階層上がるごとに「../」を書き、最後にリンク先のファイル名を書きます。たとえば、もし2階層上のファイルにリンクしたいときは「../../」と書きます。また、サンプルのように1階層上がってから、別フォルダ内の下の階層のファイルにリンクできます。

図5-6　上の階層に上がってファイルにリンクする

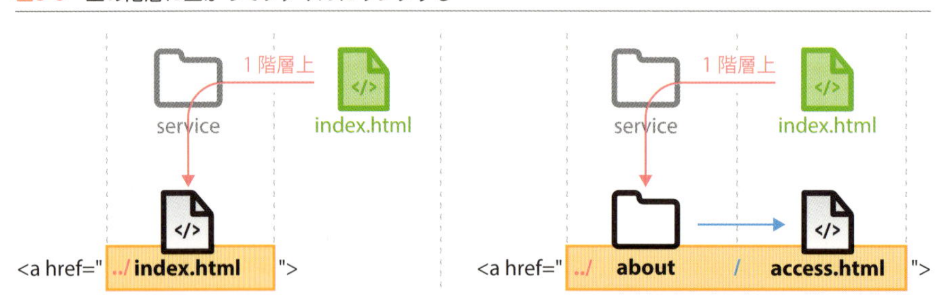

同階層のファイルにリンクする

「about」フォルダのindex.htmlから同フォルダのaccess.htmlにリンクするとき、またはaccess.htmlから同フォルダのindex.htmlのリンクするときは、次のようにします。

HTML　同階層のファイルにリンクする　chapter5/c05-01-c/about/index.html

```
...
<p><a href="../index.html">ホーム</a></p>
<p><a href="access.html">アクセスマップ</a></p>
<p><a href="../service/index.html">サービス内容</a></p>
...
```

HTML　同階層のファイルにリンクする　chapter5/c05-01-c/about/access.html

```
...
<p><a href="../index.html">ホーム</a></p>
<p><a href="index.html">会社案内</a></p>
<p><a href="../service/index.html">サービス内容</a></p>
...
```

同階層にあるファイルへリンクするときの相対パスは、リンク先のファイル名だけを書きます。

図5-7　同階層のファイルにリンクする

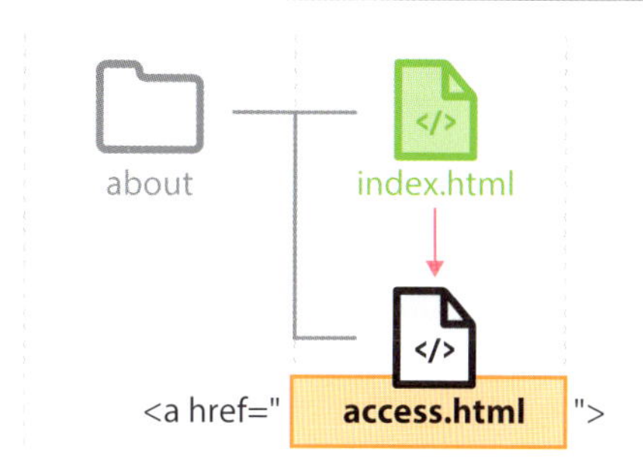

特殊なファイル名「index.html」

HTMLにとって「index.html」は特殊なファイル名です。リンク先のファイル名が「index.html」の場合は、URLやパスからindex.htmlを省略することができます。

図5-8　パスのindex.htmlは省略できる

同じ
<a href="**about/index.html**">
<a href="**about/**">

同じ
<a href="**../service/index.html**">
<a href="**../service/**">

ところで、index.htmlを省略してしまうと、パスに何も書くものがなくなるケースがあります。今回のサンプルでは、aboutフォルダのaccess.htmlから、同フォルダのindex.htmlにリンクするときなどがそれにあたります。そのようなときは、パスに「./」と書きます。「./」は「同階層フォルダ」を指す記号です。

図5-9　同階層のindex.htmlを省略して指定するときは「./」と書く

リンクのパスを指定するとき、index.htmlは省略してもしなくてもかまいませんが、サイト全体で必ずどちらか一方に統一するようにします*1。Webサイトに導入するアクセス解析ツール*2などは、index.htmlが省略されたURLと、index.htmlが書かれているURLを別のページとして認識します。そのため、省略するかしないかを統一しておかないと、うまくデータが取れなくなる可能性があるのです。

*1 現在は省略するケースのほうが多いといえます。

*2 Webサイトへのアクセス数などを計測するためのツールで、多くのWebサイトが利用しています。Google Analyticsが有名です。https://analytics.google.com

ルート相対パス

相対パスの特殊な例として、「ルート相対パス」というものがあります。ルート相対パスとは、そのサイトのルートディレクトリを起点とするパスの指定方法です。通常の相対パスと違い起点が変わらないので、リンク元の場所が変わっても、リンク先のURLが変わらないという特徴があります。ルート相対パスはCMSを利用するときや大規模サイトなどでよく使われます。ルート相対パスは、パスの先頭が必ず「/」で始まります。

なお、ルート相対パスは、index.htmlを省略したパスなどと同様、作業用パソコンではリンクがつながらなくなります。公開直前に検索置換で書き換えるか、もしくは開発用のWebサーバーを設置して作業します。

図5-10 ルート相対パスの例

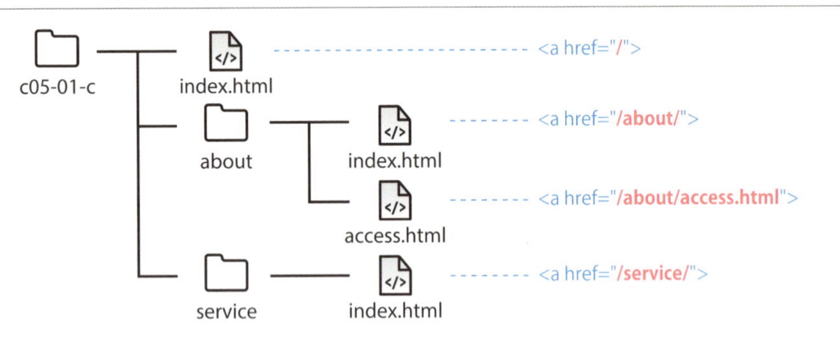

Note 開発用のWebサーバーとは

現在のWebサイト制作では、通常の相対パスではなくルート相対パスを使ったり、URLやパスからindex.htmlを省略したり、CMSを導入したりするプロジェクトが増えています。そうした、通常の制作プロセスでは開発しにくいプロジェクトに取り組む場合、作業用のパソコンに、インターネットには公開されない開発専用のWebサーバーを設置*3することがあります。

開発用Webサーバーを設置する方法は本書では扱いませんが、思ったほど難しくはありません。興味のある方はインターネットで検索するか、PHPなどサーバーサイドプログラムの入門書を読んでみてください。

*3 具体的には、作業用のパソコンにWebサーバーソフトウェアをインストールして起動させることを指します。Webサーバーソフトウェアとしては Apache や IIS といった製品が有名です。

ページ内の特定の場所へリンクする

ページの特定の部分に移動できるリンクのことを「ページ内リンク」といいます。ページ内リンクはテキストの分量が多い記事や、1ページにできるかぎり多くの情報を載せる広告ページなど、縦に長いページでよく使われます。

HTML ページ内の特定の場所へリンクする　chapter5/c05-01-d/index.html

```
...
<body>
...
<ul>
  <li><a href="#headline1037">5種類の一般フォントファミリーキーワード</
a></li>
  <li><a href="#headline1040">sans-serif</a></li>
  <li><a href="#headline1106">serif</a></li>
  ...
</ul>
<h2 id="headline1037">5種類の一般フォントファミリーキーワード</h2>
...
<h2 id="headline1040">sans-serif</h2>
...
<h2 id="headline1106">serif</h2>
...
</body>
</html>
```

※ページ内リンクをクリックしたら移動することがわかるように、サンプルのHTMLソースコードは長くなっていますが、ページ内リンクの部分（<a>と<h2>）以外は気にしなくてかまいません。

図5-11　リンクをクリックすると、id属性がついた見出しまでスクロールする

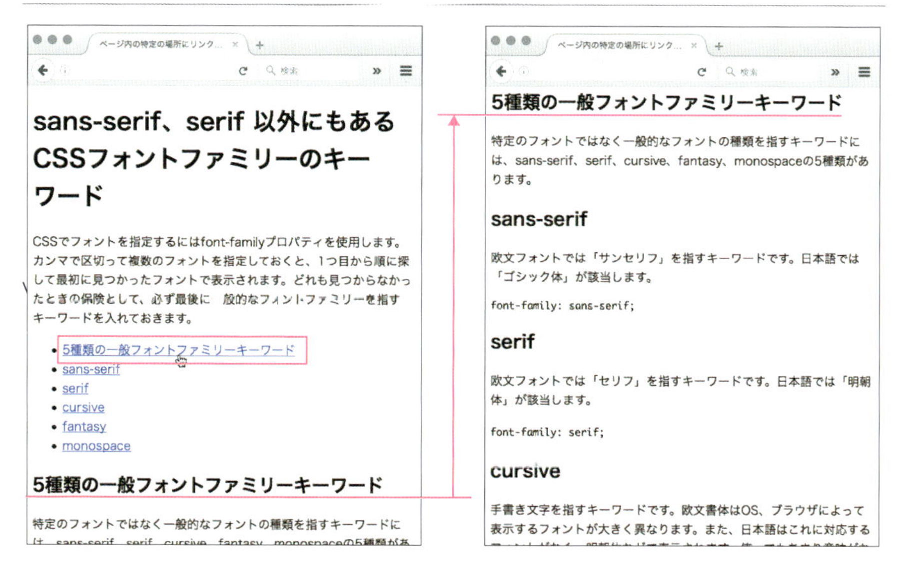

ページ内リンクを設定する方法

ページ内リンクを設定するには、移動先のタグにid属性を追加しておく必要があります。

▶ ページ内リンクの移動先要素にはid属性を追加する

```
<h2 id="headline1037">5種類の一般フォントファミリーキーワード</h2>
```

そして、リンクの<a>タグのhref属性には「#」に続けて移動先要素のid名を書きます。

▶ ページ内リンクのhref属性

```
<a href="#headline1037">5種類の一般フォントファミリーキーワード</a>
```

通常、ページ内リンクの移動先は、<h1>や<h2>など見出しタグにします。また、href属性に指定するリンク先を「#」だけにしてid名は書かなかった場合、そのリンクは常に「ページの最上部」を指します。

▶ href属性が「#」だけのリンクは、クリックすると常にページの最上部に移動する

```
<a href="#">ページトップに戻る</a>
```

Note id名のつけ方ベストプラクティス

「id属性、class属性の使い方」(p.76)でも説明したとおり、id属性はCSSを適用するためには極力使いません。しかし、ページ内リンクやJavaScriptを使用するときには必須の属性です。たとえCSSで使わなくてもid属性は頻繁に出てくることになるので、どうしてもid名のつけ方に苦労してしまいます。そこで、あまり悩まなくて済むid名のつけ方2パターンを紹介します。どちらも、やると決めたら必ずこのとおりにしなければなりませんが、ルールを決めておけば命名が楽になります。

● id名のつけ方の大原則

まず、id名をつける2パターンの方法を紹介する前に、"ID"とは何かについて確認しましょう。

電子機器などについているID番号(シリアルナンバー)などを想像するとわかりますが、"ID"はたいていの場合、それだけ見ても意味不明のアルファベットや数字の羅列です。IDとは「個体を識別するための番号」であり、ほかと重複していなければどんなルールでつけてもよいのです。

HTMLのid属性も同じで、id名を見て「意味がわかる」必要はありません[*1]。そのため、id名をつけるときは、名前を機械的につけられるルールをはじめに決めておいて、あとはそれに従うというのが最も簡単な方法です。

＊1 HTMLの仕様でも、id名に意味がある必要はないとされています。http://www.w3.org/TR/2014/REC-html5-20141028/dom.html#the-id-attribute(英語)

id名のつけ方1：見出しのテキストをそのままid名にする

id名をつけるときのルールとしてまず考えられるのが「見出しのテキストをid名にする」という手法です。

ページ内リンクに使われるid属性は、多くの場合、見出し要素につけられることになります。見出し要素のコンテンツにはテキストが含まれるので、これをそのままid名にしてしまおうというわけです。見出しのテキストが日本語であっても、id名として正しく認識されます。ただし、id名に半角スペースは使えません。そのため、見出しに半角スペースが含まれている場合はその部分を「-」などに置き換える必要があります。

▶ 見出しのテキストをid名にする

```
<h2 id="おかしいなと思ったら">おかしいなと思ったら</h2>
```

id名のつけ方2：そのHTMLを書いている瞬間の時刻をid名にする

もう1つのパターンは、HTMLを書いているときにid属性に出くわしたら、その瞬間の「月・日・時・分・秒」を、そのままid名にしてしまう、という手法です。1枚のHTMLにid属性は何万回も出てこないでしょうから、「時・分」だけで十分だと思います。たとえば、id属性を書かなければならなくなったとき、チラッと時計を見たら11時56分だったとします。そのときのid属性は次のようになります。

▶ HTMLを書いているときの時間が11時56分だったときのid名

```
<h2 id="headline1156">クリエイター育成合宿・お申し込み方法</h2>
```

id名を時刻にすると決めておけば、重複する可能性は十分に低く、命名が機械的にできるので便利です。ただ、id名の1文字目が数字だとCSSのidセレクタが使えなくなるので、「headline」など、何か冒頭につける言葉を考えておく必要はあります[*1]。

*1　CSSでidセレクタを極力使わないのはもちろんですが、場合によってはidセレクタを使わざるをえない場面があるかもしれません。そういうときのために、いちおうidセレクタでも使えるid名にしておくほうがよいでしょう。

CHAPTER 5
SECTION 2
HTML5&CSS3

リンクの状態に合わせてデザインを変える

テキストリンクにCSSを適用する

リンクテキストにマウスが重なったとき（ホバー状態）やクリックしたとき（アクティブ状態）にテキスト色を変えたり、下線の表示・非表示を切り替えたり、CSSでスタイルを操作することが可能です。ここではリンクのスタイルを操作する基本的な方法と、よく使われるテクニックを紹介します。

リンクの状態に合わせて表示を変える

マウスが重なっている「ホバー状態」や、クリックした瞬間の「アクティブ状態」など、リンクテキストの状態に合わせて表示を切り替える基本形を見てみます。このサンプルでは、状態に合わせてテキスト色を変更しています。

HTML　リンクの状態に合わせてテキスト色を変える　chapter5/c05-02-a/index.html

```
<style>
a {
  color: #0073bc;
}
a:link {
  color: #0073bc;
}
a:visited {
  color: #02314c;
}
a:hover {
  color: #b7dbf2;
}
a:active {
  color: #4ca4e8;
}
</style>
</head>
<body>
  <p>本書は、アクセス状況からサイトの改善につなげるためのすべての知識を網羅しています。詳しくは<a href="http://www.sbcr.jp">SBクリエイティブ社のWebサイト</a>をご覧ください。</p>
</body>
</html>
```

図5-12　リンクの状態によってテキスト色が変わる

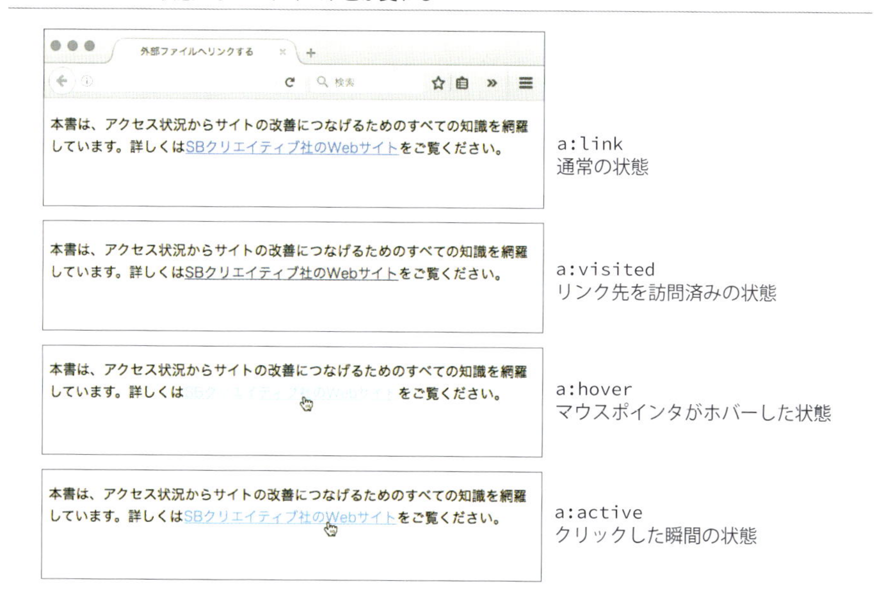

リンクの状態に合わせて適用するCSSを切り替える

ここで使用したセレクタの「a」はタイプセレクタで、もちろん<a>を選択しています。その「a」に続く「:link」や「:visited」など「:」で始まる部分は、「擬似クラス」と呼ばれるセレクタです。ここで使用した4種類の擬似クラスは、リンクやマウスポインタの状態によってどのスタイルが適用されるかが決まります[*1]。

＊1　擬似クラスには「:focus」など、ほかにも数種類あります。:focus擬似クラスについては「:focusセレクタ」(p.180)を参照してください。

表5-1　擬似クラスセレクタ

セレクタ	説明
a	擬似クラスなしの「a」は、すべての<a>タグにスタイルが適用される。擬似クラスなしの「a」に設定したスタイルは、リンクがどの状態であっても適用される
:link	<a>タグで、かつhref属性がついている要素にスタイルが適用される
:visited	<a>タグで、かつリンク先が訪問済みのときにスタイルが適用される
:hover	その要素にマウスポインタが重なっている(ホバー状態)ときにスタイルが適用される
:active	その要素の上でマウスボタンがクリックされている(アクティブ状態)ときにスタイルが適用される

なお、これらの擬似クラスは、サンプルのソースコードどおり、次の順番で書かないと思ったとおりにスタイルが適用されません。

▶ 擬似クラスを書くときの順番

```
:link { ... }
:visited {...}
:hover {...}
:active {...}
```

実践では:linkと:visitedは省略されることが多い

リンクテキストに適用できる擬似クラスを4種類紹介しましたが、実際のマークアップですべてを使うことはあまり多くありません。

まず「:link」は、擬似クラスなしの「a」セレクタと違いがほとんどないのであまり使われません[*1]。

また、「:visited」は、教科書的には「訪問済みかどうかがわかるようにスタイルを変えましょう」と言われますが、実際には多くのサイトでそうしていません。訪問済みリンクとそうでないリンクが混在してページ内の色数が増えると、デザイン上美しく見えないからでしょう。そこで、実践的なWebデザインでは、:linkと:visitedを省略して、次のようなCSSを書くことが多いです。

*1 前ページの「擬似クラスセレクタ」の表にあるとおり、「a」セレクタは、リンクの状態にかかわらずすべての<a>にスタイルを適用しますが、「:link」はhref属性がある<a>にだけスタイルを適用します。しかし、実際には<a>にhref属性をつけないことはまずないので、「a」セレクタと「:link」セレクタは同じと考えてよいでしょう。

HTML 実践的なWebデザインで書かれるCSSの例　chapter5/c05-02-b/index.html

```
...
<style>
a {
  color: #0073bc;
}
a:hover {
  color: #b7dbf2;
}
a:active {
  color: #4ca4e8;
}
</style>
...
```

下線を消す

テキストリンクは色を変えるだけでなく、さまざまな表現が可能です。ここでは、よく使われるテキストリンクのデザインのバリエーションを紹介します。

リンクのテキストには、標準では下線がついています。この下線を通常時は消して、ホバーしたときに表示させます。この表現は、テキスト色を変えるのと同じくらいよく使われるデザインテクニックです。

HTML リンクの下線を消して、ホバーのときに表示させる　chapter5/c05-02-c/index.html

```
...
<style>
a {
  color: #0073bc;
  text-decoration: none;
```

```
}
a:hover {
  color: #b7dbf2;
  text-decoration: underline;
}
</style>
...
```

図5-13　ホバーしたときだけリンクに下線がつく

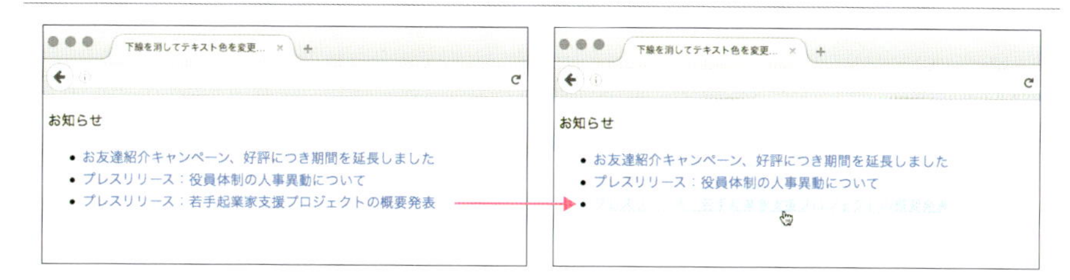

text-decorationプロパティ

text-decorationは、テキストに下線などを引くプロパティです。このプロパティを使えば通常のテキストにも下線を引くことは可能ですが、リンクと区別がつかなくなるのでやめましょう。text-decorationプロパティに使える値には、次のものがあります。

表5-2　text-decorationプロパティの値

使用例	説明	表示例
text-decoration: none;	線を消す	HTML5+CSS3でWeb制作
text-decoration: underline;	下線を引く	HTML5+CSS3でWeb制作
text-decoration: overline;	上線を引く	HTML5+CSS3でWeb制作
text-decoration: line-through;	字消し線を引く	HTML5+CSS3でWeb制作

Note　スマートフォンのホバーの扱い

AndroidやiOSのブラウザでも、「:hover」状態は発生します。しかし、スマートフォンやタブレットは、もともと画面を指でタッチして操作するものなので、パソコンと同じタイミングでホバー状態になってくれるわけではありません。多くの場合、タップしてから少し遅れてホバーの反応があるか、もしくはまったく反応していない（実際には反応する前に次のページが表示される）ように感じることが多いはずです。スマートフォンでは、「:hover」時に適用されるCSSはあまり意味がないと考えましょう。

動作が安定しないホバーに代わるものとして、AndroidやiOSのブラウザでは、パソコンのブラウザにはない「ハイライト」という機能があります。これはリンクをタップした瞬間に、薄い背景色がつく機能です[*1]。

＊1　少し前のバージョンのAndroidでは、リンクの周囲が枠線で囲まれます。

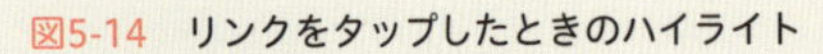

図5-14　リンクをタップしたときのハイライト

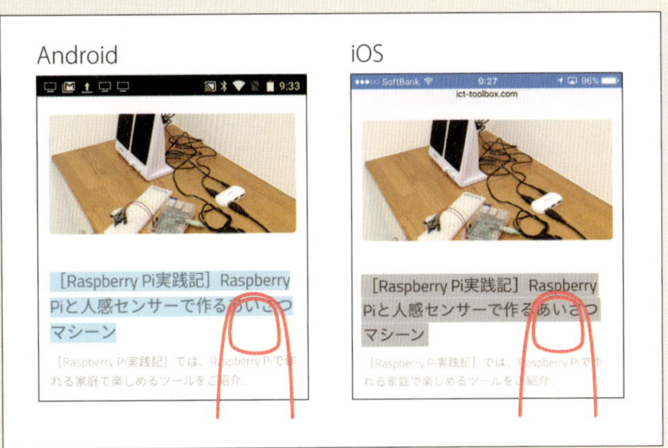

次のCSSを記述すると、ハイライト色を変更することができます[*1]。使用している「-webkit-tap-highlight-color」プロパティには、RGBA値で色を指定します[*2]。

▶ ハイライト色を半透明のオレンジ色に変更する例

```
a {
  -webkit-tap-highlight-color: rgba(243, 151, 45, 0.5);
}
```

*1　OSのバージョンによっては対応していない場合もあります。

*2　「rgb()、rgba()」(p.75)

別タブで開くリンクの後ろにアイコンを表示する

リンクのうち、別タブ（別ウィンドウ）で開くように設定されたもの――つまり、<a>タグに「target="_blank"」属性が追加されているもの――にだけ、リンクテキストの後ろにアイコンを表示させます。このサンプルでは、初登場のセレクタを2つ同時に使います。

HTML　別タブで開くリンクの後ろにアイコンを表示する　chapter5/c05-02-d/index.html

```
...
<style>
...
a[target="_blank"]::after {
  content: url(../../images/opentab.png);
}
</style>
</head>
<body>
  <ul>
    <li><a href="first-login.html">はじめてログインするときは</a></
```

```
li>
    <li><a href="token-help.html" target="_blank">ワンタイムパス
ワードの使い方ヘルプ</a></li>
  </ul>
</body>
</html>
```

図5-15　2行目のリンクの後ろにアイコンが表示される

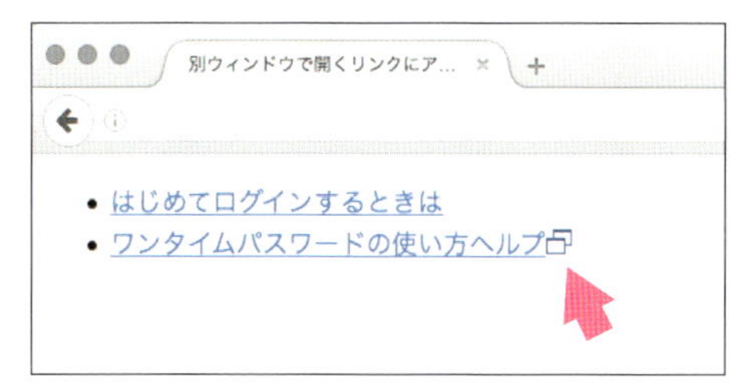

属性セレクタ

テキストリンクの後ろに画像を表示させたCSSは、セレクタが「a[target="_blank"]::after」になっている部分です。このセレクタは、3つのセレクタが組み合わさってできています[*1]。

[*1] セレクタを構成する個別のセレクタ——ここで使用したものではタイプセレクタや属性セレクタ——のことを「単純セレクタ」と呼ぶことがあります。また、複数の単純セレクタを組み合わせて作られた「セレクタ全体」のことを「複合セレクタ」と呼ぶことがあります。

図5-16　a[target="_blank"]::afterには3つのセレクタが組み合わさっている

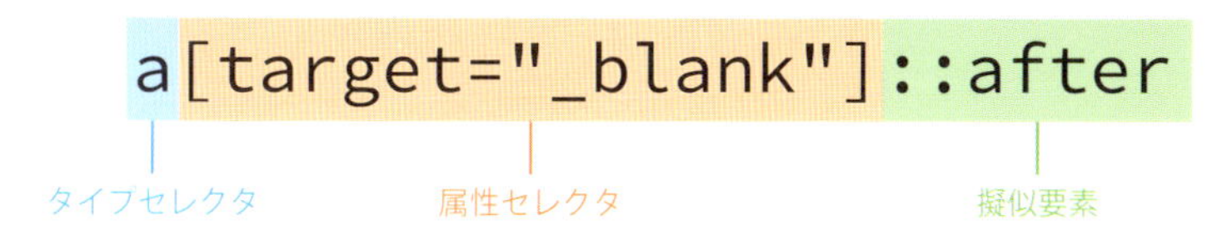

このセレクタでは、すべての<a>のうち、「target="_blank"」になっている要素だけが選択されます。[～]で囲まれている部分は「属性セレクタ」といい、タグに設定されている属性を条件にして要素を選択できるセレクタです。

属性セレクタは、コツがわかると非常に便利で、今回のようにタイプセレクタやclassセレクタでは選択しづらい場合に使用します。属性セレクタにはほかにも書き方があり、状況に合わせて使い分けます。

表5-3　属性セレクタの主な書き方と使用アイディア

属性セレクタの書式	説明	セレクタの使用例	選択される要素の例	使い方のアイディア
[属性="値"]	「属性="値"」が設定されている要素	a[target="_blank"]	<a href="http://example.jp" target="_blank">...</a>	別ウィンドウで開くリンクの後ろにアイコンを表示する

表5-3　属性セレクタの主な書き方と使用アイディア（続き）

属性セレクタの書式	説明	セレクタの使用例	選択される要素の例	使い方のアイディア
[属性]	「属性」が追加されている要素	[checked]	<input type="radio" checked>	チェックがついているラジオボタンやチェックボックスの背景色を変更する
[属性^="値"]	「属性」の値が"値"で始まっているもの	a[href^="https://"]	<a href="https://secure.example.jp">...</a>	「https://」で始まるリンクテキストの前にアイコンを表示する
[属性$="値"]	「属性」の値が"値"で終わっているもの	a[href$=".pdf"]	<a href="resources/readme.pdf">...</a>	リンク先がPDFファイルのときに、テキストの後ろにアイコンを表示する

擬似要素

「::after」は「擬似要素」と呼ばれるセレクタです。選択している要素のコンテンツの後ろに、画像やテキストなど、HTMLには書かれていないコンテンツを挿入することができます。もう一度、今回使用したセレクタを思い出しましょう。「::after」は、「a[target="_blank"]」で選択された要素のコンテンツの後ろに、新たなコンテンツを挿入します。

図5-17　セレクタ「a[target="_blank"]」で選択された要素と、::afterで挿入されるコンテンツの位置

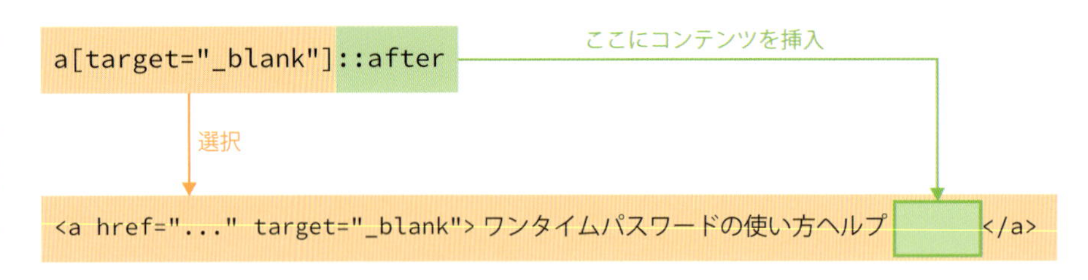

なお、::afterと似たようなものに、「::before」擬似要素があります。::before擬似要素は、選択された要素のコンテンツの前に、新たなコンテンツを挿入します。

図5-18　::before擬似要素は「要素のコンテンツ」の前に新たなコンテンツを挿入する

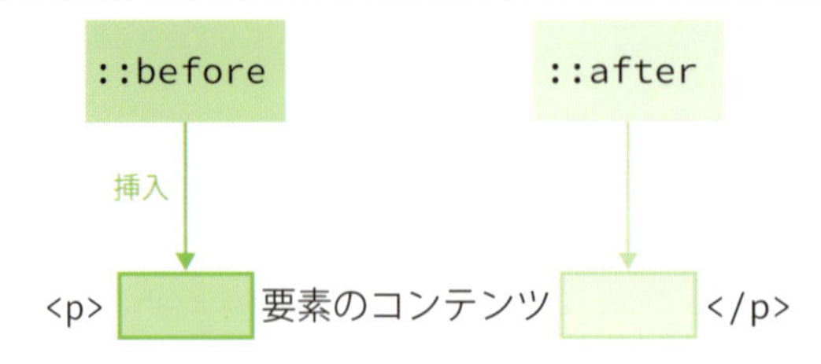

::beforeや::afterで挿入するコンテンツは、contentプロパティで指定します。挿入できるコンテンツには、画像のほかにテキストなどがあります[*1]。

*1　「::before」や「::after」で挿入されるテキストはHTML自体には含まれません。そのため、検索サイトで検索してもヒットしない可能性が高いといえます。重要なテキストを挿入するのに、これらの擬似要素を使うのは避けましょう。

書式　コンテンツの後ろに画像を挿入する場合

```
セレクタ::after {
  content: url(画像のURL);
}
```

書式　コンテンツの前にテキスト「※」を挿入する場合

```
セレクタ::before {
  content: "※";
}
```

Note　え？ ::after ？　:afterが正しいのではないの？

::beforeや::after は、CSS2.1では「:before」「:after」とコロンが1つでした。その後、CSS3の時代になってコロンが2つになりました。でも、コロンが1つか2つかはあまり意識する必要はありません。現在の主要なブラウザでは、::afterでも:afterでも、どちらで書いても動作するようになっています。古いブラウザ*1をサポートする必要があるならコロンは1つにすべきですが、コロン2つのほうがより新しい書き方なので、本書ではコロン2つに統一しています。

*1　コロン2つの「::after」に対応しているのはIE9以降です。つまり、IE8に対応する必要があるなら、コロンは1つにします。

画像を表示するにもパスが必要

画像を表示する

Webページに画像を表示する方法はいくつかあるのですが、ここでは<img>タグを使った最も基本的なものを紹介します。

画像を表示する

HTMLに画像を表示する<img>タグは、次のようにして使用します。

HTML 画像を表示する　chapter5/c05-03-a/index.html

```
...
<body>
<img src="../../images/image1646.jpg" width="904" height="572"
alt="陽が沈む">
</body>
</html>
```

図5-19　ページに画像が表示される

<img>タグの使い方の基本

<img>タグの書式は次のとおりです。

書式 <img>タグの書式

```
<img src="表示させたい画像ファイルのパス" width="画像の表示サイズ(幅)"
height="画像の表示サイズ(高さ)" alt="画像が表示されないときのテキスト">
```

src属性

src属性には、表示させたい画像ファイルへのパスを指定します。

width属性とheight属性

画像ファイルは、width属性（幅）、height属性（高さ）で指定された大きさで表示されます。どちらの属性も、大きさはピクセル数で指定します。

レスポンシブWebデザイン[*1]の普及で、画像を実サイズではないサイズで表示させることも多くなりました。実際のWebデザインでは画像の表示サイズが確定できない場合もあるため、<img>タグのwidth属性、height属性は必ずしも指定する必要はありません。

*1　パソコンでもスマートフォンでも快適にWebページを閲覧できるように、ウィンドウ幅や画面サイズに合わせてレイアウトが変わるデザイン。詳しくは10章を参照してください。

alt属性とアクセシビリティ

alt属性には、画像の代わりに表示されるテキストを指定します。

ネットワークへの接続が切れてしまったり、そもそもsrc属性のパスを間違えていたりすると、画像は表示されません。そうした理由で画像が表示できないときには、代わりにalt属性のテキストが表示されます。また、視覚障害者が利用するスクリーンリーダーは、このalt属性のテキストを読み上げます。そこで、alt属性には画像の内容を簡潔に説明するテキストを指定しておきます。

ところが、ページに掲載されるすべての画像にalt属性を指定すると、「余計なものが読み上げられた」もしくは「同じものが続けて2回読み上げられた」ように感じられるケースがあります。たとえば次図のように、商品の下に商品名を掲載するようなとき、商品画像のalt属性にその商品名を指定してしまうと、同じものが2回連続で読み上げられることが予想されます。

図5-20　スクリーンリーダーで同じものが2回連続で読み上げられる例

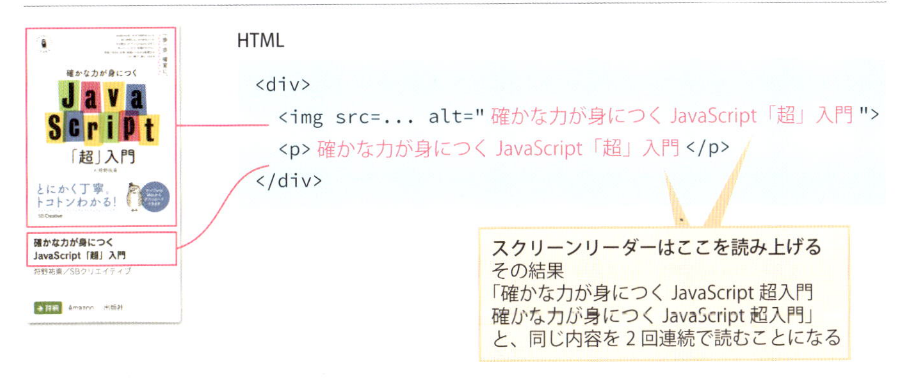

このような場合、<img>タグのalt属性には何も指定せず、次のように書きます。そうしておけば、スクリーンリーダーが同じテキストを2度連続で読み上げることはなくなります。

▶ スクリーンリーダーで何も読み上げてほしくないときは、alt属性には何も指定しない

```
<img src="..." alt="">
```

オリジナルとは異なるサイズで表示する

レスポンシブWebデザインでページのレイアウトを組んでいるときには、ウィンドウ幅に合わせてレイアウトを変化させるだけでなく、表示する画像のサイズも伸縮させたいことがあります。CSSを使えば、<img>タグのwidth属性、height属性を無視して、画像を伸縮させることができます。

HTML　表示する画像サイズが伸縮されるようにする　chapter5/c05-03-b/index.html

```
...
<style>
.img-responsive {
  display: block;
  max-width: 100%;
  height: auto;
}
</style>
</head>
<body>
<img src="../../images/image1646.jpg" width="904" height="572"
alt="陽が沈む" class="img-responsive">
</body>
</html>
```

このサンプルの場合、画像はブラウザのウィンドウサイズに合わせて伸縮します。ただし、画像が実サイズより拡大されることはありません。ブラウザウィンドウを大きくしたり小さくしたりして試してみてください。

図5-21　ウィンドウ幅に合わせて画像サイズが伸縮される

ウィンドウサイズが大きいとき

ウィンドウサイズが小さいとき

このCSSはclassセレクタで作成します。classセレクタにしておけば、<img>タグのclass属性に「img-responsive」を追加したり削除したりするだけで、画像を伸縮表示させる・させないを切り替えることができて便利です。

Note 「.img-responsive」はサムネイルの表示にも使える

このサンプルで使用している画像は904px×572pxと、Webページに使うには比較的大きなサイズですが、これをそのままサムネイル画像としても表示する方法を紹介します。ブログやニュースサイトなどでは、記事のメイン画像をそのままサムネイルとして使い回すケースがよくあります。

サムネイルとして使用するために、画像を幅200pxに縮小するときには次のようにします。ポイントは2点あります。1つは、<img>にクラス名「img-responsive」をつけることです。これをつけることで、<img>にwidth属性、height属性が指定されていても画像が伸縮するようになります。

もう1つは、<img>を<div>タグで囲み、その<div>の幅をCSSで200pxに固定することです[*1]。

*1　<div>タグについては「上手な<div>の使い方」(p.124)も参照してください。

HTML　画像を縮小して表示する　chapter5/c05-03-c/index.html

```
...
.img-responsive {
  ...
}
.thumbnail {
  width: 200px;
}
</style>
</head>
<body>
<div class="thumbnail">
  <img src="../../images/image1646.jpg" width="904"
height="572" alt="陽が沈む" class="img-responsive">
</div>
</body>
</html>
```

図5-22　画像が縮小して表示される

よく使う定番テクニック

画像にリンクをつける

画像にリンクをつけるのはよく行われるテクニックで、とても簡単です。

画像にリンクをつける

画像にリンクをつけるには、<img>を<a>タグで囲むだけです。

HTML 画像にリンクをつける　chapter5/c05-04-a/index.html

```
...
<a href="http://studio947.net">
  <img src="../../images/image0320.jpg" width="396"
height="292" alt="積み木">
</a>
...
```

図5-23　画像がクリックできるようになる

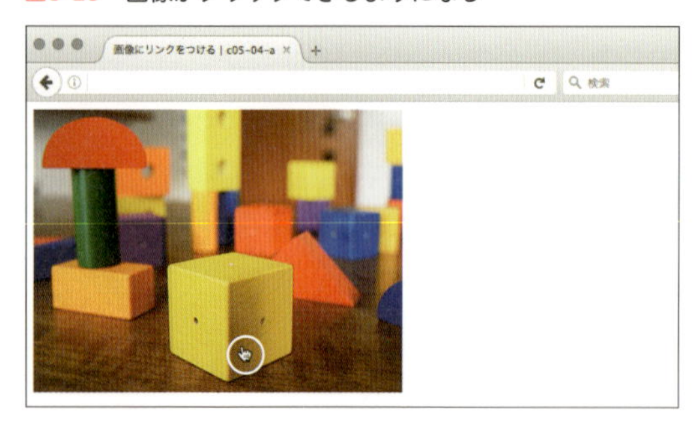

画像の下にテキストをつけ加える

しかし、画像にリンクをつけただけではそれがクリックできるかどうか、パッと見ただけでは判断できません。そこで、画像がクリックできることがわかるように、画像そのものの見せ方を工夫したり、すぐ下や横にテキストを載せたりします。画像の下にテキストを載せて、両方ともクリックできるようにするには、次のようにします。

HTML 画像もテキストもクリックできるようにする　chapter5/c05-04-b/index.html

```
...
<a href="http://studio947.net">
```

```
  <div>
    <img src="../../images/image0320.jpg" width="396"
height="292" alt="積み木">
  </div>
  <p>カラフルな積み木のセット</p>
</a>
...
```

図5-24　1つのリンクで、画像もテキストもクリックできるようになる

<a> ～ </a>に含めることができるコンテンツ

HTML5になって<a>の仕様が変更されました。以前は<a> ～ </a>の中に含められるのは、画像かテキスト、タグは<strong>や<b>など[*1]テキストを修飾するものだけでした。しかし、HTML5では、<p>でも<div>でも、どんな要素でも含められるようになりました。

＊1　「太字の<b>タグ」(p.33)

画像にホバーしたときに表示を変える

画像にホバーしたときに表示を変える例を2つ紹介します。1つ目は、画像にホバーしたときに画像の透明度を変更するサンプルです。

HTML　ホバーしたとき画像の透明度を変更する　chapter5/c05-04-c/index.html

```
...
<style>
a:hover img {
  opacity: 0.5;
}
</style>
</head>
<body>
<a href="http://studio947.net">
  <div>
    <img src="../../images/image0320.jpg" width="396"
```

```
height="292" alt="積み木">
  </div>
  <p>カラフルな積み木のセット</p>
</a>
</body>
</html>
```

図5-25　ホバーすると画像が半透明になる

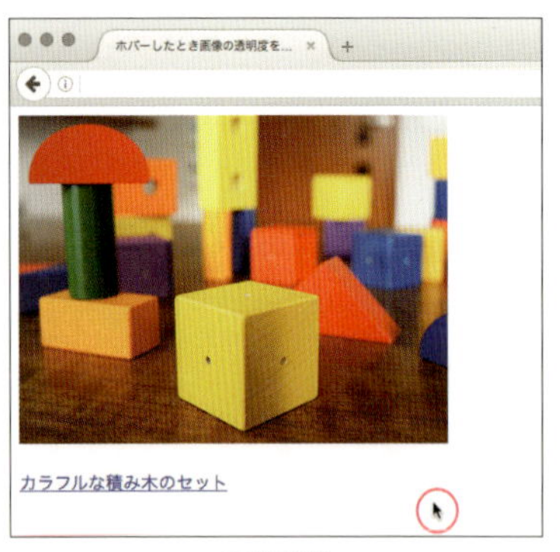

通常状態

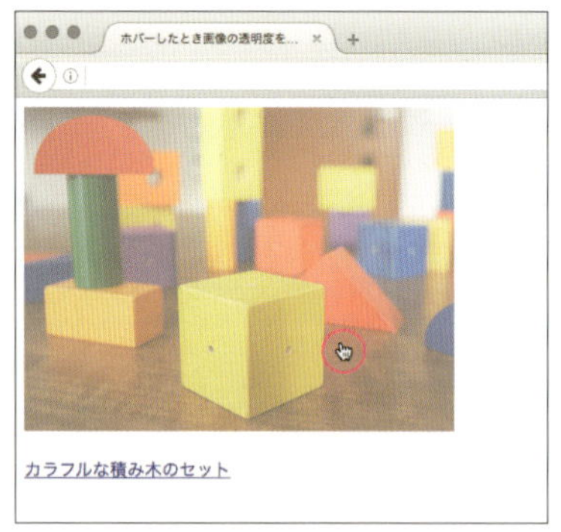

ホバー状態

子孫セレクタの実践的な使い方

今回のサンプルでは、セレクタに「子孫セレクタ*1」を使用しています。このセレクタは「<a>がホバー状態」のとき、その子孫要素の<img>にスタイルを適用するようになっています*2。

子孫セレクタはその名のとおり、<img>タグが<a>タグの「子要素」であっても、「孫要素」であっても選択されます。そのため、HTMLの構造に合わせて次のように書く必要はありません。

*1　「子孫セレクタ」(p.50)

*2　「リンクの状態に合わせて適用するCSSを切り替える」(p.93)

▶ 子孫セレクタを使用するときは、必ずしもHTMLの構造をなぞる必要はない

```
a:hover div img
```

あまり神経質になる必要はありませんが、子孫セレクタを使う場合は、原則としてできるだけ短く、セレクタの数が少なくなるよう書くことを心がけます。今回の場合は「a:hover div img」よりも「a:hover img」のほうがよいといえます。セレクタ数が少ないほうが、HTMLに修正が入ったときでも対応しやすくなります。

opacityプロパティ

opacityプロパティを使うと、要素の透明度を変化させることができます。opacityプロパティの値には、単位なしで0～1の小数を指定します。この値が0のとき、要素は完全に透明になり（見えなくなる）、1で完全に不透明になります。

opacityプロパティの書式。数値は0 ～ 1の小数

```
opacity: 数値;
```

画像に枠線をつける

画像にホバーしたときに表示を変える例をもう1つ紹介します。このサンプルではホバーしたときに画像の周囲に枠線をつけます。ここで使用するborderプロパティについて、詳しくは「ボックスに枠線をつける」(p.132) で解説します。

HTML　ホバーしたとき画像に枠線をつける　chapter5/c05-04-d/index.html

```
...
<style>
.frame {
  padding: 8px;
  border: 1px solid transparent;
}
a:hover .frame {
  border: 1px solid #ccc;
}
</style>
</head>
<body>
<a href="http://studio947.net">
  <div>
    <img src="../../images/image0320.jpg" width="396"
height="292" alt="積み木" class="frame">
  </div>
  <p>カラフルな積み木のセット</p>
</a>
</body>
</html>
```

図5-26　ホバーすると枠線が表示される

通常状態

ホバー状態

CHAPTER 5
SECTION 5
HTML5&CSS3

実践的で応用の効く"回り込み"

画像にテキストを回り込ませる

一時期ほど画像にテキストを回り込ませることは少なくなりましたが、それでもニュースサイトなどを中心に多くの採用例が見られます。ここでは、応用が効きやすい回り込みの方法を紹介します。

実用的な回り込みの方法

画像にテキストを回り込ませるだけであれば、もっと単純なHTMLでも実現できますが、画像にキャプションをつけたり、画像ではなく広告などを掲載したりする場合なども考えると、次のようにするのが実用的です。このサンプルで使用しているmarginプロパティについては「CSSのボックスモデル」(p.128)を参照してください。

HTML 画像にテキストを回り込ませる　chapter5/c05-05-a/index.html

```
...
<style>
p {
  margin: 0 0 1em 0;
}
.float-box {
  float: left;
  margin-right: 1em;
  margin-bottom: 0.5em;
  vertical-align: baseline;
}
.float-clear {
  overflow: hidden;
}
</style>
</head>
<body>
<div class="float-clear">
  <div class="float-box">
    <img src="../../images/orangedrip.png" width="157"
height="140 " alt="">
  </div>
  <p>「新しいコーヒーとの出会い」を提供する Orange Drip Café が、...
  ...心よりお待ちしております。</p>
</div>
</body>
</html>
```

図5-27　画像にテキストが回り込む

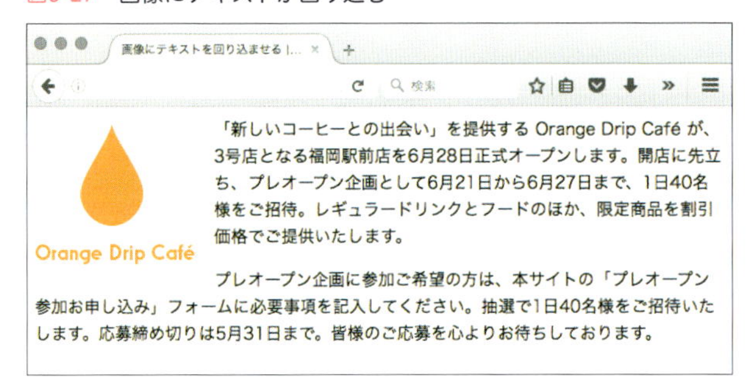

HTMLの構造

応用が効く回り込みを実現するには、「画像」と「テキスト」の構造を次のようにします。このHTMLの構造は、大きく分けて4つの役割を持つ要素が組み合わさっています。

図5-28　画像をテキストに回り込ませるHTMLの構造

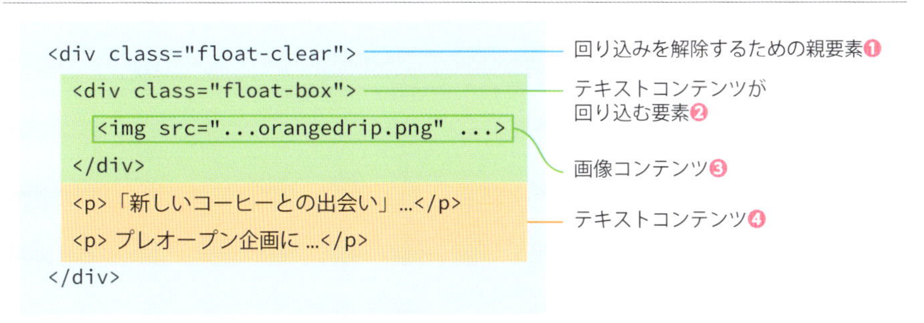

テキストコンテンツ❹は「テキストコンテンツが回り込む要素（<div class="float-box">）❷」の周りに回り込みます。この「テキストコンテンツが回り込む要素❷」と「テキストコンテンツ❹」の両方を、「回り込みを解除するための親要素❶」で囲みます。

この構造の利点は、「テキストコンテンツ❹」の部分と「画像コンテンツ❸」の部分を、実際のコンテンツに合わせて比較的自由にHTMLを組むことができる点です。たとえば「画像コンテンツ❸」に写真とキャプションテキストを掲載したり、広告を掲載したりすることもできるようになります[*1]。また「テキストコンテンツ❹」の部分も、<p>だけではなく<ul>、<li>なども使えます。

*1　広告は1枚の画像の場合もありますが、<iframe>などを利用した複雑なHTMLになっている場合もあります。

回り込みを実現するfloatプロパティ

回り込みを実現するためには、「テキストコンテンツが回り込む要素❷」にfloatプロパティを適用します[*2]。このfloatプロパティの値には、次のものがあります。

*2　サンプルではそれ以外にもいろいろなプロパティを適用していますが、これは画像にテキストがくっついてしまわないように、余白を設けるために書いています。

表5-4　floatプロパティの値

floatの値	説明
float: left;	このスタイルが適用された要素は左に配置され、テキストはその周りに回り込む
float: right;	このスタイルが適用された要素は右に配置され、テキストはその周りに回り込む
float: none;	テキストは回り込まない。一見あまり意味がない設定のようにも思えるが、レスポンシブWebデザインで使うことがある

 回り込みを解除するoverflow: hidden;

いったんどこかの要素にfloatを設定すると、後続の要素は回り込み続けます。floatが効いたままだとレイアウトが崩れる原因にもなり危険なので、**設定した回り込みは必ずどこかで解除します。**

floatで設定した回り込みの解除にはclearプロパティを使うのが基本です。しかし、clearプロパティは、正確なページレイアウトが必要な実践レベルのマークアップには向かないため、あまり使用されません。その代わりに、「回り込みを解除するための親要素❶」に「overflow: hidden;」を適用します。

このoverflowは、本来は別の用途のためのプロパティなのですが[*1]、CSSの仕様上回り込みも解除できることから、clearプロパティの代わりに広く使われています。

*1　overflowプロパティの本来の役割については、「テーブルを横スクロール可能にするためのHTML構造とCSS」(p.169)を参照してください。

書式　回り込みのfloatを解除する

```
overflow: hidden;
```

ボックスと情報の整理

この章では「ブロック」を形成するタイプのタグと、その基本的なCSSを中心に取り上げます。前章までに取り上げたタグは、どれも「コンテンツに意味づけ」するのが主な役割でした。この章で紹介するタグは、情報の「グループ化」と「整理」のために使われるものが中心で、きれいで読みやすいHTMLを作ると同時に、ページのレイアウトに重要な役割を果たします。

CSSレイアウトの第一歩

インラインボックスとブロックボックス

HTMLの要素（タグとコンテンツ）は、コンテンツを表示するための領域を、ブラウザウィンドウに確保します。

タグと表示の関係

ブラウザに表示されるすべてのタグは、「ボックス」と呼ばれる、コンテンツを表示する領域を確保します。このボックスには、大きく分けて「インラインボックス」と「ブロックボックス」の2種類があります。

「インラインボックス」は、「テキストの行に紛れ込むことができる」ボックスのことです。コンテンツが収まる最小限のボックスを形成します。

たとえば次の図でいえば、<b>タグはインラインボックスを形成し、そのボックスの中にテキスト「お知らせ:」を表示します。基本的には、テキストを修飾するようなタグ――<b>、<strong>など――がインラインボックスで表示されます。また、画像の<img>、テキストフィールドなど、すべてのフォーム部品もインラインボックスで表示されます。

インラインボックスと対照的な「ブロックボックス」は、タグに含まれるコンテンツの量に関係なく、親要素と同じ幅の領域を確保するタイプのボックスです。次の図でいえば、<p>タグはブロックボックスを形成します。

図6-1　インラインボックスとブロックボックス

HTML

<p><b> お知らせ：</b>EC サイト管理・運営部門エンジニア募集 </p>

ブラウザの表示

親要素

<p>

<b>お知らせ：</b>サイト管理・運営部門エンジニア募集

</p>

インラインボックス
コンテンツが収まる
最小限のボックス

ブロックボックス
コンテンツの量に関係なく
親要素と同じ幅のボックス

ブロックボックスで表示されるタグは、さらに、その意味や役割によって大きく次の2種類に分けられます。

- そのタグがコンテンツに何らかの意味づけをするもの
- ほかのタグを囲んで、情報の整理をしたりグループ化したりするもの

「そのタグがコンテンツに何らかの意味づけをするもの」の代表例としては、見出しの<h1>～<h6>、段落の<p>などが挙げられます。これらのタグの多くは、そのコンテンツにテキストもしくはテキストを装飾するタイプのタグ(<strong>など)しか含めることができません。

また、「ほかのタグを囲んで、情報の整理をしたりグループ化したりするもの」としては、箇条書きの<ul>や<li>、ほかのタグをグループ化するための<div>などが挙げられます。これらのタグは、テキストだけでなく、どんなタグでも子要素にできるという特徴があります。そのため、ページの情報の整理や、CSSを使ったレイアウトに大きな役割を果たします。

図6-2　タグはこのように分類される

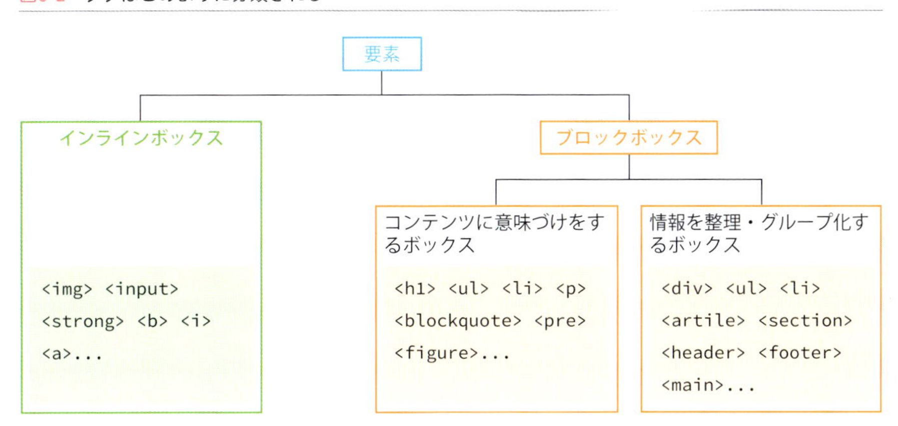

項目を列挙するのがリストの最も基本的な使い方

箇条書き（リスト）のマークアップ

「リスト」を作る<ul>、<ol>、<li>などは、応用範囲が広く、最もよく使われるタグの1つです。テキストの箇条書きをマークアップするだけでなく、情報の整理・グループ化にもよく使われます。

記事の箇条書きをマークアップする

全体的に使用頻度が高いリスト関連のタグの中でも、最もよく使われるのが、「非序列リスト」と呼ばれる<ul>、<li>です。この<ul>、<li>の組み合わせは、記事中の箇条書きのマークアップにも、ページ全体の情報の整理にも使われます。<ul>の基本的な使い方として、まずは記事の箇条書きに使用する例を見てみましょう。

HTML　記事の箇条書きをマークアップする　chapter6/c06-01-a/index.html

```
...
<body>
<h2>ペペロンチーノ(2人前)</h2>
<ul>
  <li>スパゲッティ 200g</li>
  <li>アンチョビ 1/2缶</li>
  <li>トウガラシ 2本</li>
  <li>ニンニク 2かけ</li>
  <li>ピュア・オリーブオイル 100cc</li>
  <li>塩・コショウ 少々</li>
</ul>
</body>
</html>
```

図6-3　<ul>、<li>でマークアップすると、項目の先頭に「・」がつく

ペペロンチーノ（2人前）

- スパゲッティ 200g
- アンチョビ 1/2缶
- トウガラシ 2本
- ニンニク 2かけ
- ピュア・オリーブオイル 100cc
- 塩・コショウ 少々

<ul>、<li>

<ul>は、リストの各項目(<li>)のコンテンツが同じような意味合いを持つ場合に使われます。料理の食材だったり、家電のスペックだったり、リストにする項目が同じような種類の情報で、しかも各項目の重要度や順序に差がない――一番上の<li>と一番下の<li>を入れ替えても意味が変わらない――ときに使われます。なお、<ul>の子要素は必ず<li>で、ほかのタグが<ul>の直接の子要素になることはありません。

リスト項目の先頭に番号をつける

リストでも、操作手順など各項目に順序や序列がある場合は、<ol>、<li>の組み合わせを使います。

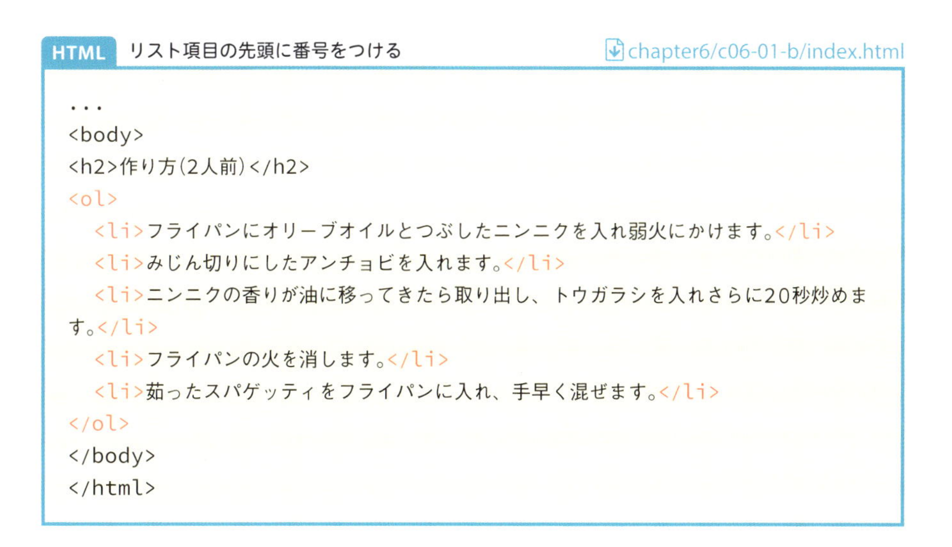

HTML　リスト項目の先頭に番号をつける　chapter6/c06-01-b/index.html

```
...
<body>
<h2>作り方(2人前)</h2>
<ol>
  <li>フライパンにオリーブオイルとつぶしたニンニクを入れ弱火にかけます。</li>
  <li>みじん切りにしたアンチョビを入れます。</li>
  <li>ニンニクの香りが油に移ってきたら取り出し、トウガラシを入れさらに20秒炒めます。</li>
  <li>フライパンの火を消します。</li>
  <li>茹ったスパゲッティをフライパンに入れ、手早く混ぜます。</li>
</ol>
</body>
</html>
```

図6-4　<ol>、<li>でマークアップすると、項目の先頭に番号がつく

作り方(2人前)

1. フライパンにオリーブオイルとつぶしたニンニクを入れ弱火にかけます。
2. みじん切りにしたアンチョビを入れます。
3. ニンニクの香りが油に移ってきたら取り出し、トウガラシを入れさらに20秒炒めます。
4. フライパンの火を消します。
5. 茹ったスパゲッティをフライパンに入れ、手早く混ぜます。

CHAPTER 6
SECTION 3
HTML5&CSS3

同じような情報をうまくまとめる

リストを情報の整理に使う

<ul>や<ol>は、テキストの箇条書きをマークアップする以外にもよく使われます。実際のWebデザインでは、ページに掲載される同じような種類の情報をリスト化するのにも使われています。

<ul>や<ol>はどんなところで使われている?

Webページには、同じような種類の情報を列挙するデザインのパターンがたくさんあります。たとえば、次のようなものが挙げられます。

- サイト内の主要なページにリンクする「ナビゲーション」
- フッターに掲載され、サイト内の各ページにリンクする「サイトマップ」
- 企業サイトの「お知らせ」
- ECサイトの「商品一覧」
- 記事・ニュース系のサイトやブログの「最新記事一覧」

こうした、同じような種類の情報をリスト化して整理するために、<ul>、<li>がよく使われています。

図6-8　同じ種類の情報を並べた部分。このような部分は<ul>、<li>でマークアップする

サブナビゲーションのマークアップ例

同じような種類の情報をリスト化する例として、「ナビゲーション」があります。ここでは比較的シンプルな「サブナビゲーション」のマークアップ例を見てみます[*1]。

＊1　Webページの主要なナビゲーション、いわゆる「グローバルナビゲーション」は9章で取り上げます。

HTML　サブナビゲーションの基本的なマークアップ例　chapter6/c06-02-a/index.html

```
...
<style>
.subnav ul {
  margin: 0;
  padding: 0;
  list-style-type: none;
}
</style>
</head>
<body>
<div class="subnav">
  <ul>
    <li><a href="/support/">サポート</a></li>
    <li><a href="/price/">プライスリスト</a></li>
    <li><a href="/faq/">よくある質問</a></li>
  </ul>
</div>
</body>
</html>
```

図6-9　サブナビゲーションの基本的な表示

サポート
プライスリスト
よくある質問

<ul>、<li>を「同じような情報のリスト化」に使う場合のCSS

<ul>、<ol>には、タグ自体に次のようなCSSのスタイルが適用されています。

- <ul>、<ol>にはlist-style-typeプロパティが適用されていて、リストの各項目（<li>の各行）の先頭にリストマーク（・）や番号が表示される
- <ul>、<ol>には、リストマークや番号を表示するスペースを確保し、<ul>、<ol>の上下に余白を持たせるために、paddingプロパティ、marginプロパティが適用されている[*2]

＊2　「CSSのボックスモデル」(p.128)

そのため、<ul>や<ol>には、CSSを適用しなくても、次の図ようなスペースがはじめからつけられています。<ul>、<ol>だけでなく、タグの中には簡単なCSSがあらかじめ適用されているものがあります。こうしたCSSのことを「**デフォルトCSS**」といいます。

図6-10　<ul>に適用されているパディングとマージン。<ol>にも同じものが適用されている

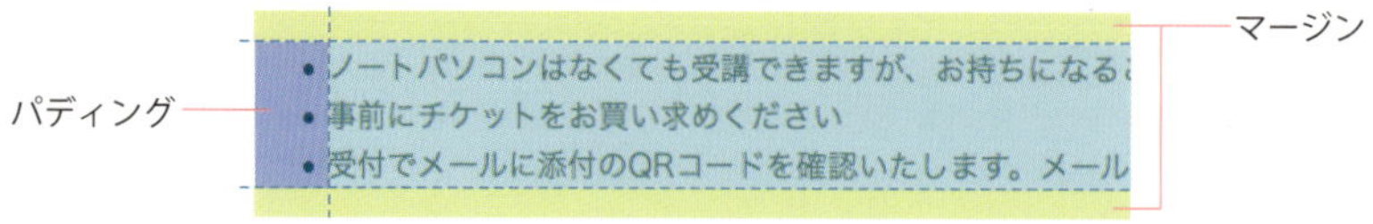

こうしたデフォルトCSSは、とくにページのレイアウトを作るときには邪魔になります。そこで、デフォルトCSSをキャンセルするためのCSSを書きます。サンプルの「.subnav ul」セレクタに書かれたCSSは、デフォルトCSSをキャンセルする役割を果たしています[*1]。

*1　list-style-typeプロパティについては「場所と日時の箇条書きの先頭の「・」を消す」(p.48)を、paddingプロパティ、marginプロパティについては「CSSのボックスモデル」(p.128)を参照してください。

サブナビゲーションの先頭にマークをつける

<ul>、<li>でマークアップしたHTMLをよりナビゲーションらしく見せるために、<li>の各項目の先頭にリストマークとして画像を表示させます。

HTML　サブナビゲーションの先頭にマークをつける　chapter6/c06-02-b/index.html

```
...
<style>
.subnav ul {
  margin: 0;
  padding: 0;
  list-style-type: none;
}
.subnav a  {
  padding-left: 16px;  ❶
  background: url(../../images/listmark.png) no-repeat left 0
top 4px;  ❷
  color: #1864b9;
  text-decoration: none;
}
.subnav a:hover {
  color: #0f3f74;
  text-decoration: underline;
}
</style>
...
```

図6-11　先頭に▶が表示されて、サブナビゲーションらしくなった

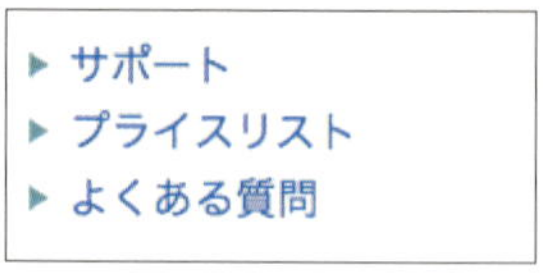

サブナビゲーションの先頭に画像を表示させる典型的なCSS

サブナビゲーション各項目の先頭に画像を表示させるには、サブナビゲーションの<a>タグに対して、次の2行のCSSを書きます。

❶ 左パディングを設けて、画像が表示できるエリアを確保する
❷ 背景画像を適用する

CSSプロパティの詳しい機能や使い方は後で詳しく説明しますので[*1]、ここではサブナビゲーションの細かい調整方法についてだけ紹介しておきます。

まず、先頭のマークに使う画像は、サブナビゲーションのフォントサイズ（このサンプルではデフォルトの16px）よりも小さく作ります。サンプルで使用している画像のサイズは10px×10pxです。

*1　padding-left プロパティについては「CSSのボックスモデル」(p.128)を、background プロパティについては「ボックスを背景画像で塗りつぶす」(p.144) を参照してください。

図6-12　使用した背景画像

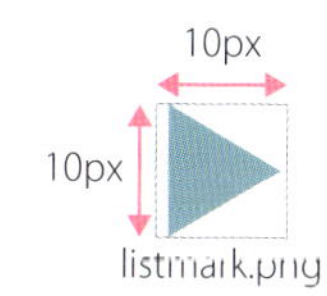

CSSでは、背景画像とテキストが重ならないように、<a>に左パディングを設けてテキストの開始位置をずらします❶。このサンプルでは左パディングの値を「16px」にしていますが、使用する背景画像に合わせて数値を調整します。

❷で背景画像を表示させます。マークの画像とテキストの位置が揃わないときは、❷の行の「4px」の部分の数値を調整すれば、マークの表示位置を上下にずらすことができます。

図6-13　画像とテキストが揃わないときの調整方法

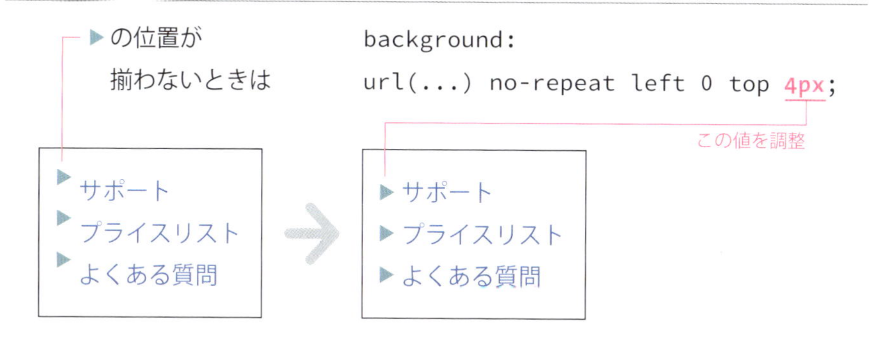

「最近の記事」をリスト化する

<ul>、<li>を使った最後の例として、ニュースサイトやブログなどのサイドバーにある、「最近の記事」や「人気の記事」などのリストを紹介します。これらには記事のタイトルと関連するサムネイルがあり、比較的複雑な構造をしています。このような、テキストだけでない情報を整理するのにも、<li>が使われます。

HTML　サイドバーに掲載する「最近の記事」を作成する*1　chapter6/c06-02-c/index.html

```
...
<style>
.sidebar {
  padding: 8px;
  border: 1px solid #ccc;
  width: 300px;
}
.subnav {
  list-style-type: none;
  margin: 0;
  padding: 0;
}
.subnav li {
  overflow: hidden;
  margin: 1em 0 1em 0;
}
.subnav .thumb {
  float: left;
  width: 100px;
}
.subnav .summary {
  margin: 0 0 0 108px;
}
.subnav a {
  text-decoration: none;
}
</style>
</head>
<body>
<div class="sidebar">
  <div class="recent">
    <h3>最近の記事</h3>
    <ul class="subnav">
      <li>
        <a href="記事url1">
          <img src="../../images/image2217.png" width="100"
height="100" alt="" class="thumb">
          <p class="summary">OSをアップデートして使いづらくなった？OSは
アップデートすべきなのか検証！</p>
        </a>
      </li>
      <li>
        <a href="記事url2">
          <img src="../../images/image2218.png" width="100"
height="100" alt="" class="thumb">
          <p class="summary">お客様からご要望が多かった「製品サポートの改
善」。体制を刷新して、サポート内容を強化します</p>
        </a>
      </li>
```

*1　このサンプルは<li>を使って情報の整理をする典型的なパターンです。まずはHTMLの構造をしっかり押さえましょう。サムネイルと画像を横に並べるのに使用したCSSの各種プロパティについては、「画像にテキストを回り込ませる」(p.108) に解説があります。

```
    </ul>
  </div>
</div>
</body>
</html>
```

図6-14　最新記事のリストが表示される

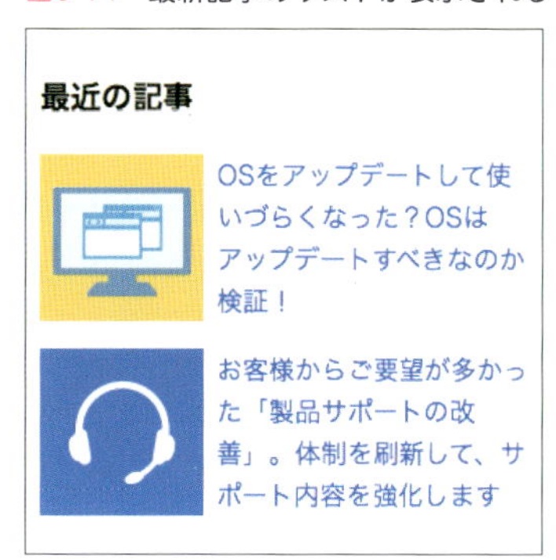

パンくずリストを作成する

「パンくずリスト」とは、いま表示しているページの場所がわかるように、Webサイトのトップページからの階層構造をリスト化したものです。パンくずリストも、同じ情報（サイト内のページへのリンク）がリスト化された構造だと考えることができます＊1。

＊1　パンくずリストには必ずリンクをつけます。そうすることで、ユーザーがサイト内を行き来しやすくなるほか、ページが相互にリンクすることになるので、検索エンジンへの対策にもなります（「Webページで一番大事なのは『リンクされていること』」（p.83））。

HTML　パンくずリストを作成する　chapter6/c06-02-d/index.html

```
...
<style>
.breadcrumb ol {
  list-style-type: none;
  margin: 0;
  padding: 0;
}
.breadcrumb li {
  display: inline;                    ❶
}
.breadcrumb li::after {
  content: "≫";                       ❷
  color: #999;
}
.breadcrumb li:last-child::after {
  content: none;                      ❸
}
.breadcrumb a {
  text-decoration: none;
```

```
  color: #1864b9;
}
</style>
</head>
<body>
<div class="breadcrumb">
  <ol>
    <li><a href="/">ホーム</a></li>
    <li><a href="/products/">製品リスト</a></li>
    <li><a href="/products/lens/">カメラレンズ</a></li>
    <li>広角レンズ</li>
  </ol>
</div>
</body>
</html>
```

図6-15 パンくずリストの表示

ホーム» 製品リスト» カメラレンズ» 広角レンズ

パンくずリストを作るなら<ol>

一般に、Webサイトはホーム（トップページ）を頂点とした「階層構造（ツリー構造）」になっています。そのため、パンくずリストに関していえば、序列がある<ol>を使うほうが、序列のない<ul>を使うよりも適切なHTMLといえます。

図6-16 Webサイトの構造にはルート（/）を頂点とする序列がある

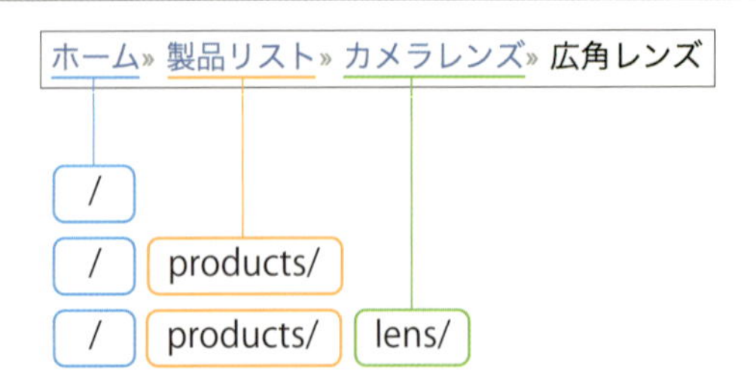

要素のボックスの表示状態を変えるdisplayプロパティ

<li>は、もともとはブロックボックスで表示される要素です。ところが、パンくずリストのように、<li>のすぐ横に次の<li>を表示させたいときがあります。その場合、本来ブロックボックスとして表示される<li>を、インラインボックスとして表示させる必要があります。要素の表示状態を切り替えるのがdisplayプロパティです❶。

displayプロパティの値には、ブロックボックスで表示される要素をインラインボックスに切り替える「inline」や、逆にインラインで表示される要素をブロックボックスに切り替える「block」など、数種類が定義されています。今回のサンプルでは「inline」を使用しています。

表6-2　displayプロパティの主な値

displayの値	説明
display: inline;	要素をインラインボックスで表示する
display: inline-block;	要素をインラインブロックで表示する＊1
display: block;	要素をブロックボックスで表示する
display: none;	要素を非表示にする

＊1　「display: inline-block;」が適用された要素は、インラインボックスのようにテキストの行に紛れ込むことができます。さらに上下マージンや幅を設定することもできるため、float プロパティを使わずにブロックボックスを横に並べたいときに使用します。

:last-childセレクタ

このサンプルには少し複雑なセレクタが2つ出てきます。1つは「.breadcrumb li::after」、そしてもう1つが「.breadcrumb li:last-child::after」です。それぞれのセレクタから「::after」を除いた部分、つまり「.breadcrumb li」と「.breadcrumb li:last-child」で選択される要素は、次図のとおりです。

図6-17　「.breadcrumb li」と「.breadcrumb li:last-child」で選択される要素

```
<div class="breadcrumb">
  <ol>
    <li><a href="..."> ホーム </a></li>          .breadcrumb li
    <li><a href="..."> 製品リスト </a></li>
    <li><a href="..."> カメラレンズ </a></li>
    <li> 広角レンズ </li>                        .breadcrumb li:last-child
  </ol>
</div>
```

さらに、「.breadcrumb li」で選択された要素の「::after」で＊2、各項目のテキストの後ろに「»」を表示させています❷。

＊2　「::after」と content プロパティの使い方については「擬似要素」（p.98）を参照してください

しかし、パンくずリストの最後の<li>の後ろには、「»」を表示させる必要がありません。そこで、「:last-child」を使って最後の<li>だけを選択し、その要素にだけは「»」を表示させないようにしています❸。

「:last-child」は、同階層の要素のうち、最後のものだけを選択するセレクタです。

CHAPTER 6
SECTION 4
HTML5&CSS3

<div>の使い方がわかるとHTMLがぐんとスッキリ

上手な<div>の使い方

情報をグループ化してまとめ、整理する要素の代表格が<div>です。<div>は応用範囲が広く、いつでもどこでも使えるため、気がついたら「<div>だらけ」のHTMLになっていることも少なくありません。<div>の正しい使い方を知って、読みやすく、きれいなHTMLを書くことを心がけましょう。

<div>の用途

<div>は何の意味づけもないタグで、ほかの要素をグループ化し、まとめるために使われます。ただ、どちらかといえば、「ここはメインコンテンツだから<div>で囲もう」とか、「サイドバーだから<div>で囲もう」とかいったように、最終的なデザインの見た目に合わせてCSSを適用させるために<div>で囲むケースが多いようです。それは必ずしも間違っているわけではありませんが、デザインの見た目だけを頼りに<div>で囲んでいると、ソースコードに<div>がやたらと増えていきます。そして、あまりに階層構造が深い——何重にも<div>で囲まれている——HTMLは非常に読みづらく、メンテナンス性が低下します。

不要な<div>を増やさないためにも、いったんデザインのことは忘れて、できるだけ情報のまとまりを意識しながら<div>で囲むようにしてみましょう。情報のまとまりを囲むという観点から考えると、<div>の使い方にはある程度のパターンが見えてきます。そのパターンは、おおよそ次の4通りに分類できます。

(1) 見出しと関連するコンテンツをまとめる
(2) パーツの「境界」を作る
(3) HTMLの階層を揃える
(4) 別のボックスのラッパー構造を作る

以下、それぞれについて説明します。

(1) 見出しと関連するコンテンツをまとめる

<div>を使う最も基本的な例は、見出しと関連するコンテンツをまとめることです[*1]。この場合、1つの<div>に囲まれる見出し(<h1>～<h6>のいずれか)は、原則として1つだけにすることがポイントです。また、そのまとまりが何のまとまりかわかるように、<div>にはclass属性をつけます。

＊1　見出しと関連するコンテンツをまとめるときに使う<div>は、多くの場合<section>などHTML5で登場したタグで置き換えることが可能です。無理してそうする必要はありませんが、余裕があれば置き換えにも挑戦してみましょう(「慣れてきたら、<div>以外のより適確なグループ化要素に置き換えよう」(p.127))。

▶ 見出しと関連するコンテンツをまとめる例

```
<div class="spec">
  <h2>基本仕様</h2>
  <ul>
    <li>サイズ:24.5cm × 28.0cm × 32.4cm</li>
    <li>重量:6.5kg</li>
  </ul>
</div>
```

(2) パーツの「境界」を作る

Webページのサイドバーだけを考えても、掲載される情報は多岐にわたります。ページ内検索、お知らせ、最新記事、広告……　こうしたコンテンツはそれぞれ独立しています。そうした独立した情報を「パーツ」と考え、1つひとつのパーツの境界をはっきりさせるために<div>で囲みます。そうしておくと、「どこからどこまでが1つのパーツなのか」がわかりやすくなり、順序の入れ替えや交換が楽になります。

▶ パーツの「境界」として使う例

```
<div class="ad">
  <img src="koukoku.jpg" alt="アクセス解析ならオートアナライズ">
</div>
<div class="top3">
  <h3>売り上げトップ3</h3>
  <ul>
    <li>ソウルフードストラップ10点セット</li>
    <li>魚眼レンズ付き付きスマートフォンケース</li>
    <li>だれでも貼れるガラス保護シート</li>
  </ul>
</div>
```

(3) HTMLの階層を揃える

ページのヘッダーやフッターの部分は<div>で囲まれているのに、メインコンテンツの部分が<div>で囲まれていないHTMLがあるとします。そのとき、HTMLのソースコードは、ヘッダーやフッターの<div>と、メインコンテンツの<h1>や<p>が同じ階層に並んでいることになります。こうしたHTMLは、あまり美しいとはいえません。

図6-18　美しくないHTMLの構造

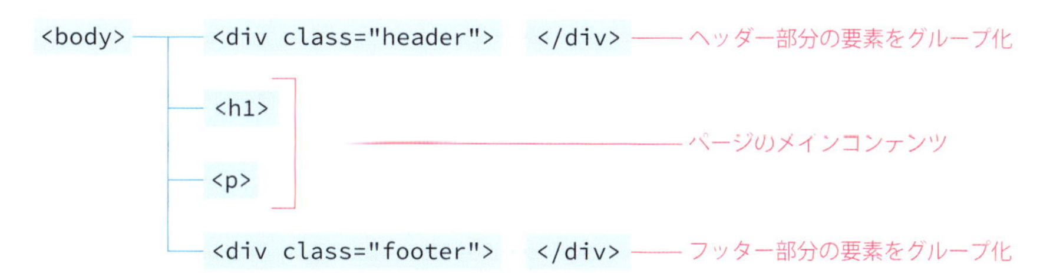

この「美しい、美しくない」という“感じ”が難しいかもしれませんが、たくさんHTMLを書いて感覚を磨くしかありません。原則としては、兄弟要素（同じ階層にあるタグ）が、「タグはこのように分類される」(p.113) の図で同じカテゴリーに属していれば美しいHTMLということができ、違うカテゴリーのタグが交ざり合っているのはあまり美しいHTMLとはいえません。前図の「美しくないHTMLの構造」のHTMLは、メインコンテンツ部分の<h1>や<p>を<div>で囲むことを検討すべきです。

図6-19　美しくないHTMLを改善した構造

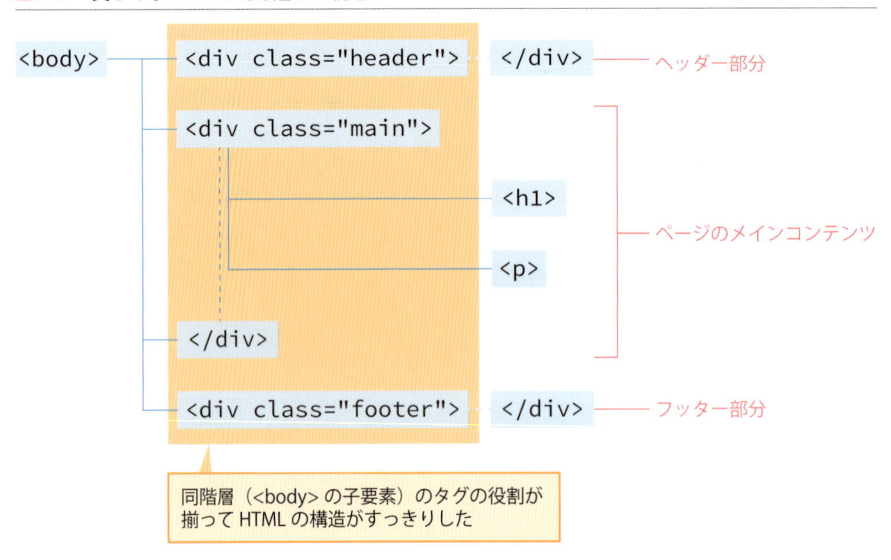

(4) 別のボックスのラッパー構造を作成する

ラッパー構造とは、<div>で囲まれた複数の「グループ化された構造」を、さらに<div>で囲むことです[*1]。このラッパー構造は、主にCSSで複数の<div>を横に並ばせたりするときに使われます。ラッパー構造は必ずしも情報を整理するためのものではありませんが、重要な<div>の使い方の1つです。

＊1　ラッパー(wrapper)とは「包むもの」という意味を持つ英単語です。

図6-20　ラッパー構造の例

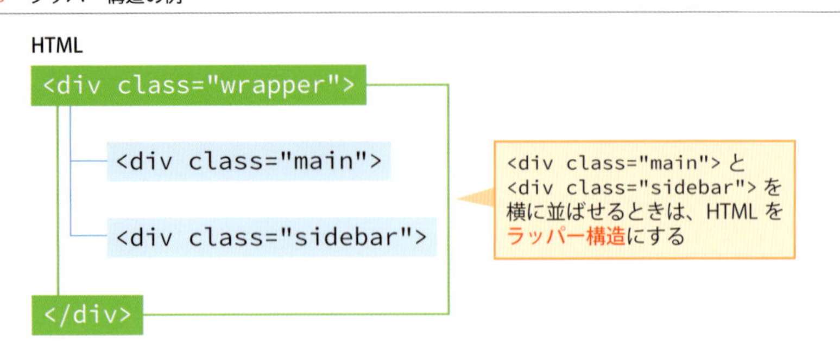

慣れてきたら、<div>以外のより適確なグループ化要素に置き換えよう

<div>はほかの要素をグループ化するためのタグで、それ自身は意味を持たないのが特徴です。

HTML5になって、<div>と同じくほかの要素をグループ化するタグで、かつ、それ自身が明確な意味を持つものが登場しました。<div>の使い方の感覚がつかめてきたら、こうした「意味を持つ情報のグループ化用タグ」に置き換えてみるとよいでしょう。

次の表で、<div>の代わりに使えるタグを紹介しておきます。9章、10章では実際にこれらのタグを使用しますので、詳しい使い方を知りたい方はそちらも参照してください。

表6-3　意味を持つ情報のグループ化用タグ一覧

タグ	使い方
<main> 〜 </main>	ページの中心となる「メインコンテンツ」を囲む。HTML内で一度しか使えない。また、<article>、<aside>、<footer>、<header>、<nav>の子要素にすることはできない
<article> 〜 </article>	ページの記事や中心となるコンテンツを囲む
<section> 〜 </section>	記事のセクション（記事の一部分）や、ページ内の独立したパーツを囲む
<nav> 〜 </nav>	ページの主要なナビゲーション（一般的にはグローバルナビゲーション）を囲む
<aside> 〜 </aside>	ページの本題ではない部分、たとえばサイドバーなどを囲む
<header> 〜 </header>	ページのヘッダーを囲む
<footer> 〜 </footer>	ページのフッターを囲む

レイアウトには欠かせない知識

CSSのボックスモデル

個々のタグがコンテンツを表示するために確保する領域（ボックス）は、CSSでサイズを調整することができます。Webページを自在にレイアウトするためには、ボックスモデルを十分に理解しておく必要があります。

ボックスモデルとは

「ボックス」とは、個々のタグがコンテンツを表示するために確保する領域のことです。すべてのボックスの中心にはコンテンツを表示するための「**コンテンツ領域**」があり、その周りにパディング、ボーダー、マージンという領域があります。CSSの各種プロパティを使うと、これらの領域のサイズを調整することができます。

図6-21　ボックスモデル

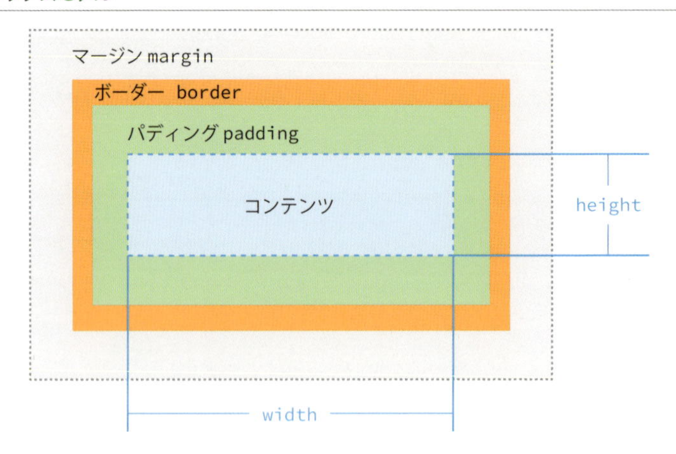

ボックスの幅と高さ

<div>や<p>など、ブロックボックスのコンテンツ領域のサイズは、CSSを適用しないかぎり、次のように決定されます。

- 幅は、親要素の幅からマージン・ボーダー・パディングがはみ出さない範囲でいっぱいに広がる
- 高さはコンテンツが収まる高さになる

ブロックボックスのコンテンツ領域は、幅をwidthプロパティ、高さをheightプロパティで設定することができます[*1]。

＊1　ただし、heightプロパティを使用することはあまり多くありません。

図6-22　ブロックボックスの幅と配置の原則

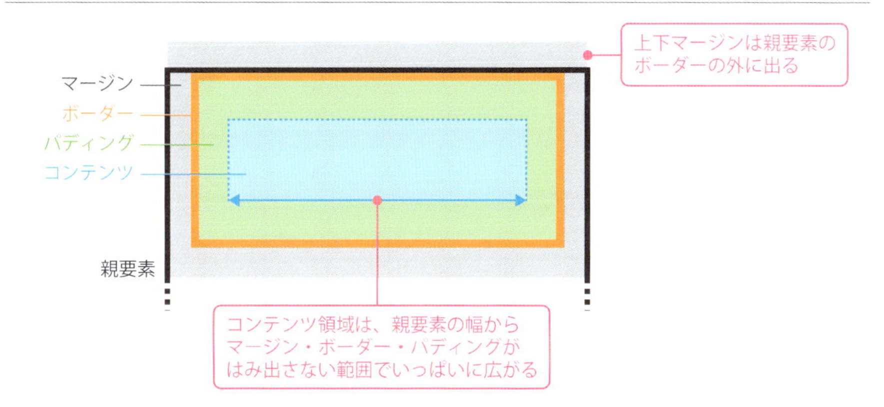

幅を指定するwidthプロパティの値は、単位に「px」もしくは「em」を使ってボックスの幅を固定する場合と、単位に「%」を使って伸縮させる場合の2通りがあります。単位に%を使った場合、そのブロックボックスのコンテンツ領域の幅は、親要素の幅の○%に設定されます。ブラウザのウィンドウサイズや端末の画面サイズによってボックスのサイズを調整したいときは、単位に%を使います*1。

*1　上級の知識として知っておくと役立つかもしれないことを1つ紹介します。ブロックボックスの幅のデフォルトCSSには「width: auto;」が指定されています。autoが指定されていると、その要素の幅は、親要素からマージン・パディング・ボーダーがはみ出さない範囲でコンテンツ領域が広がります。
　それに対して、widthプロパティの値を「%」で指定すると、親要素のコンテンツ領域の幅を100%とした値で幅が調整されます。つまり、マージン・ボーダー・パディングが、親要素の幅からはみ出すことがあり得ます。

図6-23　ブロックボックスのwidthプロパティを単位pxで指定したときと、単位%で指定したときの違い

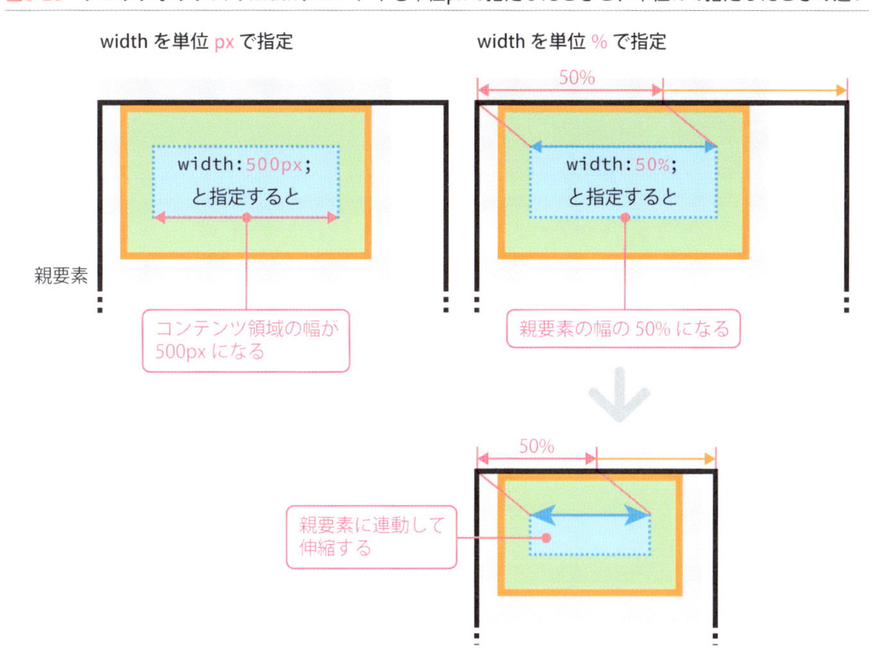

一方、インラインボックスのコンテンツ領域は、その要素のコンテンツが収まるギリギリの大きさになり、幅も高さもCSSで調整することは一切できません*2。

*2　ややこしい話ですが、同じインラインボックスでも<img>やフォームの<input>、<textarea>など一部の要素は、幅や高さをCSSで調整できます。

図6-24　インラインボックスの幅と高さは調整できない

インラインボックスの幅と高さは<b>調整できません</b>。height

width

パディング、ボーダー、マージン

コンテンツ領域の外側のパディング、ボーダー、マージンは、各種プロパティで設定可能です。

パディング（padding）とは、コンテンツ領域のすぐ外側にあって、コンテンツ領域とボーダーの間にあるスペースのことです。

ボーダー（border）は、ボックスの周囲に引かれる枠線です。

ボックスに背景色、または背景画像を指定したときは、パディングの領域までが塗りつぶされます。また、ボーダーには、枠線の太さ、線の形状――実線や点線など――、線の色を設定することができます。

図6-25　パディングとボーダー

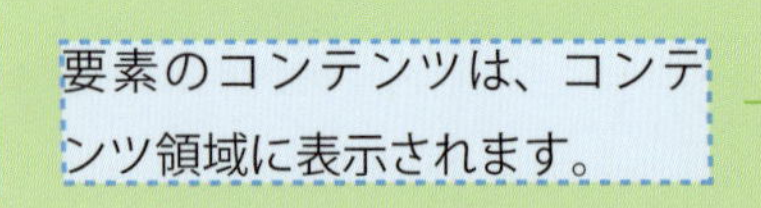

ボーダー
上・右・下・左の太さ、線の形状、色を調整可能

パディング
上・右・下・左の大きさを調整可能
背景はパディングまで塗りつぶされる

マージン（margin）とは、あるボックスの上下左右に隣接する別のボックスまでの距離のことで、「これ以上近づかないで」という、バリアのような役目を果たします。

図6-26　マージンは隣接するボックスとの距離を設定するもの

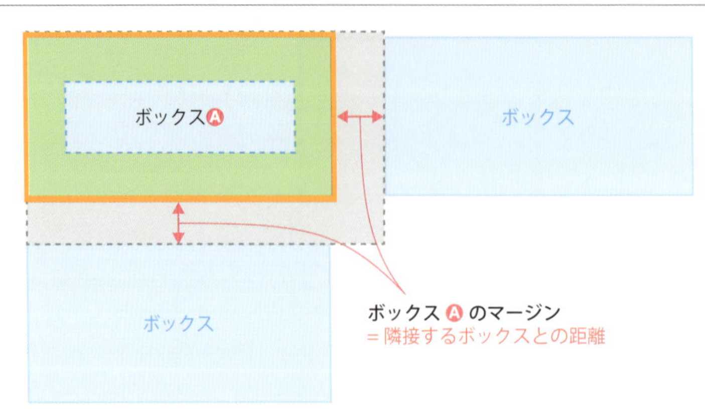

なお、インラインボックスには上下マージンを設定することができません。左右マージンおよび四辺のパディング、ボーダーは設定できます。

図6-27　インラインボックスでは上下マージンが設定できない

Note　ショートハンドとロングハンド

CSSのプロパティの中には、複数の設定を一括でできる「ショートハンドプロパティ（省略形プロパティ）」と、1つの設定につき1つのプロパティを使う「ロングハンドプロパティ（非省略形プロパティ）」の2種類が定義されているものがあります。

たとえば、パディングはボックスの四辺に個別の設定ができますが、それらを1つのプロパティで指定できる「padding」ショートハンドプロパティと、一辺ずつ個別に指定する「padding-top」や「padding-left」などのロングハンドプロパティの、両方が定義されています[*1]。ボーダーやマージンも同様です。

ショートハンドとロングハンドはどちらを使っても同じことができ、好きなほうを使ってかまいません。ただ、一般的には、記述量が少なくなるショートハンドを使うことのほうが多いようです。

＊1　これらのプロパティの具体的な使い方は次節「パディング、ボーダーの設定」を参照してください。

CHAPTER 6
SECTION 6
HTML5&CSS3

CSSで実際にボックスを操作する

パディング、ボーダーの設定

ボックスモデルの各種プロパティを実際に使ってみます。ボックスモデルの基本的な動作がイメージできるように、まずは1つのボックスにCSSを適用します。

ボックスに枠線をつける

ボックスモデルの中で一番理解しやすく、またコントロールしやすいのが「ボーダー」でしょう。サンプルのCSSにはいろいろなプロパティが書かれていますが、ボーダーに重要なのはborderプロパティが書かれた1行だけです。

HTML　ボックスに枠線をつける　chapter6/c06-03-a/index.html

```
...
<style>
.item {
  border: 1px solid #cccccc;
  width: 300px;
}
.item h3 {
  margin: 0.5em 0 0.5em 0;
  font-size: 16px;
}
.item p {
  margin: 0;
  font-size: 14px;
  color: #666666;
}
</style>
</head>
<body>

<div class="item">
  <img src="../../images/img0907.jpg" width="300"
height="300" alt="">
  <h3>限定　無人島探検チャーター便</h3>
  <p>無人島の八丈小島に上陸するツアーです。※天候によって中止する場合がございます。
</p>
</div>
...
```

図6-28 ボックスの周囲に枠線がついた

borderプロパティ

ボックスの周囲にボーダーをつけるには、borderプロパティを使用します。borderプロパティの値には、ボーダーの「太さ」「線の形状」「色」を、半角スペースで区切って指定します[*1]。

＊1 borderプロパティに指定する3つの値は、半角スペースで区切ってさえいればよく、順序が入れ替わってもかまいません。

書式 borderプロパティ

```
border: 太さ 線の形状 色;
```

borderに指定する値のうち、「太さ」には単位が必要で、ほとんどの場合「px」にします（%は使えません）。

また「線の形状」に指定できる値には、次のようなものがあります。

表6-4 borderプロパティの「線の形状」に指定できる主な値

値と使用例	説明	表示結果
border: 6px none #b7383c;	枠線を表示しない。太さ（ここでは6px）の領域も確保されないので注意が必要	なし
border: 6px dotted #b7383c;	点線。四辺に適用すると角が汚くなるので、一般的にはボーダーを一辺に適用するときに使う	
border: 6px dashed #b7383c;	長めの点線。四辺に適用すると角が汚くなるので、一般的にはボーダーを一辺に適用するときに使う	
border: 6px solid #b7383c;	実線	
border: 6px double #b7383c;	二重線	

ボーダーを区切り線の代わりに使う

ボーダーをボックスの周囲にではなく、上下左右の辺に、それぞれ個別につけることもできます。

HTML　ボックスの右と下に区切り線をつける　chapter6/c06-03-b/index.html

```
...
.item {
  border-right: 1px solid #cccccc;
  border-bottom: 1px solid #cccccc;
  width: 300px;
}
...
```

図6-29　ボックスの右と下に区切り線がついた

border-rightプロパティ、border-bottomプロパティ

ボックスの一辺にだけボーダーをつけたいときは、次の表にあるいずれかのプロパティを使います。値の書式はborderプロパティと同じです。

表6-5　ボーダーの全プロパティ

プロパティ	説明
border-top	ボックスの上辺に枠線をつける
border-right	ボックスの右辺に枠線をつける
border-bottom	ボックスの下辺に枠線をつける
border-left	ボックスの左辺に枠線をつける
border	ボックスの四辺に枠線をつける

コンテンツと枠線の間にパディングを設ける

　ボーダーだけを設定しても、コンテンツとの間にスペースがないため、あまり見た目が美しいとはいえません。paddingプロパティを使ってボーダーとコンテンツの間にスペースを作ります。

HTML　コンテンツと枠線の間にパディングを設ける　chapter6/c06-03-c/index.html

```
...
.item {
  border: 1px solid #ccc;
  padding: 8px;
  width: 300px;
}
...
```

図6-30　コンテンツと枠線の間に8pxのスペースが作られた

paddingプロパティ

　paddingプロパティの値には、ボックスの上から時計回りに「上」「右」「下」「左」の順に、半角スペースで区切ってパディング量を指定します。一般に、パディングの値の単位にはpxまたはemを使用します[*1]。

paddingプロパティ

```
padding: 上 右 下 左;
```

　paddingプロパティの値は、一部を省略することができます。値を省略したときに、それぞれの辺に適用されるパディングは次図のようになります。paddingプロパティの

＊1　数年前までの古典的なレスポンシブWebデザインでは、パディングやマージンに「%」を使うこともありました。ただ、この「%」で指定する方法は、少し複雑な計算が必要になったりして大変なので、現在ではあまり使われていません。

値はよく省略するので、パターンを覚えておきましょう。

図6-31　paddingプロパティの値の設定

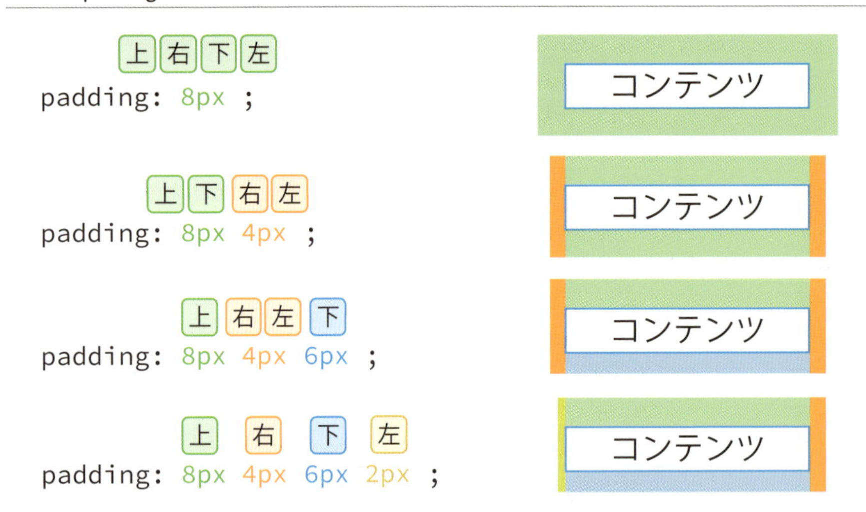

また、borderプロパティ同様、パディングにも一辺ずつ値を設定するプロパティがあります。

表6-6　パディングの全プロパティ

プロパティ	説明
padding-top	上パディングを設定する
padding-right	右パディングを設定する
padding-bottom	下パディングを設定する
padding-left	左パディングを設定する
padding	四辺のパディングを一括で設定する

マージンはちょっと特殊？！

2つ以上のボックスを並べる

ボックスモデルのボーダーとパディングがそれぞれ「枠線」と「コンテンツとボーダーの間のスペース」であることは、直感的で、比較的わかりやすいといえます。それに対してマージンは、単なる「ボーダーより外側のスペース」ではありません。マージンはCSSの“ハマりどころ”で、使用には注意が必要です。マージンの特性をしっかり理解しましょう。

ボックスを縦に並べる

マージンは、「ボーダーより外側のスペース」というよりは、「隣接する別のボックスや親要素のボックスとの距離を設定するもの」と考えるとしっくりきます。HTMLで2つボックスを用意し、その両方に上下左右16pxのマージンをつけて、結果を見てみましょう。

HTML マージンを理解するためのHTML　chapter6/c06-04-a/index.html

```
...
<style>
.item {
  margin: 16px;
  border: 1px solid #ccc;
  padding: 8px;
  width: 300px;
}
...
</style>

<body>

<div class="item">
  <img src="../../images/img0907.jpg" width="300"
height="300" alt="">
  <h3>限定　無人島探検チャーター便</h3>
  <p>無人島の八丈小島に上陸するツアーです。
※天候によって中止する場合がございます。</p>
</div>
<div class="item">
  <img src="../../images/img0911.jpg" width="300"
height="300" alt="">
  <h3>東京の下町探訪</h3>
  <p>IoTで生まれ変わる町工場と銭湯絵を探訪する下町見学ツアー。</p>
</div>

</body>
</html>
```

1つ目のボックス

2つ目のボックス

CHAPTER 6

マージンの状態

今回のサンプルでマージンが適用されているのは次の部分です。

図6-32　マージンが適用されている部分

この2つのボックスの上下マージンは重なっています。**上下に隣接するマージンは、どちらか大きいほうだけが適用されます**（このサンプルでは上下マージンのサイズが同じなので、片方だけが適用されています）。この、上下に隣接するマージンの大きなほうだけが適用される現象を「**マージンのたたみ込み**」といいます。**左右に隣接するマージンはたたみ込まれません。**

隣接する兄弟要素のマージンだけでなく、親要素の上下マージンと子要素の上下マージンにも、ある特定の条件の場合を除いてたたみ込みが発生します[*1]。しかも、そうしてたたみ込まれたマージンの領域は、親要素のボーダーの外側にできるので注意が必要です。

＊1　要素がフロート、ポジション、フレックスボックスで配置されている場合、または overflow プロパティが適用されているときなどは、上下マージンにたたみ込みが発生しません。

図6-33　親要素と子要素のマージンが、親要素のボーダーの外にたたみ込まれる

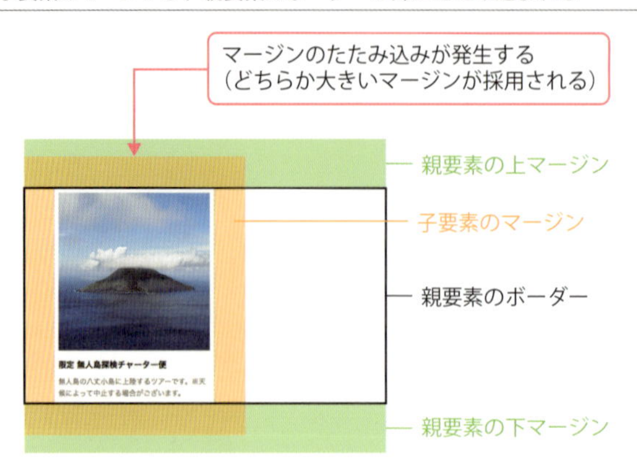

 marginプロパティ

marginプロパティの値は、ボックスの上から時計回りに「上」「右」「下」「左」の順に、半角スペースで区切って指定します。このルールはpaddingプロパティと同じです[*1]。値の省略の仕方も同じで、単位も通常はpxまたはemを使用します。

*1 「paddingプロパティ」(p.135)

書式　marginプロパティ

```
margin: 上 右 下 左;
```

表6-7　マージンの全プロパティ

プロパティ	説明
margin-top	上マージンを設定する
margin-right	右マージンを設定する
margin-bottom	下マージンを設定する
margin-left	左マージンを設定する
margin	四辺のマージンを一括で設定する

Note　<body>のデフォルトCSS

コンテンツがウィンドウの端にくっつかないように、<body>にはデフォルトCSS[*2]で、上下左右に8pxのマージンが設定されています。しっかりとデザインを組むWebページでは、<body>のデフォルトCSSをキャンセルするために、次のようにして上下左右のマージンを「0」にします。

*2 「<ul>、<li>を『同じような情報のリスト化』に使う場合のCSS」(p.117)

▶ <body>のマージンをなくす

```
body {
  margin: 0;
}
```

ボックスを横に並べる

ブロックボックスを横に並べるときのHTMLとCSSは、次のようになります。

HTML　ボックスを横に並べる　chapter6/c06-04-b/index.html

```
...
<style>
.wrapper {
  overflow: hidden;
```

```
}
.item {
  float: left;
  margin: 8px 0 8px 8px;
  border: 1px solid #ccc;
  padding: 8px;
  width: 300px;
}
...
</style>

<body>

<div class="wrapper">
  <div class="item">
    <img src="../../images/img0907.jpg" width="300"
height="300" alt="">
    <h3>限定 無人島探検チャーター便</h3>
    <p>無人島の八丈小島に上陸するツアーです。
※天候によって中止する場合がございます。</p>
  </div>
  <div class="item">
    <img src="../../images/img0911.jpg" width="300"
height="300" alt="">
    <h3>東京の下町探訪</h3>
    <p>IoTで生まれ変わる町工場と銭湯絵を探訪する下町見学ツアー。</p>
  </div>
</div>

</body>
</html>
```

ラッパーとなる<div>を追加

図6-34　2つのボックスが横に並んだ

ボックス間のマージンをどう設定するか

ボックスが横に並ぶと、それぞれのボックスの左右マージンが隣接することになります。左右に隣接するマージンはたたみ込まれないため[*1]、ボックス間のマージンが上下左右で変わってしまいます。そこで、各ボックスに左マージンだけを設定して、右マージンは「0」にすることで、上下左右のマージンを揃えます。

＊1　「マージンの状態」(p.138)

図6-35　横に並んだボックスのマージン

ブロックボックスを横に並べる仕組み

CSSでブロックボックスを横に並べるには、フロートを使うか、フレックスボックス[*2]という機能を使うかの、2種類の方法があります。今回のサンプルのようにフロートを使ってボックスを横に並ばせるには、次のようなHTMLの構造とCSSを書きます。

＊2　「フレックスボックス」(p.217)

- 横に並ばせたいすべてのボックスを囲む「ラッパー」要素を作成する
- ラッパー要素にはフロートを解除するCSSを設定する(「overflow: hidden;」を適用)
- 横に並ばせたいボックスの幅を指定する
- 横に並ばせたいボックスのCSSにフロートを設定する

図6-36　ボックスを横に並ばせるときのHTMLとCSS

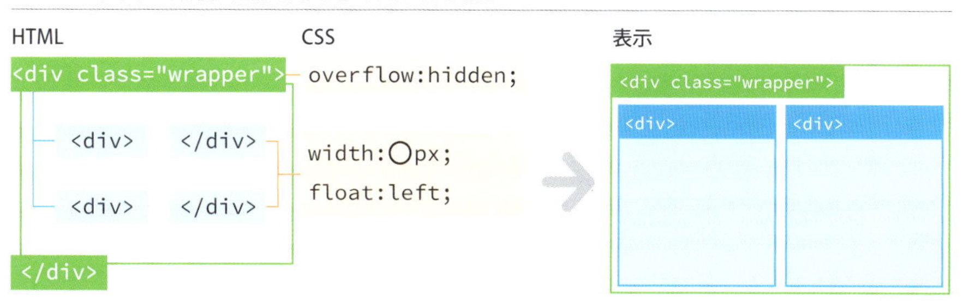

Note　開発ツールでボックスの状態を確認する

すべての主要なブラウザには、HTMLやCSSの状態や、ネットワークの通信速度などを調べることができる「開発ツール」が組み込まれています。開発ツールはWindowsのブラウザでは[F12]キー、Macのブラウザでは[⌘]+[option]+[I]キーを押すと開きます[*1]。上に並んでいるタブのうち、[インスペクタ]や[Elements]などの名前がついているものをクリックすると、HTMLとCSSを確認することができます。

＊1　Safariで開発ツールを使うには、最初に一度環境設定を変更する必要があります。[Safari]メニュー―[環境設定]を選んで環境設定パネルを開き、[詳細]タブをクリックして「メニューバーに"開発"メニューを表示」にチェックをつけます。

図6-37　開発ツール

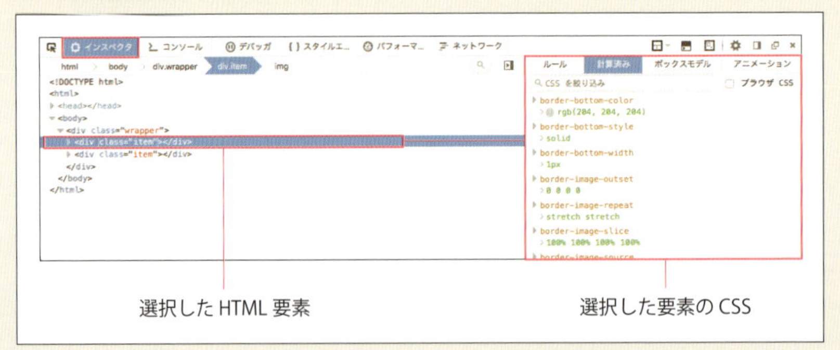

HTMLのソースの中の1行を選択すると、その要素がページにどのように表示されているか、パディングやマージンなどの状態を含めて視覚的に確認できます。あわせて、適用されているCSSを確認することもできます。

ほかのWebサイトを見ていて「ここはどういうふうに作っているのだろう？」と疑問に思ったら、開発ツールでHTMLやCSSのソースを見てみるのが上達のポイントです。いろいろ試してみて、使い方に慣れましょう。

図6-38　要素を選択すると、ボックスの状態や適用されているCSSを確認できる（画面はFirefox）

HTML要素を選択すれば、画面の表示や適用されているCSSを確認できる

アイコンをクリックしておくと、画面の表示にカーソルを合わせることで対応する要素を見つけられる

背景色から角丸四角形まで、
ボックスのデザインは自由自在

ボックスのデザインを調整する

パディング、ボーダー、マージン以外にも、ボックスに適用できるCSSはたくさんあります。

ボックスを背景色で塗りつぶす

ブロックボックスでもインラインボックスでも、ボックスのパディング領域には背景色、背景画像、またはその両方を適用することができます。

HTML ボックスに背景色をつける　chapter6/c06-05-a/index.html

```
...
<style>
.item {
  ...
  background-color: #fafafa;
}
...
</style>
</head>
<body>
<div class="item">
  ...
</div>
...
```

図6-39　ボックスが薄いグレーの背景色で塗りつぶされた

background-colorプロパティ

ボックスのパディング領域内に背景色をつける（塗りつぶす）には、background-colorプロパティを使用します（後述するbackgroundプロパティでもかまいません）。background-colorプロパティに指定する色の値には、colorプロパティで使用したのと同じものが使えます[*1]。

*1 「colorプロパティ」(p.73)

書式　ボックスを背景色で塗りつぶす

```
background-color: 色;
または
background: 色;
```

ボックスを背景画像で塗りつぶす

ボックスのパディング領域内を、単色ではなく画像で塗りつぶすこともできます。

HTML　ボックスを背景画像で塗りつぶす　chapter6/c06-05-b/index.html

```
...
<style>
body {
  margin: 0;
}
.item {
  ...
  background: url(../../images/bg1204.png) #fafafa;
}
...
</style>
</head>
<body>
<div class="item">
  ...
</div>
</body>
</html>
```

図6-40　ボックスが背景画像で塗りつぶされた

背景の指定方法

このサンプルで使用したのは、40px×40pxの小さな画像です。この画像が繰り返し表示されています。

図6-41　背景に使用した画像

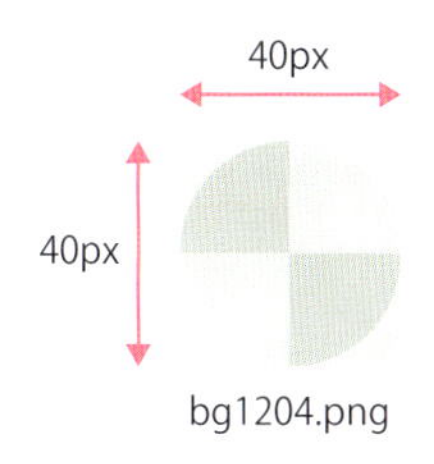

ボックスの背景に設定できる項目には、次の5種類があります。

表6-8　背景に設定できる5種類の項目[*1]

		説明	ロングハンドプロパティ
背景画像に関係する設定	❶	背景画像のパス	background-image
	❷	背景画像の繰り返し	background-repeat
	❸	背景画像の表示される位置	background-position
	❹	背景画像の固定	background-attachment
背景色に関係する設定	❺	背景色	background-color

backgroundプロパティは、この❶～❺の設定項目を一括で指定できる、背景のショートハンドプロパティ[*2]です。

＊1　背景に関する設定にはもう1つ、背景画像の表示サイズを指定するbackground-sizeプロパティがあります。このプロパティもbackgroundショートハンドプロパティで一括設定できるのですが、書式が複雑になるため、本書ではまとめて書かないことにしています。

＊2　「ショートハンドとロングハンド」（p.131）

書式　backgroundプロパティ。前ページの表の❶〜❺の設定値を半角スペースで区切って並べる[*1]

```
background: ❶ ❷ ❸ ❹ ❺;
```

＊1　最低限「❶背景画像のパス」または「❺背景色」を指定していれば、残りの項目は指定しなくてもかまいません。また、❶〜❺の順序もこのとおりでなくてもかまいません。

❶〜❺の設定値の詳細は以下のとおりです。

❶ 背景画像のパス

背景に画像を使うときは、使用する画像ファイルのパスを指定します。パスは、絶対パスでも相対パスでもかまいません。相対パスで指定するときは、CSSが書かれているファイルからのパスを指定します。本書のサンプルは<style>タグを使ってHTMLにCSSを直接書いているため、HTMLファイルからのパスとなっていますが、HTMLファイルとは別にCSSファイルを用意する場合は、CSSファイルからの相対パスを指定します。

図6-42　背景画像のパスを指定する

```
background:url( 画像のパス )...;
```

❷ 背景画像の繰り返し

❷背景画像の繰り返しを指定するには、次図の値を使用します。この指定を省略すると、背景画像はボックスの縦横に繰り返されます。

図6-43　背景画像の繰り返し

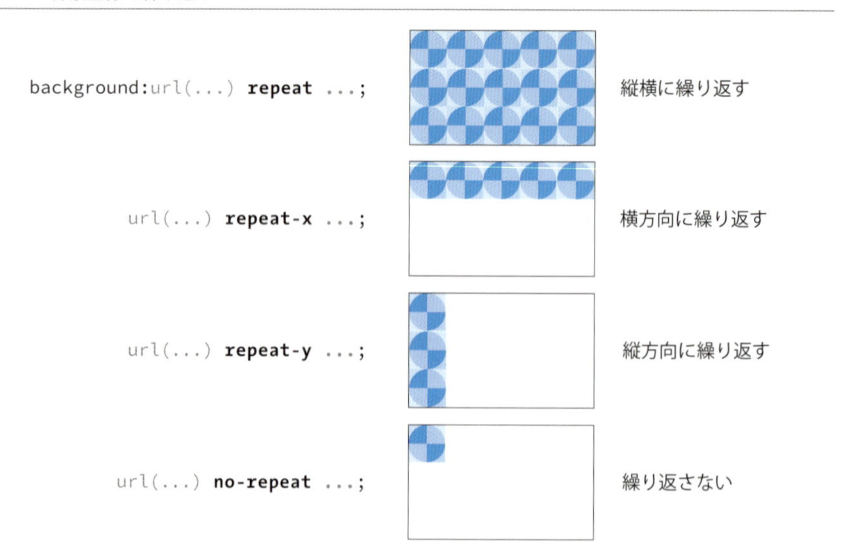

❸ 背景画像の表示位置

❸背景画像の表示位置は、主に❷の繰り返しを「no-repeat」に設定しているときに、その画像をボックスのどの場所に表示するかを決めるものです。横方向の位置を決める

キーワードと、縦方向の位置を決めるキーワードを組み合わせて背景画像の表示位置を決めます。この指定を省略すると、背景画像はボックスの左上に表示されます。

図6-44　背景画像の表示位置

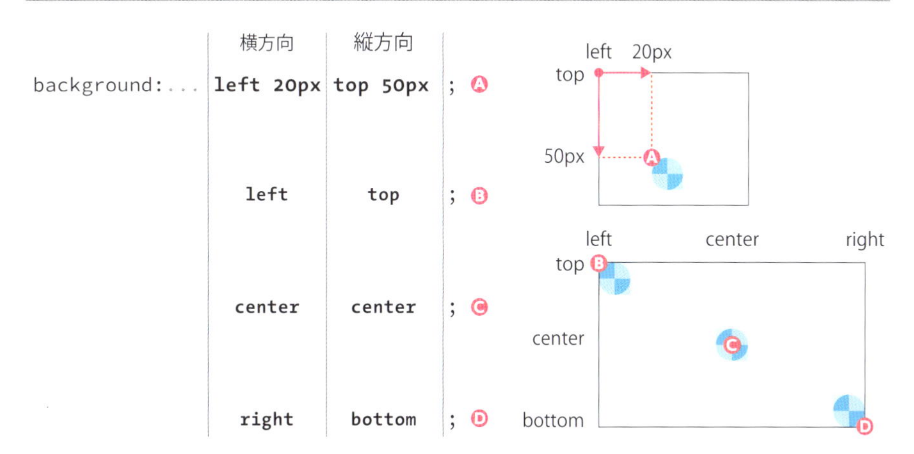

❹ 背景画像の固定

ページがスクロールしたときに、背景画像も連動してスクロールするかどうかを決めることができます。値には「scroll」と「fixed」の2種類があります。この指定を省略すると、背景画像はページと連動してスクロールします。通常のWebサイトではあまり使われませんが、派手な演出がしたい広告用のページなどで特殊効果として用いられます。

図6-45　背景画像の固定。scrollとfixed

background:... scroll ; ページがスクロールすると背景もスクロール（デフォルト）

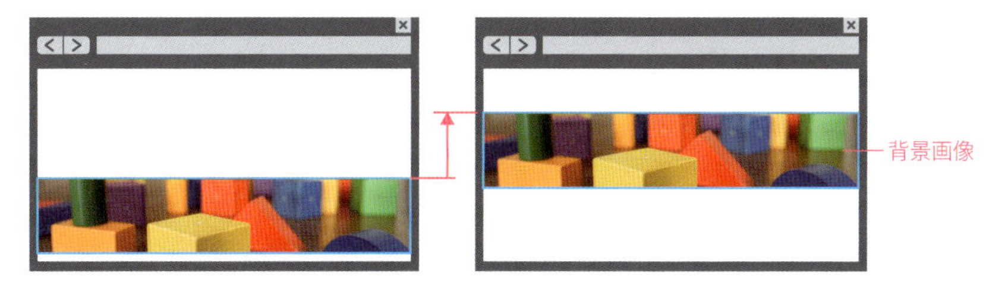

background:... fixed ; ページがスクロールしても背景はスクロールしない

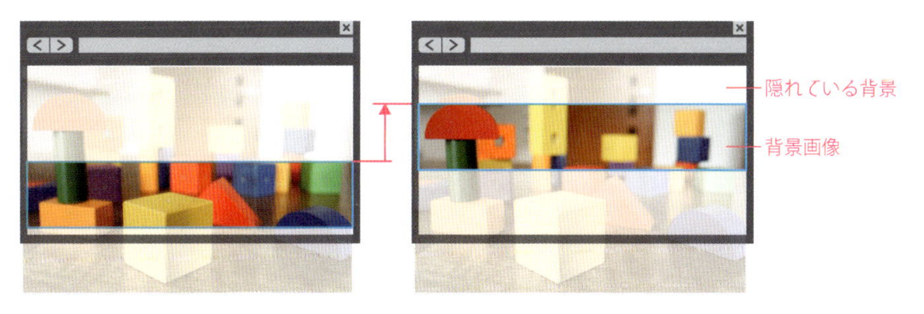

❺ 背景色

❺背景色の指定は、「ボックスを背景色で塗りつぶす」(p.143)で紹介したとおりです。❶と❺を同時に設定することも可能です*1。また、❺には実際の色ではなく「transparent」という値を指定することもできます。transparentを指定しておくとボックスの背景は透明になり、親要素に指定してある背景色や背景画像が表示されます。

*1　背景画像と背景色を両方とも設定した場合、背景色が下に、背景画像が上に重なります。半透明だったり、マスクがある画像を背景画像に指定すると、下にある背景色が透けて見えるようになります。

複数の背景画像を使う

1つのボックスに複数の背景画像を表示させることもできます。次の例では、ボックス(<blockquote>)の左上と右下に、繰り返さない背景画像を指定します。複数の背景画像を使うだけでなく、グレーの背景色も指定します。

HTML　複数の背景画像を指定する　chapter6/c06-05-c/index.html

```
...
<style>
blockquote {
  margin: 0;
  padding: 32px;
  width: 300px;
  background: url(../../images/quote-left.png) no-repeat left 
10px top 20px,
        url(../../images/quote-right.png) no-repeat right 10px 
bottom 20px,
        #eee;
}
</style>
</head>
<body>
<blockquote>
ほかではなかなか見かけないプランでいい旅行ができました。また利用したいと思います！
</blockquote>
</body>
</html>
```

図6-46　2つの背景画像が表示され、全体が背景色で塗りつぶされている

“ほかではなかなか見かけないプランでいい旅行ができました。また利用したいと思います！”

背景に複数の画像と色を指定する

1つのボックスに複数の背景画像を表示させるには、backgroundプロパティにカンマ(,)で区切って複数の画像を設定します。先に指定した背景画像のほうが上に重なります。また、重なり順を考えて、背景色は「,」で区切って必ず最後に指定します。また、複数の背景画像を指定すると記述が長くなるので、「,」の後ろで改行してかまいません。

書式　複数の背景画像と背景色を指定する

```
background: url(背景画像のURL) 繰り返し 位置,
            url(背景画像のURL) 繰り返し 位置,
            ...,
            #背景色;
```

Note　<blockquote>タグ

<blockquote>は「引用」を意味するタグです。サンプルのように、「お客様の声」などを掲載するときや、ほかのサイトや本から引用したコンテンツを表示するのに使用します。<blockquote>タグを使わずにほかのサイトから引用した場合、検索エンジンに「盗用している」とみなされ、検索順位が下がったり、検索結果から除外されたりするなどの影響が出る場合があります。なお、サイトから引用する場合には、<blockquote>にcite属性をつけて、引用元のURLも明記しておきます。

書式　<blockquote>タグ

```
<blockquote cite="引用元ページのURL">
引用するコンテンツ
</blockquote>
```

ボックスの角を丸くする

ボックスの角を丸くする、いわゆる「角丸四角形」も、CSSで簡単に作れます。

HTML　ボックスの角を丸くする　chapter6/c06-05-d/index.html

```
<style>
blockquote {
  border-radius: 10px;
  margin: 0;
  padding: 32px;
  width: 300px;
  ...
}
</style>
```

図6-47　ボックスの角が丸くなった

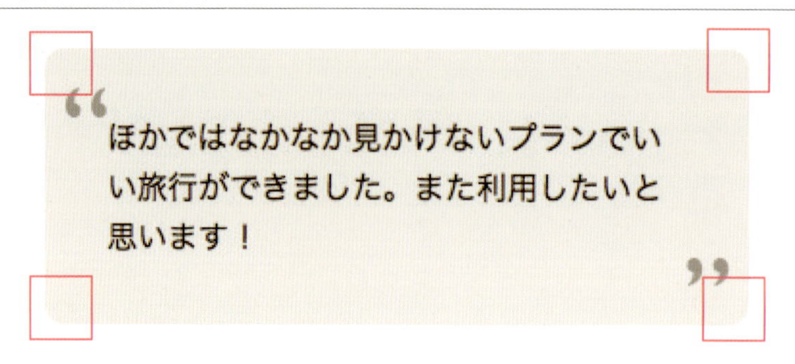

border-radiusプロパティ

border-radiusはボックスの角を丸くするために使うプロパティで、その値には円の半径を指定します。

図6-48　border-radiusプロパティの値には円の半径を指定する

border-radius: 8px;

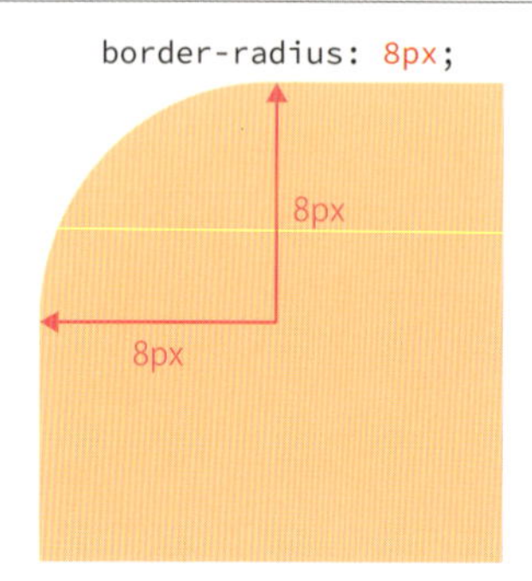

ボックスの角は、1つひとつの角ごとに、それぞれ別の半径を指定することができます。角ごとに円の半径を変える場合は、「左上」「右上」「右下」「左下」と、左上から時計回りに、半角スペースで区切って円の半径を指定します。

図6-49　1つひとつの角に異なる円の半径を指定する例

左上 右上 右下 左下
border-radius: 8px 8px 0 0;

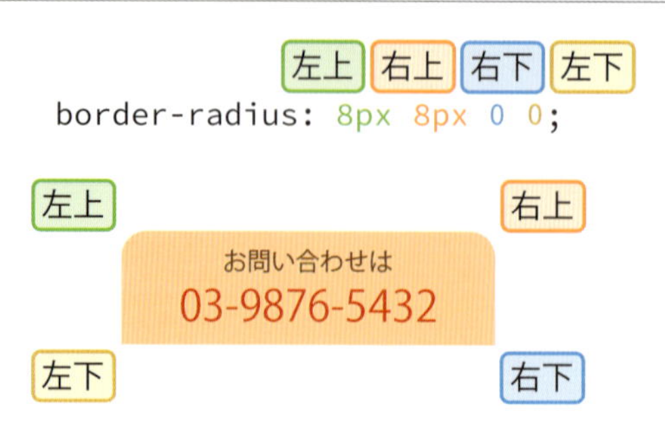

書式　border-radiusプロパティ

```
border-radius: 左上 右上 右下 左下;
```

テーブル

テーブル（表）は、大量のデータを一覧するために使われる表現形式です。テーブルの使用頻度はそれほど高くありませんが、ECサイト、旅行サイトなどではよく使われます。この章では実践的なテーブルのマークアップとCSSを取り上げます。

テーブルのマークアップと
基本的な表示の仕組みを知ろう

テーブルを作成する

テーブルは、専用のタグを使ってマークアップします。ここではテーブルの基本的なマークアップとCSSを身につけましょう。また、テーブルを使うべきコンテンツにはどういったものがあるのかについても説明します。

基本的なテーブルのマークアップ

次のサンプルでは、4行×4列のテーブルを表示します。まずはCSSを適用しない、基本的な表示を見てみましょう。

HTML　基本的なテーブルのマークアップ　chapter7/c07-01-a/index.html

```
<table>
  <tr>
    <th>宿泊施設</th><th>6日</th><th>7日</th><th>8日</th>
  </tr>
  <tr>
    <td>グランドホテル</td><td>○</td><td>○</td><td>×</td>
  </tr>
  <tr>
    <td>福龍旅館</td><td>○</td><td>○</td><td>△</td>
  </tr>
  <tr>
    <td>ホテルパークサイド</td><td>△</td><td>×</td><td>×</td>
  </tr>
</table>
```

図7-1　4行×4列のテーブルの表示

宿泊施設	6日	7日	8日
グランドホテル	○	○	×
福龍旅館	○	○	△
ホテルパークサイド	△	×	×

テーブルの各種タグ

テーブルを組むために使用する基本のタグは、<table>、<tr>、<th>、<td>の4つです。それぞれのタグの役割を説明します。

<table>タグは、テーブルの親要素です。すべてのテーブルはこの<table>～</table>で囲まれています。また、<tr>～</tr>はテーブルの行を表します。<th>、<td>はどちらもテーブルの列（セル）を表しますが、<th>は見出し、<td>はデータ（通常のセル）を表示するために使用します。<th>、<td>の中にはテキストだけでなく、どんなタグでも含めることができます。

さて、テーブルを組む際に注意しなければいけないのは、それぞれの行（<tr>～</tr>）の中には、原則として同じ個数のセル（<th>～</th>または<td>～</td>）を作らなければならないということです。行によってセルの個数が違うとテーブルが正しく表示されなくなります。

図7-2　テーブルの各種タグと表示の関係

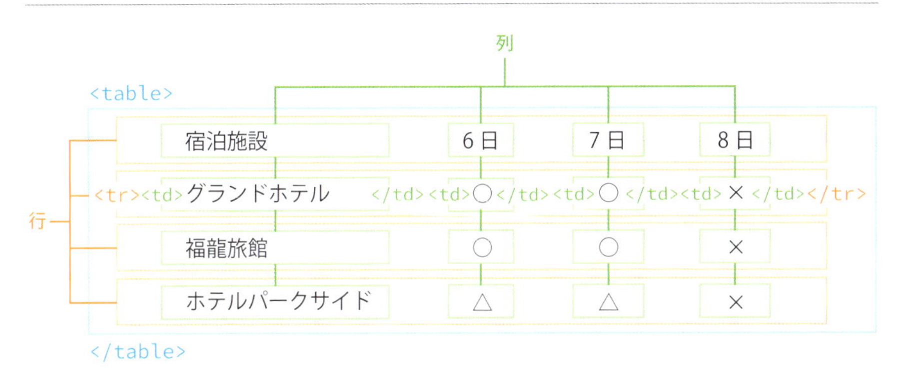

テーブルの表示の仕組み

CSSを適用しないと、テーブルには罫線が1本も引かれません。このままでは非常に見づらいため、テーブルを使うときはほぼ必ずCSSで表示を調整します。

また、テーブルの各列の幅は、コンテンツが収まる最小限の長さに自動調整されます。テーブルの列幅をCSSで指定することは可能ですが、基本的には自動調整に任せておくのがよいでしょう。そのほうが、ウィンドウサイズの違いに対応しやすくなり、レスポンシブWebデザインとの相性も良くなります[*1]。

*1　「レスポンシブWebデザインとは」（p.236）

図7-3　コンテンツの量に合わせてセル幅が自動調整される

宿泊施設	6日	7日	8日
グランドホテル	○	○	×
福龍旅館	○	○	×
ホテルパークサイド	△	△	×

最低限テーブルらしく見せるためのCSS

テーブルをテーブルらしく見せるために、ほぼ毎回使う、パターン化されたCSSの書き方があります。まずはその最低限のCSSを適用して、それをベースに見た目を作り込んでいくのがテーブルのデザインの基本です。具体的なCSSは次のとおりです。テーブルに罫線を引き、その罫線とセルのコンテンツとの間にスペースを作ります。

HTML 最低限テーブルらしく見せるためのCSS chapter7/c07-01-b/index.html

```
...
<style>
table {
  border-collapse: collapse;
}
th, td {
  border: 1px solid #8fbac8;
  padding: 8px;
}

</style>
...
```

図7-4 テーブルに罫線が引かれた

宿泊施設	6日	7日	8日
グランドホテル	○	○	×
福龍旅館	○	○	△
ホテルパークサイド	△	×	×

border-collapseプロパティとテーブルのボックスモデル

今回のサンプルで紹介したCSSは、テーブルを使うときにはほぼ毎回書くパターンです。

セルに罫線を引くには、<th>、<td>にborderプロパティを設定します。それに加えて、<table>にはborder-collapseプロパティを適用します。

border-collapseプロパティは、セルに罫線（ボーダー）を引くときに、セルごとに引くか、セルとセルの間の線を1本にまとめるかを指定するのに使われます。セルとセルの間の罫線は1本にまとまっていたほうが見た目に自然なので、通常は「border-collapse: collapse;」と書きます。これを書かずにセルに罫線を引くと、次図のような表示になります。

図7-5　「border-collapse: collapse;」を書かないと、セルごとにボーダーが引かれる

border-collapse:collapse; を書かない
（または border-collapse:separate; を指定）

宿泊施設	6日	7日	8日
グランドホテル	○	○	×
福龍旅館	○	○	△
ホテルパークサイド	△	×	×

border-collapse:collapse;

宿泊施設	6日	7日	8日
グランドホテル	○	○	×
福龍旅館	○	○	△
ホテルパークサイド	△	×	×

さて、テーブルのボックスモデルは、ほかのタグとは違って少し特殊です。

<table>タグには、marginプロパティ、borderプロパティが適用できますが、paddingプロパティは適用できません。

また、<tr>に適用できるのはborderプロパティだけです。

<th>、<td>にはborderプロパティ、paddingプロパティが適用でき、marginプロパティは適用できません[*1]。

[*1] <table>にborder-collapse: separate;が適用されているときは、<th>、<td>にmarginプロパティを適用できます。

図7-6　マージン・ボーダー・パディングが適用される場所

Note 複数のセレクタに同じスタイルを割り当てる

CSSでは、カンマ(,)で区切って複数のセレクタを指定することができ、それらのセレクタで選択された要素に同じスタイルを適用することができます。

図7-8 カンマで区切って複数のセレクタをまとめることができる

```
th {
  border: 1px solid #8fbac8;
  padding: 8px;
}
td {
  border: 1px solid #8fbac8;
  padding: 8px;
}
```

```
th, td {
  border: 1px solid #8fbac8;
  padding: 8px;
}
```

セルを横方向に結合する

テーブルのセルを作成する<th>、<td>は、行方向・列方向に結合することができます。次の例ではテーブルの4行目(<tr class="total">)に含まれるセルのうち、1番目と2番目を横に結合しています。

HTML セルを横方向に結合する chapter7/c07-01-c/index.html

```
<table class="checkout">
<tr>
  <th class="item">品名</th>
  <th class="qty">数量</th>
  <th class="price">小計(税込)</th>
</tr>
<tr>
  <td class="item">プレゼンテーション レーザーポインター</td>
  <td class="qty">1</td>
  <td class="price">&yen;7,560-</td>
</tr>
<tr>
  <td class="item">HDMI 接続ケーブル</td>
  <td class="qty">1</td>
  <td class="price">&yen;3,024-</td>
</tr>
<tr class="total">
  <td colspan="2">合計</td>
  <td class="price">&yen;10,584-</td>
</tr>
</table>
```

図7-9 「合計」と書かれた部分のセルが2つ結合している

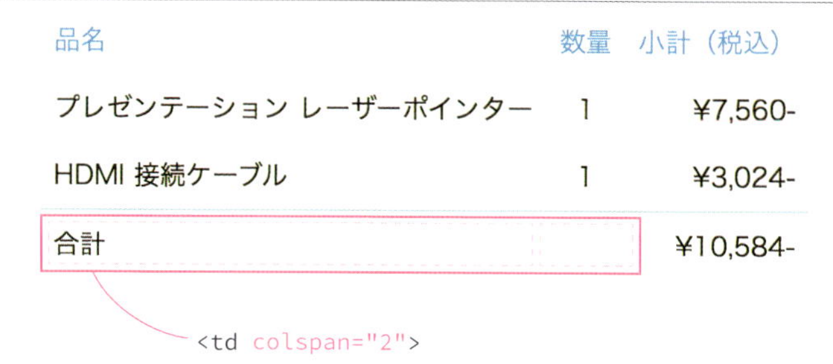

 colspan属性

<td>または<th>にcolspan属性を追加すると、横方向に隣接するセルと結合することができます。属性の値には、結合したいセルの数を入れます。

書式 colspan属性

```
<td colspan="結合したいセルの数">〜</td>
```

テーブル行に1本だけ罫線を引く

テーブルの行に、区切り線のようなかたちで1本だけ線を引くには、<td>ではなく<tr>にスタイルを適用します。行の上に線を引くなら<tr>にborder-topプロパティ、下に線を引くならborder-bottomプロパティを適用します。今回のサンプルでは、テーブルの一番下の行（<tr class="total">）に適用されるCSSに、上ボーダーを設定しています。

▶ 上ボーダーを設定しているCSS

```
.checkout .total {
  border-top: 1px solid #8fbac8;
}
```

Note 実体参照

円マーク（¥）は、正しく入力しないと文字化けすることがあります[*1]。円マークのように文字化けする可能性があるものや、「"」「<」「>」「&」などHTMLの要素のコンテンツに使用できない文字、キーボードでは入力しづらい文字などを使用したいときは、代わりに「実体参照」を使います。

*1 正確には、Windowsパソコンで¥キーを押して円マークを入力すると、ほかのOSではバックスラッシュ（\）が表示される可能性があります。Windowsで文字化けしない「¥」を入力するにはIMEパッドを使いますが、実体参照のほうが簡単です。

図7-10 実体参照の使用例

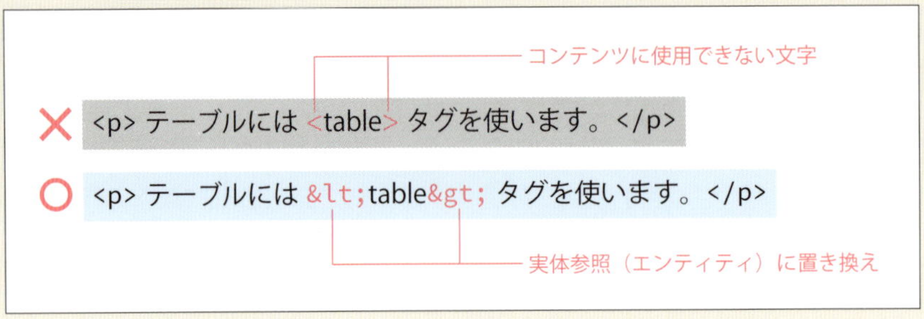

コンテンツに使用できない文字

× <p> テーブルには <table> タグを使います。</p>

○ <p> テーブルには <table> タグを使います。</p>

実体参照（エンティティ）に置き換え

よく使われる実体参照には、次のものがあります。

表7-1 よく使われる実体参照

実体参照	表示される文字
"	"
<	<
>	>

実体参照	表示される文字
&	&
¥	¥
©	©

セルを縦方向に結合する

セルは、縦方向に結合することもできます。

HTML セルを縦方向に結合する　chapter7/c07-01-d/index.html

```
<table class="plan">
<tr>
  <th rowspan="2">プラン</th>
  <th rowspan="2">内容</th>
  <th colspan="3">お食事</th></tr>
<tr>
  <th>朝</th>
  <th>昼</th>
  <th>夜</th>
</tr>
<tr>
  <td>自由プラン</td>
  <td>特急券・レンタカー・宿泊施設</td>
  <td class="meal">●</td>
  <td class="meal"></td>
  <td class="meal"></td>
</tr>
<tr><td>おまかせプラン</td><td>特急券・移動(バス)・宿泊施設・入場券</td><td
class="meal">●</td><td class="meal"></td><td class="meal">●</
td></tr>
</table>
```

図7-11　見出しセルの左2つは縦方向に結合している

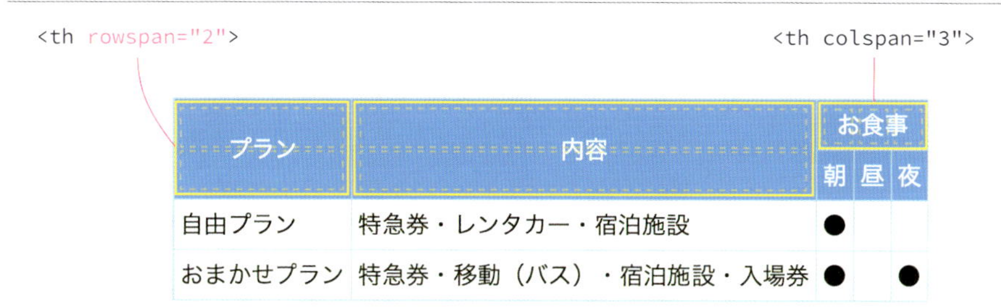

 rowspan属性

<td>または<th>にrowspan属性を追加すると、縦方向に隣接するセルと結合することができます。属性の値には、結合したいセルの数を入れます。

書式　rowspan属性

```
<td rowspan="結合したいセルの数">～</td>
```

セルに背景を指定する

テーブル全体（<table>）、テーブル行（<tr>）、テーブルセル（<th>、<td>）のすべてにbackgroundプロパティを適用でき、背景色または背景画像を指定することができます。今回のサンプルでは、<th>にbackgroundプロパティを指定しています。

なお、テーブルに指定した背景は、<table>→<tr>→<td>（<th>）の順に塗りつぶされます。

図7-12　テーブルの背景は<table>→<tr>→<td>の順に塗りつぶされる

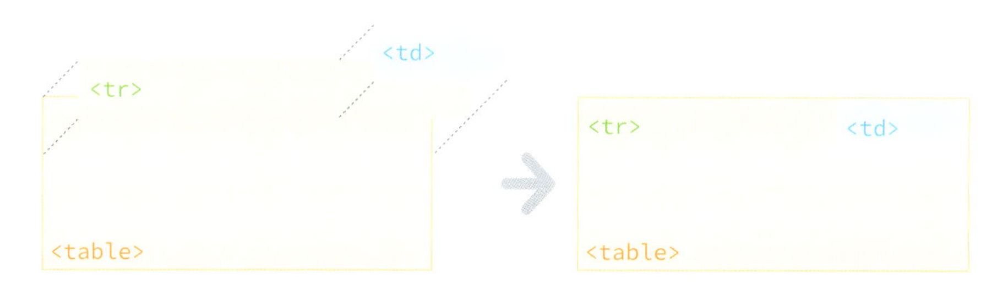

少しの手間でテーブルのアクセシビリティを向上

アクセシビリティを考慮したテーブル

テーブルにはアクセシビリティを向上させるいくつかの機能があります。

アクセシビリティの重要性

Webサイトにおけるアクセシビリティとは、「どんな人でも等しく情報を取得できること」です。目が見えない、もしくは視力が極端に弱い人や高齢者であっても難なく使えるWebサイトを作るのが理想ではありますが、現実にはなかなか難しいケースも多いでしょう。でも、どんなWebサイトであっても、可能な範囲でアクセシビリティを向上させる対策を取ることはできます。そうした対策の中でも、<img>タグにalt属性を必ずつけること[*1]と並んで取り組みやすいのが、テーブルのアクセシビリティの向上です。テーブルのアクセシビリティを向上させる方法には、次の2つがあります。

*1 「alt属性とアクセシビリティ」（p.101）

- テーブルにキャプションをつける
- 見出しセルとデータセルの関連性を明確にする

テーブルにキャプションをつける

テーブルにキャプションをつけるには、<caption>タグを使います。

HTML テーブルにキャプションをつける　chapter7/c07-02-a/index.html

```
<table>
  <caption>ホテルの予約状況</caption>
  <tr>
    <th>宿泊施設</th><th>6日</th><th>7日</th><th>8日</th>
  </tr>
  <tr>
    <td>グランドホテル</td><td>○</td><td>○</td><td>×</td>
  </tr>
  <tr>
    <td>福龍旅館</td><td>○</td><td>○</td><td>△</td>
  </tr>
  <tr>
    <td>ホテルパークサイド</td><td>△</td><td>×</td><td>×</td>
  </tr>
</table>
```

図7-13　ブラウザウィンドウでの表示

ホテルの予約状況			
宿泊施設	6日	7日	8日
グランドホテル	○	○	×
福龍旅館	○	○	△
ホテルパークサイド	△	×	×

キャプション

<caption>タグ

<caption>タグは、テーブルにキャプションをつけるのに使います。<caption>タグは、必ず<table>開始タグのすぐ次の行に書きます。

<caption>タグは可能なかぎりつけましょう。ページ内のテキストを読み上げるスクリーンリーダーにテーブルを読み上げさせると実感しますが、そのテーブルが何のためのテーブルなのか、キャプションがあるのとないのとではわかりやすさが全然違います。

書式　<caption>タグ。<table>開始タグのすぐ次の行に記述する

```
<table>
  <caption>テーブルのキャプション</caption>
  <tr>
  ...
</table>
```

見出しセルと通常セルを関連づける その1

スクリーンリーダーは、基本的にはテーブルをセルごとに読み上げます。読み上げられている内容だけを聞いていると、そのセルがどの見出しに関連したものなのかがわかりづらく、テーブルの全体像を理解するのが困難です。

見出しセルと通常セルを関連づけておくと、スクリーンリーダーは「見出しタイトル→セルの内容」と続けて読み上げてくれるようになり、テーブルの関係がわかりやすくなります[*1]。

見出しセルと通常のデータセルを関連づける方法は2種類あります。そのうちの1つは、見出しセル（<th>）にid属性、通常セル（<td>）にheaders属性をつけておく方法です。

＊1　この機能はすべてのブラウザが対応しているわけではありません。また、スクリーンリーダーでセルを選択する順番によっても読み上げ方が変わるため、仮に見出しセルと通常セルを関連づけていても、確実に思ったとおりに読み上げてくれるわけではないようです。

HTML　見出しセルと通常セルを関連づける（headers属性）　chapter7/c07-02-b/index.html

```
<table>
  <caption>ホテルの予約状況</caption>
  <tr>
    <th id="row1">宿泊施設</th>
```

```
    <th id="row2">6日</th>
    <th id="row3">7日</th>
    <th id="row4">8日</th>
  </tr>
  <tr>
    <td headers="row1">グランドホテル</td>
    <td headers="row2">○</td>
    <td headers="row3">○</td>
    <td headers="row4">×</td>
  </tr>
  <tr>
    <td headers="row1">福龍旅館</td>
    <td headers="row2">○</td>
    <td headers="row3">○</td>
    <td headers="row4">△</td>
  </tr>
  <tr>
    <td headers="row1">ホテルパークサイド</td>
    <td headers="row2">△</td>
    <td headers="row3">×</td>
    <td headers="row4">×</td>
  </tr>
</table>
```

<td>のheaders属性

見出しセルと通常セルを関連づける方法の1つが、<td>にheaders属性を追加する方法です。headers属性の値には、そのセルが関連する<th>のid属性を指定します。headers属性は、後述のscope属性に比べて記述量が多くなりますが、ソースコードを見ただけで関連性がわかりやすく、また見出しセルと通常セルの関係が複雑なテーブル——たとえば、縦にも横にも見出しがある場合など——でも正確に関係性を記述できる利点があります。

図7-14　<td>にheaders属性を追加して、<th>のid属性と関連づける

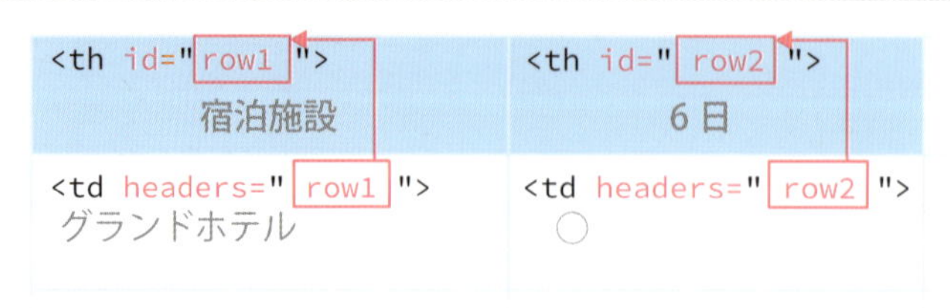

なお、<td>セルに関連する<th>見出しセルが複数ある場合は、headers属性の値に半角スペースでid名を列挙します。

<td>のheaders属性

```
<td headers="関連する見出しのid名 関連する見出しのid名 ...">
```

見出しセルと通常セルを関連づける その2

見出しセルと通常セルを関連づける、もう1つ別の方法があります。こちらは見出しセル（<th>）にscope属性を追加する方法です。

HTML　見出しセルと通常セルを関連づける（scope属性）　chapter7/c07-02-c/index.html

```
<table>
  <caption>ホテルの予約状況</caption>
  <tr>
    <th scope="col">宿泊施設</th>
    <th scope="col">6日</th>
    <th scope="col">7日</th>
    <th scope="col">8日</th>
  </tr>
  <tr>
    <td>グランドホテル</td>
    <td>○</td>
    <td>○</td>
    <td>×</td>
  </tr>
  ...
</table>
```

<th>のscope属性

見出しセル（<th>）に追加するscope属性は、その見出しに関連する通常セルが同じ列（縦）の方向にあるのか、同じ行（横）の方向にあるのかを示します。サンプルのように、見出しセルに関連する通常セルが同じ列にある場合は「scope="col"」にします。scope属性は、見出しセルと通常セルの関係が比較的単純なテーブルに向いています。

図7-15　<th>に関連する<td>が同じ列にある場合は<th scope="col">にする

見出しに関連するセルが縦にあるときは <th scope="col">

<th scope="col">	"col"	"col"	"col"
宿泊施設	6日	7日	8日
グランドホテル	○	○	×
福龍旅館	○	○	×
ホテルパークサイド	△	△	×

また、見出しセルに関連する通常セルが同じ行にある場合は「scope="row"」にします。

図7-16 見出しセルに関連する通常セルが横にある場合の例

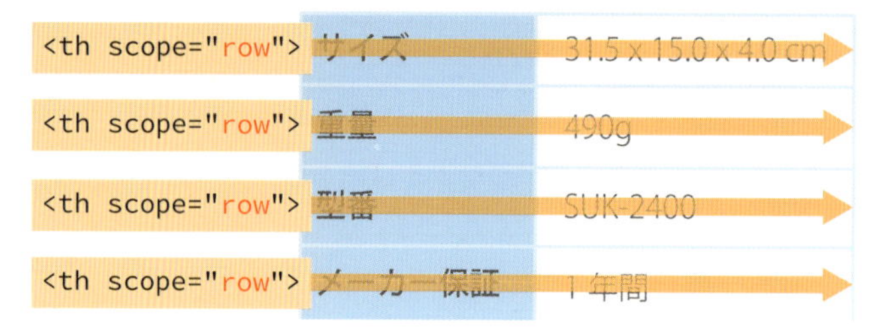

書式 <th>のscope属性

```
<th scope="col または row">
```

Note 読み上げ機能をテストするには

Windows 8以降の「ナレーター」、Macの「VoiceOver」は、どちらもOSに標準搭載された読み上げ機能です*1。

Windowsで読み上げ機能をテストするには、Windowsキー＋Enterキーを押して、ナレーターを起動します。Macの場合は⌘キー＋F5キーを押せば、VoiceOverが起動します。読み上げ機能を起動した後の詳しい操作方法は割愛しますが*2、画面を見ながらマウスを使う操作とはまったく異なるため、筆者が試したときには「使いこなすのはけっこう難しい」と感じました。

こうした「読み上げ機能」を少しの時間でも試してみると、Webページがどのように読み上げられるかを知ることができて、大変有益です。皆さんも一度試してみてはいかがでしょうか。

*1 モバイル端末にも読み上げ機能は搭載されています。Androidには「TalkBack」、iOSにはMacと同じ「VoiceOver」が標準搭載されています。

*2 正直な話をすれば、筆者はここに操作方法を書けるほど、読み上げ機能に習熟していません。詳しくはWindowsやMacのヘルプをご参照ください。

よくあるCSSのテクニックをマスターして、見やすいテーブルを作ろう

テーブルのデザインバリエーション

テーブルによく使われるお決まりのCSSテクニックがあります。どれも難しいものではないので、どんどん使って見やすいテーブルを作りましょう。

偶数行・奇数行で背景色を変える

奇数行と偶数行で背景色を変え、セルの位置関係がわかりやすいテーブルのデザインにします。これはテーブルでよく使われるデザインテクニックの1つです。

HTML 奇数行にだけ背景色を指定する　chapter7/c07-03-a/index.html

```
...
<style>
...
.price tr:nth-child(odd) {
  background: #e3ecf5;
}
</style>
</head>
<body>
<table class="price">
<caption>基本料金(1時間)</caption>
<tr>
  <th>ルーム名</th><th>平日</th><th>土日祝</th><th>個人練習</th>
</tr>
<tr>
  <td>8帖</td><td>&yen;1,080</td><td>&yen;2,160</
td><td>&yen;540</td>
</tr>
<tr>
  <td>12帖East</td><td>&yen;1,620</td><td>&yen;3,240</
td><td>&yen;810</td>
</tr>
<tr>
  <td>12帖West</td><td>&yen;1,620</td><td>&yen;3,240</
td><td>&yen;810</td>
</tr>
<tr>
  <td>16帖</td><td>&yen;2,160</td><td>&yen;4,320</
td><td>&yen;1,080</td>
</tr>
```

```
<tr>
  <td>20帖</td><td>&yen;2,700</td><td>&yen;5,832</
td><td>&yen;1,350</td>
</tr>
<tr>
  <td>30帖</td><td>&yen;4,050</td><td>&yen;8,100</
td><td>&yen;2,025</td>
</tr>
</table>
...
```

図7-17　奇数行にだけ背景色がつく

基本料金（1時間）			
ルーム名	平日	土日祝	個人練習
8帖	¥1,080	¥2,160	¥540
12帖East	¥1,620	¥3,240	¥810
12帖West	¥1,620	¥3,240	¥810
16帖	¥2,160	¥4,320	¥1,080
20帖	¥2,700	¥5,832	¥1,350
30帖	¥4,050	¥8,100	¥2,025

:nth-child(n)セレクタ

テーブルの奇数行と偶数行で背景色を変えるのは非常に簡単で、CSSにたった3行追加するだけです。今回のサンプルでは奇数行にだけ背景色をつけて、偶数行には何もしていません。

奇数行だけ選択するセレクタは、「.price tr:nth-child(odd)」です。ここでは「:nth-child(n)」というセレクタを使用しています。このセレクタは、「.price tr」で選択される要素のうち、()内の条件式に合うものだけを選択します。今回のサンプルでは、この()に「(odd)」、つまり奇数番目に出てきた要素だけを選択しています。

図7-18　「.price tr:nth-child(odd)」で選択される要素

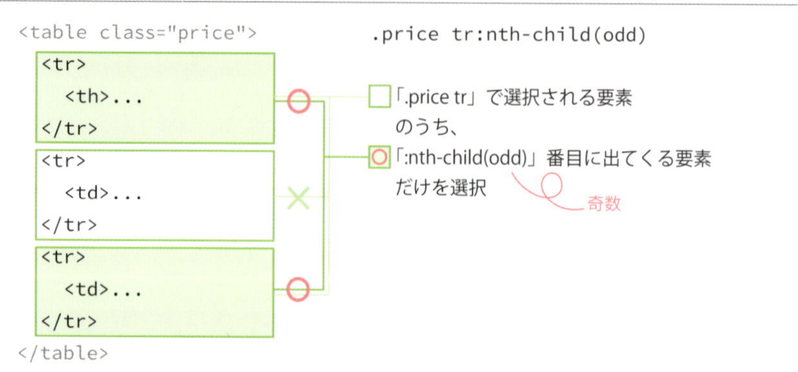

この「:nth-child()」の()内の条件には、今回使用したodd（奇数）だけでなく、even（偶数）や、次の表にあるような簡単な式を書くことができます。

:nth-child(n)セレクタは、同じ要素が連続するテーブルや箇条書きなどにCSSを適用するときに便利で、覚えておいて損はありません。

表7-2　:nth-child(n)セレクタの書式例

:nth-child(n)の書式例	説明
:nth-child(odd)	（「:」より前にあるセレクタで選択された要素のうち）奇数番目に出てくる要素を選択
:nth-child(even)	（同上）偶数番目に出てくる要素を選択
:nth-child(2n)	（同上）2n番名に出てくる要素を選択。nには0以上の整数が自動的に入る。つまり、このセレクタで2、4、6…番目の要素が選択される
:nth-child(2n+1)	（同上）2n+1番名に出てくる要素を選択。このセレクタで1、3、5…番目の要素が選択される
:nth-child(3n)	（同上）3n番名に出てくる要素を選択。このセレクタで3、6、9…番目の要素が選択される
:first-child	（同上）最初に出てくる要素だけを選択
:last-child	（同上）最後に出てくる要素だけを選択

横スクロール可能なテーブルにする

テーブルは、横にも縦にも大きくなるため、スマートフォンのような小さな画面での表示にはあまり向いていません。基本的には、スマートフォンではテーブルの使用を避けるべきです。ただ、どうしてもスマートフォンでテーブルを表示させる必要がある場合には、テーブルを横スクロールできるようにするのが一般的です。

HTML　横スクロール可能なテーブルにする　chapter7/c07-03-b/index.html

```
...
<style>
.table-wrapper {
  overflow-x: scroll;
}
table {
  border-collapse: collapse;
}
.price {
  width: 1000px;
}
.price caption {
  text-align: left;
}
.price th, td {
  border: 1px solid #8fbac8;
```

```
  padding: 8px;
}
.price th {
  white-space: nowrap;
}
</style>
</head>
<body>
<div class="table-wrapper">
  <table class="price">
  <caption>講習料金</caption>
  <tr>
    <td> </td>
    <th>普通免許MTコース</th>
    <th>普通免許ATコース</th>
    <th>二輪免許MTコース</th>
    <th>二輪免許ATコース</th>
    <th>ペーパードライバーコース</th>
  </tr>
  <tr>
    <td>はじめての方</td>
    <td>¥333,000-</td>
    <td>¥288,000-</td>
    <td>¥95,000-</td>
    <td>¥92,000-</td>
    <td>¥23,000-/1回</td>
  </tr>
  <tr>
    <td>自動二輪免許をお持ちの方</td>
    <td>¥308,000-</td>
    <td>¥263,000-</td>
    <td>-</td>
    <td>-</td>
    <td>-</td>
  </tr>
  </table>
</div>
</body>
</html>
```

図7-21 ウィンドウサイズが狭いと横スクロールできるようになる

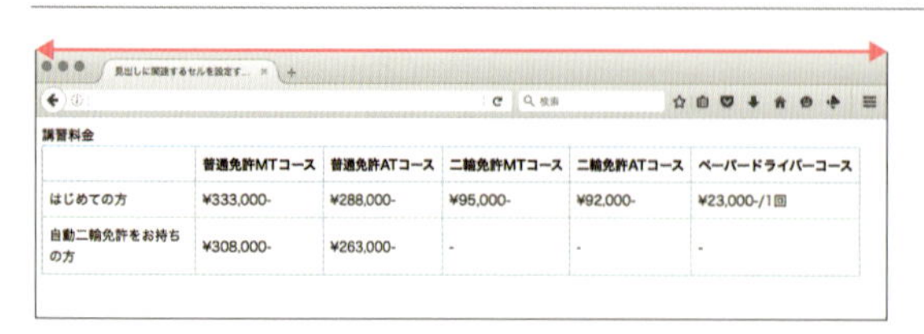

テーブルを横スクロール可能にするためのHTML構造とCSS

ウィンドウ幅（または画面幅）が狭いときだけテーブルを横スクロール可能にするには、次のようなHTMLとCSSの構造にします。

図7-22　横スクロールに必要なHTMLの構造とCSS

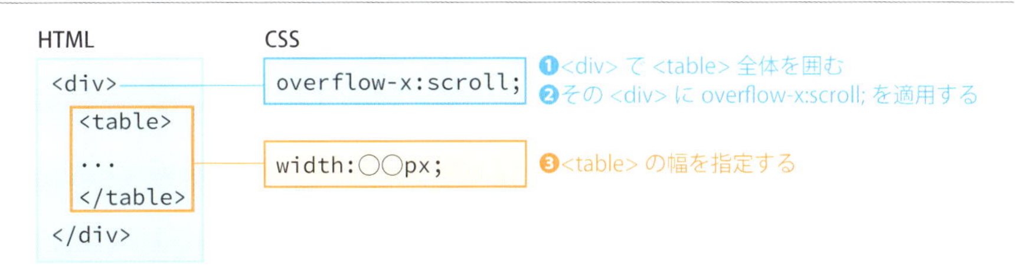

<table>のラッパーとなる<div class="table-wrapper">には、「overflow-x: scroll;」というCSSが適用されています。このoverflow-xプロパティは、その要素のコンテンツがボックスの横方向からはみ出たときの表示方法を決めるものです。

通常、要素のボックスは、それがインラインボックスであってもブロックボックスであっても、コンテンツが収まるように、幅も高さもサイズが調整されます。そのため、普通はコンテンツが親要素からはみ出ることはありません。しかし、要素にwidthプロパティやheightプロパティが適用されていて、幅や高さが固定されているときなどには、コンテンツがはみ出てしまうこともあります。

図7-23　overflowプロパティが効力を発揮するときの状態

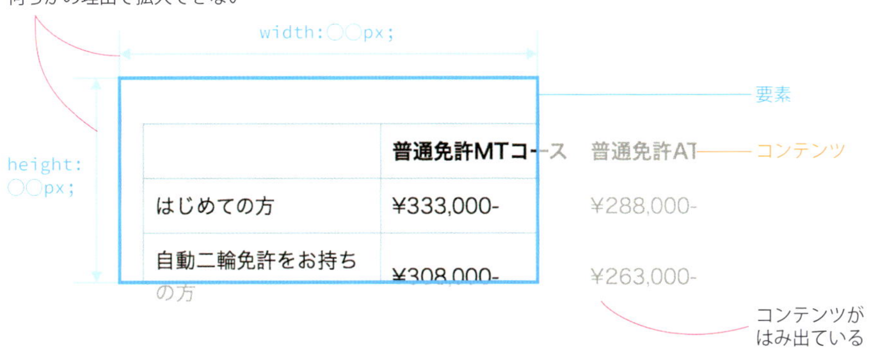

コンテンツが要素からはみ出ているときに、そのはみ出ている部分をどうやって表示させるのかを、overflowプロパティで決めることができます。具体的には、overflowプロパティで次図の表示方法の中から選択できます。

図7-24　overflowプロパティの値と、表示結果のイメージ

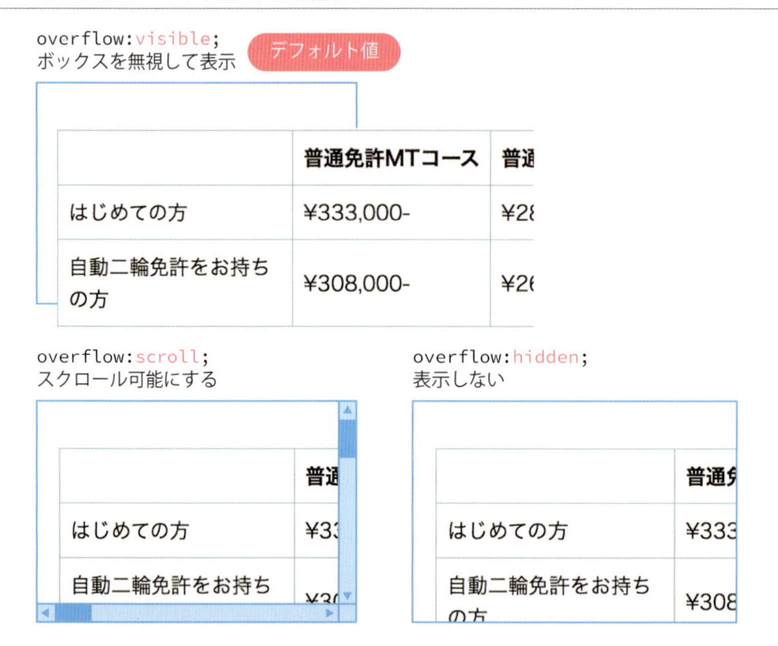

overflowと同じ機能のプロパティには、overflow-xプロパティ、overflow-yプロパティがあります。横方向にだけスクロール可能にしたいときは「overflow-x: scroll;」、縦方向にだけスクロール可能にしたいときは「overflow-y: scroll;」を適用します。

white-spaceプロパティ

通常、テーブルの各列は、コンテンツが収まる最小限の幅に自動調整されますが、セルに含まれるテキストが長すぎる場合は改行されます。今回のサンプルでいえば、1行目の見出しのテキストが長いため、途中で改行されてしまいます。

図7-25　white-spaceプロパティを使わないと、見出しセルのテキストが改行される

講習料金

	普通免許MTコース	普通免許ATコース	二輪免許MTコース	二輪免許ATコース	ペーパードライバーコース
はじめての方	¥333,000-	¥288,000-	¥95,000-	¥92,000-	¥23,000-/1回
自動二輪免許をお持ちの方	¥308,000-	¥263,000-	-	-	-

テーブルの中で、どうしても改行したくないセルがあるときは、そのセルに「white-space: nowrap;」を適用します[*1]。

white-spaceプロパティは、テキスト中のホワイトスペース[*2]の表示を制御するのに使います。テーブルのセルに「white-space: nowrap;」を適用すると、テキストの中に半角スペースがあっても改行せず、ほかの文字でも改行しなくなります。テーブル内のテキストを改行させたくないときは、セルの幅を指定するよりも、white-spaceプロパティを使って調整するほうが有効です[*3]。

＊1　サンプルではすべての <th> に適用しています。

＊2　半角スペース、タブ、改行のこと。

＊3　「テーブルの表示の仕組み」(p.153)

フォーム

この章ではフォームを取り上げます。フォームとは、ユーザーの入力を受け付ける画面のことです。フォームのマークアップには一定のパターンがあり、そのパターンを知っていれば、どんなフォームでも比較的簡単に作成することができます。この章では、フォームの機能はもちろん、パターン化された実践的なマークアップ例を紹介します。

基本の原理を知ればこわくない

フォームとデータを送受信する仕組み

フォームはHTMLだけでは成立せず、Webサーバーで動作するプログラムが必要なこともあって、全体像が把握しにくい分野です。そこで、実際のマークアップに入る前に、フォームの基本的な仕組みを説明します。

フォームとサーバーの関係

Webサイトのお問い合わせやサイト内検索、チケット予約、ECサイトの購入手続きなどの機能は、ブラウザに表示されてユーザーの入力を受け付ける「フォーム画面」と、Webサーバーに設置された「処理プログラム」が連携して動作します*1。このうち、HTMLやCSSを使って作成するのはフォーム画面のほうです。

フォームに入力された内容（データ）は、「送信ボタン」をクリックするとWebサーバーに設置されている処理プログラムに送られます。

データを受け取った処理プログラムは、プログラムに基づいてさまざまな処理を行います。このとき、フォームを作成するWebデザイナーは、「処理プログラムにどんなデータを送るべきか」ということだけを知っていればよく、処理プログラムが実際にどんな処理をしているのかを知っておく必要はありません。

*1　処理プログラムは、PHPやJava、Rubyといった、HTMLとはまったく異なる「プログラミング言語」で作られています。

図8-1　フォーム画面とWebサーバーの動作の仕組み

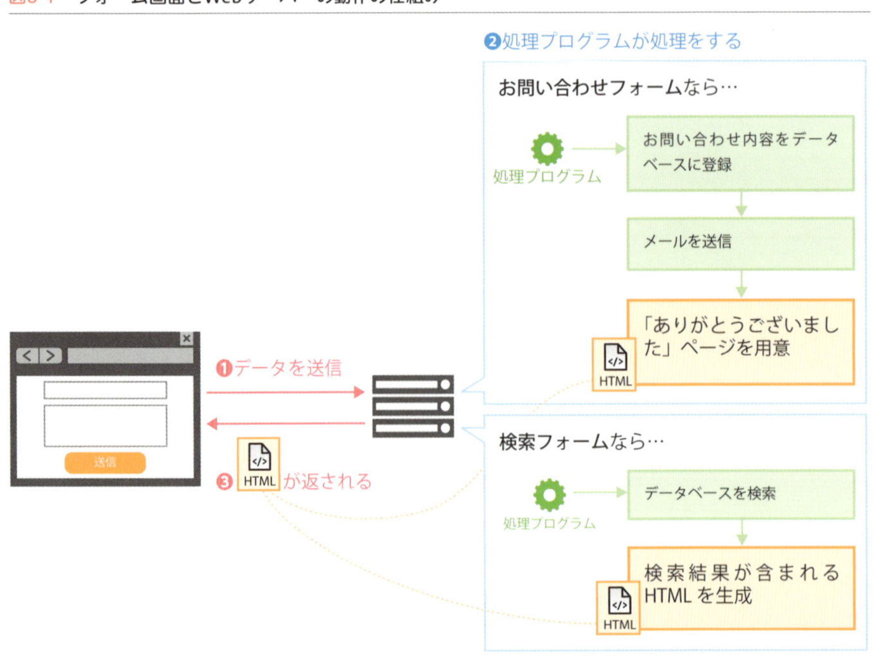

どんな機能のフォームであっても、処理プログラムがどんな処理をしていても、前ページの図にある次の2つの処理はほぼ必ず実行されます。

❶ フォームから入力データを「送信する」
❸ 処理プログラムから、実行結果（通常はHTML）が返される

フォームを作成するときは、ページに表示されるものを作ることはもちろんですが、❶のために必要な情報をHTMLに組み込む作業も含まれます。

フォームのHTMLの基本構造

フォームは、<form>タグと、ユーザーの入力を受け付けるテキストフィールドやチェックボックスなどを表示する「フォーム部品」タグを組み合わせて作成します。フォーム部品タグには、<input>、<textarea>、<select>など数種類あり、用途に合わせて使い分けます[*1]。

＊1　HTML5の仕様では、およそ25種類のフォーム部品が定義されています。ただ、よく使うフォーム部品は10種類もないくらいです。

図8-2　フォームの基本的なHTML

親要素は <form>（action 属性が必須）

```
<form action="url">
  <input type="text" name="name">
  <input type="checkbox" name="check" value="c1">
  ...
</form>
```

フォーム部品（name 属性が必須、一部の部品には value 属性も）

フォーム全体は<form>～</form>で囲まれます。そして、その中に必要な数だけフォーム部品のタグを追加するのが、フォームの基本構造です。

また、フォームに入力された内容をWebサーバーに送るために、<form>タグとフォーム部品のタグにはそれぞれ必要な属性を含めます。実際にどんな属性を含めるのかは、次節から具体的なサンプルを見ながら確認していきましょう。

HTML・CSSの基本的なパターンを把握しよう

さまざまなフォーム部品

ユーザーの入力を受け付ける「フォーム部品」にはたくさんの種類があり、用途によって使い分けます。ここでは、フォーム部品のタグと、実際に使用するときの標準的なマークアップ例を紹介します。また、それぞれのフォーム部品の最適な用途についても取り上げるので、フォーム部品の選択に悩んだときの参考にしてみてください。

テキストフィールドとフォーム部品の基本的なマークアップ

フォーム部品の中でも最も基本的な「テキストフィールド」を使用した、標準的なマークアップの例を紹介します。

HTML テキストフィールドとフォーム部品の基本的なマークアップ chapter8/c08-01-a/index.html

```
<form action="#" method="post">
  <p><label for="name-field">お名前</label><br>
  <input type="text" name="name" id="name-field"></p>
</form>
```

図8-3 ラベルとテキストフィールドが表示される

お名前

<form>タグとその属性

<form>タグは「フォーム全体」を囲むタグです。

<form>タグのaction属性には、ユーザーが入力したデータが送信される先のURLを指定します。実際にWebサイトを作成するときの流れを考えると、action属性に指定するURLは、サーバー側プログラムを担当するプログラマーから指示があるか、パッケージプログラムを使う場合はマニュアルに指定があるはずなので、あまり心配しなくてかまいません。

▶ <form>タグの実際の使用例

```
<form action="mailform.php" method="post">
```

データの送信先のURLやパス

また、今回のサンプルの<form>タグには、method属性も追加されています。method属性には「HTTPリクエストメソッド」と呼ばれる、リクエスト[*1]の方式を指定します。method属性に指定できるのは「GET」か「POST」の2種類で[*2]、処理プログラムの仕様に合わせてどちらかを選びます。

*1 「Webページのデータは、Webサーバーからダウンロードされる」(p.2)

*2 大文字のGETでも小文字のgetでもかまいません。POSTも同様です。

テキストフィールドの<input>タグ

<input>タグは「フォーム部品」を表示するためのタグです。この<input>タグは、type属性の値を変えることにより、さまざまなフォーム部品を表示することができます。type属性が「type="text"」のときは、テキストフィールドが表示されます。

テキストフィールドに限らず、フォーム部品には処理プログラムとの連携のために使うname属性が必要です。また、処理プログラムとの連携に必要なわけではありませんが、<label>タグとの関連づけに使用したり、JavaScriptのプログラムを組み込んだりすることがあるので、一般にフォーム部品にはid属性を追加します。

テキストフィールドは、1行で、改行する必要のない比較的短いテキストを入力するためのフォーム部品です。名前や住所、ユーザーIDのほか、ブログのコメント投稿フォームであればタイトルの入力などに適しています。

<label>タグ

<label>は、フォーム部品にラベルをつけるためのタグです。

<label>タグとフォーム部品の関連づけがされていると、ラベルをクリックすればそのフォーム部品を選択できるようになります。また、一般的なスクリーンリーダーでは、ラベルのテキストを読み上げた後に、関連するフォーム部品が入力可能な状態になります。ユーザビリティとアクセシビリティ[*3]のどちらの観点からも、必ず<label>を使ってラベルを用意し、フォーム部品と関連づけるようにしましょう。

*3 ユーザビリティとは、使いやすさや利便性のことをいいます。また、アクセシビリティは、どんな人でも操作できることをいいます(「アクセシビリティの重要性」(p.160))

図8-4　<label>のテキストをクリックすると、関連するテキストフィールドが入力可能状態になる

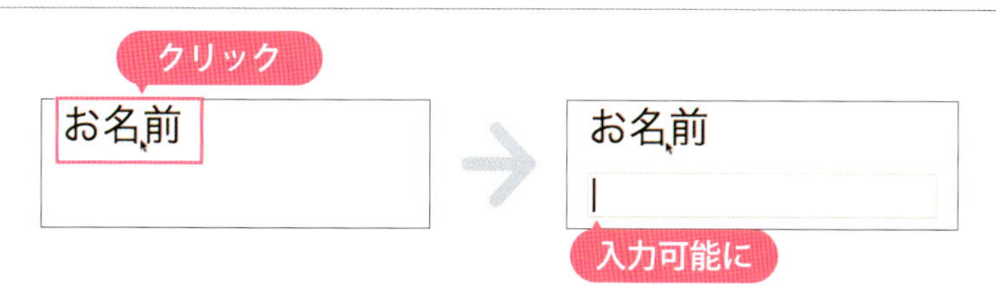

<label>タグとフォーム部品を関連づける方法は2通りあります。そのうちの1つは、<label>タグのfor属性に、関連づけたいフォーム部品のid属性を指定する方法です。

図8-5　<label>とフォーム部品を関連づける方法。<label>のfor属性に関連するフォーム部品のid属性を指定

```
<label for="name-field">お名前</label>
<input type="text" name="name" id="name-field">
```

<label>とフォーム部品を関連づけるもう1つの方法は、関連するフォーム部品のタグを<label> ～ </label>で囲んでしまうことです。

HTML　ラベルとフォーム部品を関連づける別の方法　chapter8/c08-01-b/index.html

```
...
<form action="#" method="post">
  <p><label>お名前<br>
  <input type="text" name="name" id="name-field"></label></p>
</form>
...
```

<label>タグとフォーム部品を関連づける2種類の方法は、どちらも機能的な違いはなく、好きなほうを使ってかまいません。

必須項目のマークアップ

フォームの項目の中には、入力必須の項目があります。こうした必須項目のフォーム部品のラベルには「必須」などと書いておきます。一般的には<span>タグを使ってマークアップします。

HTML　ユーザーに「入力必須」であることを伝えるHTMLの例　chapter8/c08-01-c/index.html

```
...
<style>
.required {
  padding: 0.5em;
  font-size: 0.75em;
  color: #ff0000;
}
</style>
</head>
<body>
<form action="#">
  <p><label for="name-field">お名前<span class="required">*必須</
span></label><br>
  <input type="text" name="name" id="name-field" required></p>
</form>
</body>
</html>
```

図8-7　必須入力であることを知らせるラベルテキスト

お名前 *必須

required属性

<input>など、フォーム部品のタグには「required」属性をつけることができます。required属性は、その項目が「入力必須」であることを示し、ユーザーが入力をせずに送信ボタンをクリックすると警告が表示されます[*1]。

＊1　MacのSafariやAndroid・iOSのブラウザにはこの機能がありません。

図8-8　入力必須項目に入力をしないとふき出しが出る（図はChromeの表示）

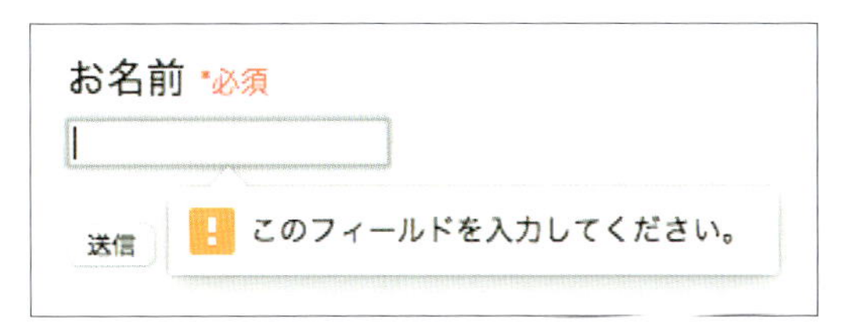

required属性に設定する値はありません。required属性がタグに含まれていれば、そのフォーム部品は必須入力項目になります。

required属性のように、設定する値がないものを「**ブール属性**」といいます。フォーム関連のタグには、required属性以外にもブール属性がいくつか定義されています。

表8-1　ファーム関連タグの主なブール属性

属性	説明	使い方
checked	この属性がついたチェックボックス、ラジオボタンは、ページが読み込まれたときにはじめからチェックがついた状態で表示される	<input type="checkbox" checked>
selected	この属性がついたプルダウンメニューの<option>タグは、ページが読み込まれたときにはじめから選択された状態で表示される	<select> <option>検索条件</option> <option selected>速さ優先</option> <option>交通費優先</option> <option>経路のバリアフリー優先</option> </select>
autofocus	この属性がついたフォーム部品は、ページが読み込まれたときから入力可能な状態で表示される	<input type="text" autofocus>
disabled	この属性がついたフォーム部品には、入力ができなくなる。JavaScriptなどと組み合わせて使われる	<input type="text" disabled>

テキストフィールドのサイズをCSSで調整する

<form>タグやフォーム部品は、CSSでデザインを調整することができます。次の例では、テキストフィールドをできるだけ大きく表示させるようなCSSを適用しています。

テキストフィールドをできるだけ大きく、また、入力するテキストのフォントサイズも大きくするのは、フォームを入力しやすく見せるテクニックの1つです。とくに画面の小さなスマートフォンには効果的です。

HTML テキストフィールドのサイズを幅100%にする chapter8/c08-01-d/index.html

```
...
<style>
body {
  margin: 0;
}
form {
  padding: 16px;
}
input {
  box-sizing: border-box;
}
input[type="text"] {
  margin: 0.5em 0;
  padding: 0.5em;
  width: 100%;
  font-size: 16px;
}
</style>
</head>
<body>
<form action="#">
  <p><label for="name-field">お名前</label><br>
  <input type="text" name="name" id="name-field" required></p>
</form>
</body>
</html>
```

図8-9 テキストフィールドがウィンドウサイズの幅いっぱいに広がる

テキストフィールドのボックスモデル

テキストフィールドはインラインボックスで表示されますが、一般的なインラインボックスと違って、幅、高さ、パディング、ボーダー、四辺のマージンを設定することができます[*1]。このサンプルでは、テキストフィールドの上下マージンを0.5em、四辺のパディングを0.5emに設定し、フォントサイズを16pxにしてあります。

＊1 「パディング、ボーダーの設定」(p.132)、「2つ以上のボックスを並べる」(p.137)

図8-10　テキストフィールドのボックスモデル

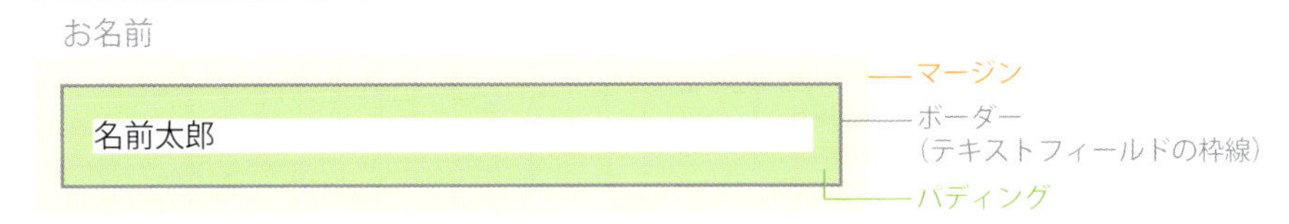

ところで、今回のサンプルではテキストフィールドの幅を「100%」にしました。こうすることで、テキストフィールドの幅は親要素（<form>）の幅と同じになります。しかし、テキストフィールドには左右のパディングと、デフォルトでボーダーが設定されていることから、そのままではテキストフィールド全体の幅が<form>の幅よりも広くなってしまいます。その結果、次の図に示すように、テキストフィールドが<form>の領域をはみ出してしまいます。

図8-11　テキストフィールドの全幅が親要素（<form>）よりも大きくなるため、そのままでははみ出して表示される

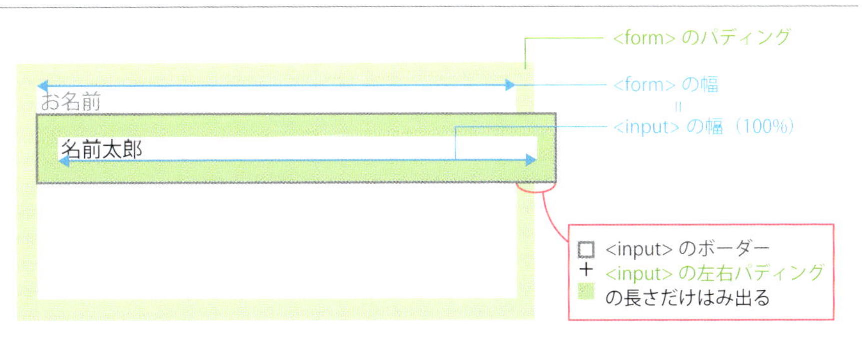

そこで、テキストフィールドが<form>の領域からはみ出さないようにするために、テキストフィールドのボックスモデルを一時的に変更します。そのために使用するのが、box-sizingプロパティです。この値を「box-sizing: border-box;」にすると、widthプロパティで設定する幅に、パディングとボーダーの領域が含まれるようになります。

図8-12　通常のボックスモデル（上）と「border-sizing: border-box;」にしたときのボックスモデル（下）

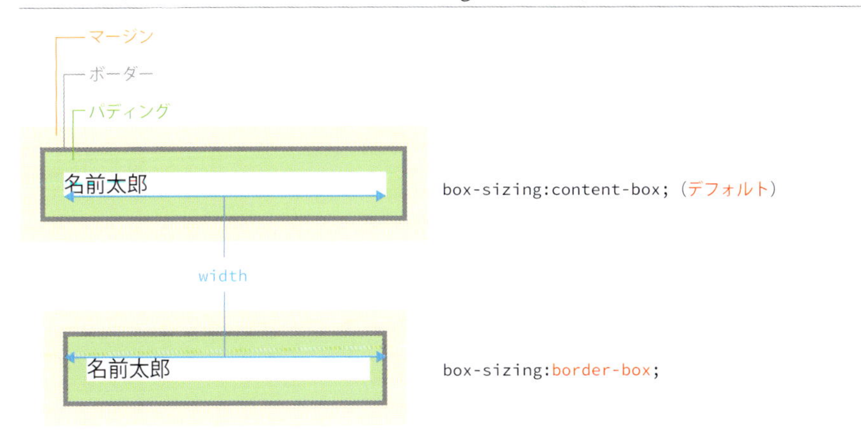

スマートフォン向けの画面デザインではとくに、入力のしやすさを考えて、テキストフィールドの幅を画面の横幅いっぱいにするケースがよくあります。しかし、テキストフィールドにボーダーやパディングが適用されている場合は、通常のボックスモデルでは幅の設定が難しくなります。そうした問題を回避するために、box-sizingプロパティを使って一時的にボックスモデルを変更します。今回紹介したCSSのパターンは、スマートフォン向けのレイアウトにはよく使われる、ぜひ覚えておきたいテクニックの1つです。

テキストフィールドにCSSを適用する

フォームの幅やフォントサイズを変更する以外にも、テキストフィールドの角を丸くしたり、入力可能な状態になったときに背景色をつけたりすることができます。

HTML テキストフィールドにCSSを適用する chapter8/c08-01-e/index.html

```
<style>
...
input {
  box-sizing: border-box;
}
input[type="text"] {
  margin: 0.5em 0;
  border: 1px solid #ccc;
  padding: 0.75em;
  width: 100%;
  font-size: 16px;
  color: #999;
  border-radius: 6px;
}
input[type="text"]:focus {
  background-color: #e2ecf6;
}
</style>
```

図8-13 テキストフィールドの角が丸くなり、入力可能になると背景色がつくようになる

通常状態　　入力可能（フォーカス）状態

:focusセレクタ

CSSのセレクタで使用した「input[type="text"]」の部分には、属性セレクタ[*1]を使用し

*1 「属性セレクタ」(p.97)

ています。こうすることで、タグ名が「<input>」で、かつそのタグの属性が「type="text"」になっているものを選択できます。

また、「:focus」は:hoverなどと同じ擬似クラスのセレクタで、「フォーム部品が選択され、入力可能になった（フォーカスされた）」状態を示します。

テキストフィールドに似た、別の用途のフォーム部品

フォーム部品の中には、見た目はテキストフィールドとほとんど違いがないものの、用途が異なるものがいくつかあります。そうしたフォーム部品の中でも、比較的よく使われる4種類をまとめて紹介します。

入力した文字が見えないようにするパスワードフィールド

<input>のtype属性を「type="password"」にすると、パスワードフィールドになります。パスワードフィールドは、ユーザーが入力した文字をすべて「・」で表示するフォーム部品です。ログイン画面やユーザー登録画面で使われます。

HTML パスワードフィールド　chapter8/c08-01-f/index.html

```
<p><label for="pw-field">パスワード</label><br>
<input type="password" name="pw" id="pw-field"></p>
```

図8-14　パスワードフィールド[*1]

パスワード

••••••••

＊1　パスワードフィールドから数値入力フィールドまでのサンプルは、CSSで見た目を調整してあります。

メールアドレスフィールド

<input>のtype属性を「type="email"」にすると、メールアドレスを入力するためのフィールドになります。メールアドレスフィールドには、メールアドレスではないテキストを入力すると警告のポップアップなどが出ます[*2]。

HTML メールアドレスフィールド　chapter8/c08-01-f/index.html

```
<p><label for="email-field">メールアドレス</label><br>
<input type="email" name="email" id="email-field"></p>
```

図8-15　メールアドレスフィールド

メールアドレス

＊2　required属性つきのテキストフィールド同様(p.177)、Safari、Android・iOSブラウザでは警告が出ません。

電話番号フィールド

<input>のtype属性を「type="tel"」にすると、電話番号を入力するためのフィールドになります。

HTML　電話番号フィールド　chapter8/c08-01-f/index.html

```
<p><label for="tel-field">お電話番号</label><br>
<input type="tel" name="tel" id="tel-field"></p>
```

図8-16　電話番号フィールド

お電話番号

メールアドレスフィールド、電話番号フィールドをスマートフォンやタブレットで閲覧すると、それぞれの入力に適したキーボードが自動的に表示されます。

図8-17　メールアドレスフィールド、電話番号フィールドで表示されるキーボード

数値を入力するためのフィールド

<input>のtype属性を「type="number"」にすると、数値を入力するためのフィールドになります。回数や個数など、少なめの数を入力してもらうのに使うとよいでしょう。

HTML　数値入力フィールド　chapter8/c08-01-f/index.html

```
<p><label for="number-field">目標回数</label><br>
<input type="number" name="number" id="number-field">回</p>
```

図8-18　数値を入力するためのフィールドには横にボタンが表示される[*1]

＊1　Edge/IEでは表示されません。

Note　部品が何も表示されない<input>もある

<input>タグのtype属性を「type="hidden"」にすると、画面には何も表示されないフォーム部品が作成されます。この<input type="hidden">は、フォームから何らかのデータを処理プログラムに送信するために使われます。たとえば、ブログのコメントなら「コメントID（投稿されたコメントの通し番号）」を送ったり、ログインが必要なサイトであればユーザーがログインしているかどうかを確認するための情報を送ったりするのに使われます。

▶ 部品が何も表示されない<input>の例

```
<input type="hidden" name="comment_id" value="1136">
```

テキストエリア

テキストエリアは、複数行のテキストを入力できるフォーム部品です。長い文章を入力できるだけでなく、改行することもできるので、お問い合わせフォームのご意見欄など、いわゆる自由記述欄としてよく使われます。テキストエリアを表示する<textarea>タグには終了タグがあるので、HTMLの記述には注意が必要です。

HTML　テキストエリア　chapter8/c08-01-g/index.html

```
<p><label for="comment">お問い合わせの内容</label><br>
<textarea name="comment" id="comment"></textarea></p>
```

図8-19　テキストエリアが表示される

お問い合わせの内容

テキストエリアのサイズを調整する

CSSを適用しないテキストエリアは、「本当にテキストエリア？」と思ってしまうくらい不親切な見た目で表示されます。最低でも幅や高さの調整は必要でしょう。

テキストエリアのサイズは、CSSのwidthプロパティ、heightプロパティで簡単に調整できます。

HTML テキストエリアにCSSを適用　chapter8/c08-01-h/index.html

```
input, textarea {
  box-sizing: border-box;
}
textarea {
  margin: 0.5em 0;
  border: 1px solid #ccc;
  padding: 0.75em;
  width: 100%;
  height: 12em;
  font-size: 16px;
  color: #999;
}
```

図8-20　テキストエリアのサイズを調整した

ラジオボタンとチェックボックス

ラジオボタンとチェックボックスは、どちらもよく使われるフォーム部品です。ラジオボタンもチェックボックスも、1つの設問に対して通常は2つ以上の選択項目を用意するので、<p>ではなく<ul>、<li>でマークアップするのがよいでしょう。

HTML ラジオボタンとチェックボックス　chapter8/c08-01-i/index.html

```
<form action="#">
  <p class="label-p">時刻の設定</p>
  <!-- ラジオボタン -->
  <ul class="input-group">
```

```
    <li>
      <input type="radio" name="duration" id="r1" value="1"
checked><label for="r1">いますぐ出発</label>
    </li>
    <li>
      <input type="radio" name="duration" id="r2"
value="2"><label for="r2">出発時刻</label>
    </li>
    <li>
      <input type="radio" name="duration" id="r3"
value="3"><label for="r3">到着時刻</label>
    </li>
  </ul>
  <p class="label-p">オプション</p>
  <!-- チェックボックス -->
  <ul class="input-group">
    <li>
      <input type="checkbox" name="option" id="c1" value="1"
checked><label for="c1">特急を優先</label>
    </li>
    <li>
      <input type="checkbox" name="option" id="c2" value="2"
checked><label for="c2">新幹線を優先</label>
    </li>
    <li>
      <input type="checkbox" name="option" id="c3"
value="3"><label for="c3">バスがあれば利用</label>
    </li>
  </ul>
</form>
```


図8-21　上がラジオボタン、下がチェックボックス

時刻の設定
いますぐ出発
出発時刻
到着時刻

オプション
特急を優先
新幹線を優先
バスがあれば利用

ラジオボタン・チェックボックスの使い方

ラジオボタンを表示させたいときは、<input>のtype属性を「type="radio"」とし、チェックボックスを表示させたいときは「type="checkbox"」とします。

ラジオボタンとチェックボックスには、少し特殊なマークアップのルールがあります。まず、同じ設問に属する項目のグループには、同じname属性（name名）をつけておく必要があります。そして、個々の項目には、異なる値のvalue属性をつけておく必要があります。

図8-22　ラジオボタン・チェックボックスのname属性とvalue属性のつけ方

```
<input type="radio" name="group1" value="1">
<input type="radio" name="group1" value="2">
<input type="radio" name="group1" value="3">
```

同じ設問項目グループのラジオボタン・チェックボックスには、同じ name 属性を指定する

１つひとつに異なる value 属性を指定する

checked属性

checked属性がついたラジオボタンやチェックボックスは、ユーザーが操作しなくてもはじめからチェックがついた状態で表示されます。checked属性もrequired属性と同じブール属性[*1]で、値はありません。

*1　「required属性」(p.177)

はじめからチェックをつけて表示する（属性は一部省略しています）

```
<input type="checkbox" checked>
```

ラジオボタンとチェックボックスの違い

ラジオボタンとチェックボックスは一見似ていますが、用途はまったく違います。

まず、ラジオボタンは、同じ設問に属するグループの中で、選択できるのは1つだけです。しかも、一度どれかをクリックして選択してしまったら、「どれも選択しない」状態には戻せません。こうした特性があることから、ラジオボタンはチェックボックスに比べて回答の強制力が強く、事実上の入力必須項目といえます。

図8-23　ラジオボタンの特徴。同じグループで選択できるのは1つだけで、選択解除ができない

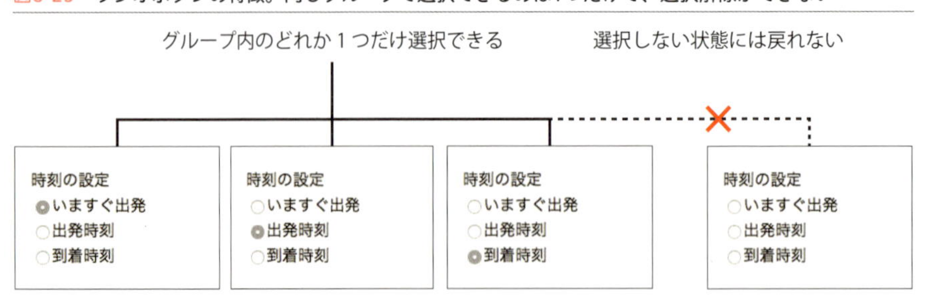

ラジオボタンは、複数回答ができず、しかもどれか1つは選ばなければいけないような設問——たとえば、好きか嫌いかを5段階で聞くような設問——や、性別や年代などを選ばせるような、絶対にどれかに当てはまる設問で使用します。

一方、チェックボックスは、同じ設問に属するグループの中で、いくつでもチェックをつけることができ、さらに「1つもチェックしない」ことも可能です。

チェックボックスは、複数回答ができる設問——たとえば興味のあるジャンルや趣味などを聞くとき——や、検索の条件設定——交通機関の経路検索で、新幹線や飛行機を使うかどうかをチェックするようなオプション設定など——に向いています。

項目を横に並べる

サンプルのHTMLでは、ラジオボタンやチェックボックスの各項目を<ul>、<li>でマークアップしているため、選択肢の項目が縦に並びます。各項目を横に並べたいときはCSSで調整します。このサンプルでは、ラジオボタンの項目だけを横に並べます。

HTML　項目を横に並べる　chapter8/c08-01-j/index.html

```
<style>
body {
  margin: 0;
}
form {
  padding: 16px;
}
.label-p {
  margin-bottom: 0;
}
.input-group {
  margin: 0;
  padding: 0;
  list-style-type: none;
}
.horizontal li {
  display: inline;
  margin-right: 1em;
}
</style>
```

項目を横に並べるときのCSS

ラジオボタンやチェックボックスを横に並べるには、<input>や<label>の親要素である<li>のdisplayプロパティを「inline」にするのが一番簡単です。これは、パンくずリストを作成するテクニックと基本的に同じです[*1]。

また、この<li>に右マージンを適用しておくと、隣に並ぶ<li>との間にスペースを作ることができます。

*1　「パンくずリストを作成する」(p.121)

図8-26　右マージンを設定しておけば、隣に並ぶ<li>との間にスペースができる

CHAPTER 8

プルダウンメニュー

プルダウンメニュー*1は、多数の選択肢の中から1つだけ選択してもらうのに使用します。

*1 ポップアップメニューと呼ばれることもあります。

HTML プルダウンメニュー chapter8/c08-01-k/index.html

```
<p>
  <label for="month">有効期限</label><br>
  <select name="month" id="month">
    <option value="" selected>月</option>
    <option value="01">01</option>
    <option value="02">02</option>
    <option value="03">03</option>
    <option value="04">04</option>
    <option value="05">05</option>
    <option value="06">06</option>
    <option value="07">07</option>
    <option value="08">08</option>
    <option value="09">09</option>
    <option value="10">10</option>
    <option value="11">11</option>
    <option value="12">12</option>
  </select>
  /
  <select name="year" id="year">
    <option value="" selected>年</option>
    <option value="2015">2015</option>
    <option value="2016">2016</option>
    <option value="2017">2017</option>
    <option value="2018">2018</option>
    <option value="2019">2019</option>
    <option value="2020">2020</option>
  </select>
</p>
```

図8-27 プルダウンメニューが表示される

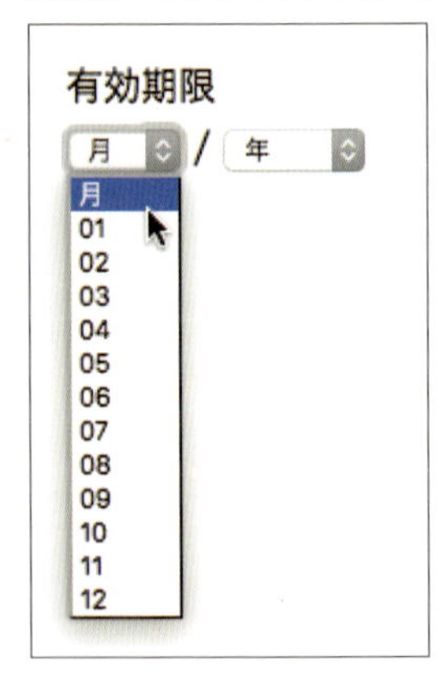

プルダウンメニューの基本的なHTML

プルダウンメニューは、親要素の<select>タグと、選択肢となる子要素の<option>タグの組み合わせで作成します。そして、<select>にname属性を、すべての<option>にvalue属性をつけます。

図8-28　プルダウンメニューのマークアップ

```
<select name="num">                          <select> に name 属性
  <option value="1">01</option>
  <option value="2">02</option>
  <option value="3">03</option>
  ...                                        すべての <option> に value 属性
</select>
```

ボタン（送信ボタン）

送信ボタンはほとんどすべてのフォームに含まれる、使用頻度の高いフォーム部品です。

HTML　送信ボタン　chapter8/c08-01-l/index.html

```
<form action="#">
  <p><input type="submit" name="submit" value="送信する"
id="submit"></p>
</form>
```

図8-30　送信ボタンが表示された

送信する

送信ボタンのHTML

送信ボタンのHTMLは、<input type="submit">と書きます。type属性が「type="submit"」になっていれば、送信ボタンを表示させることができます。ボタンの上に表示されるテキストは、value属性に指定します。

書式　送信ボタン

```
<input type="submit" name="submit" value="ボタンに表示されるテキスト">
```

送信ボタンの見た目を変えるテクニック

送信ボタンの見た目はCSSで調整可能です。このサンプルでは、送信ボタンに適用できる主なCSSを使用して、標準的なボタンからデザインを大きく変更します。

HTML 送信ボタンのデザインを変える chapter8/c08-01-m /index.html

```
<style>
...
input[type="submit"] {
  border: 1px solid #0086f9;
  border-radius: 6px;
  padding: 12px 48px;
  font-size: 16px;
  background: linear-gradient(0deg, #0086f9, #b6d6f7);
  color: #fff;
  font-weight: bold;
}
input[type="submit"]:hover {
  background: linear-gradient(0deg, #2894f9, #d2e4f7);
}
input[type="submit"]:active {
  background: linear-gradient(0deg, #0074d8, #b6d6f7);
}
</style>
```

図8-32 送信ボタンのデザインが変更された

ボタンのデザインを変更するCSS

送信ボタン、および<button>で作成するボタンには、次のようなCSSを適用できます。

- パディング・ボーダー（paddingプロパティ、borderプロパティ）
- 角丸四角形（border-radiusプロパティ）
- 左右マージン（margin-leftプロパティ、margin-rightプロパティ）
- フォントサイズや太さなど、フォントに関連するCSS（font-sizeプロパティ、font-weightプロパティなど）
- 背景色（backgroundプロパティ）
- 幅・高さ（widthプロパティ、heightプロパティ）

また、:hover、:activeなどのセレクタも使うことができるため、かなり自由にボタンのデザイン変更ができるようになっています。

Note　CSSのグラデーション

backgroundプロパティに、グラデーションを指定することができます。先ほどのサンプルの送信ボタンには、通常状態、マウスポインタが重なったホバー状態、クリックしたアクティブ状態の3つそれぞれにグラデーションを適用しています。

CSSのグラデーションは自由度が高く、いろいろな表現が可能です。そのぶん書式も複雑で何パターンもあるのですが、先ほどのサンプルでは最もシンプルな書式を使用しています。書式は次のとおりです。

書式 backgroundプロパティに適用できる線状グラデーション

```
background: linear-gradient(グラデーションの角度deg, 開始色, 終了色);
```

今回使用したグラデーションは「線状グラデーション」と呼ばれる、開始色から終了色までが直線的に変化するものです。その線状グラデーションの「グラデーションの角度」には、グラデーションの方向を0～360の角度で指定します。この数値には単位「deg」をつけます。

CSSのグラデーションの書式はかなり複雑なので、Photoshopなどの画像処理ソフトが持っているCSS書き出し機能や、Webサービスを使用することをお勧めします。

図8-33　Photoshopの[CSSをコピー]機能

Adobe Photoshop CC 2015
CSS をコピー
CSS を書き出したいレイヤーを選択して
右クリック―[CSS をコピー] を選ぶ

グラデーションジェネレーター「Gradient CSS Generator」

URL http://www.cssmatic.com/gradient-generator

グラデーションジェネレーター「Ultimate CSS Gradient Generator」

URL http://www.colorzilla.com/gradient-editor

グラデーションの詳細な書式

URL https://developer.mozilla.org/ja/docs/Web/CSS/linear-gradient

部品を組み合わせてフォームを作る

標準的なフォームの例

ここまで、フォーム部品ごとのマークアップとCSSの適用例を見てきました。ここでは、よくある典型的なフォームの作成例として、お問い合わせフォームを紹介します。

一般的なお問い合わせ・コメント投稿フォーム

お名前欄、メールアドレス欄、お問い合わせの内容欄を持つ、お問い合わせフォームの例を紹介します。ブログのコメント投稿フォームとしても使えるでしょう。

フォームは、含まれるフォーム部品の数が多くなると、どうしてもソースコードが長くなります。でも、恐れることはありません。前節の「さまざまなフォーム部品」で紹介した各種フォーム部品のHTMLとCSSを組み合わせれば、手早く作成できます。

HTML 一般的なお問い合わせフォームの例　chapter8/c08-02-a/index.html

```
...
<style>
input,
textarea {
  box-sizing: border-box;
  font-family: sans-serif;
}
input[type="text"],
input[type="email"] {
  border: 1px solid #ccc;
  padding: 8px;
  width: 100%;
  font-size: 16px;
}
textarea {
  border: 1px solid #ccc;
  padding: 8px;
  width: 100%;
  height: 200px;
  font-size: 16px;
}
.submit-p {
  text-align: center;
}
input[type="submit"] {
  border: 1px solid #0086f9;
  border-radius: 6px;
```

```
    padding: 12px 48px;
    font-size: 16px;
    background: linear-gradient(0deg, #0086f9, #b6d6f7);
    color: #fff;
    font-weight: bold;
  }
  input[type="submit"]:hover {
    background: linear-gradient(0deg, #2894f9, #d2e4f7);
  }
  input[type="submit"]:active {
    background: linear-gradient(0deg, #0074d8, #b6d6f7);
  }
  </style>
  </head>
  <body>
  <form action="#" method="POST" id="contact">
    <p><label for="name-field">お名前</label><br>
    <input type="text" name="name" id="name-field"></p>
    <p><label for="email-field">メールアドレス</label><br>
    <input type="email" name="email" id="email-field"></p>
    <p><label for="comment">お問い合わせの内容</label><br>
    <textarea name="comment" id="comment"></textarea></p>
    <p class="submit-p"><input type="submit" value="送信する"
  id="submit" name="submit"></p>
  </form>
  </body>
  </html>
```

メールアドレスフィールド

お名前テキストフィールド

送信ボタン

お問い合わせの内容テキストエリア

図8-35 お問い合わせフォーム

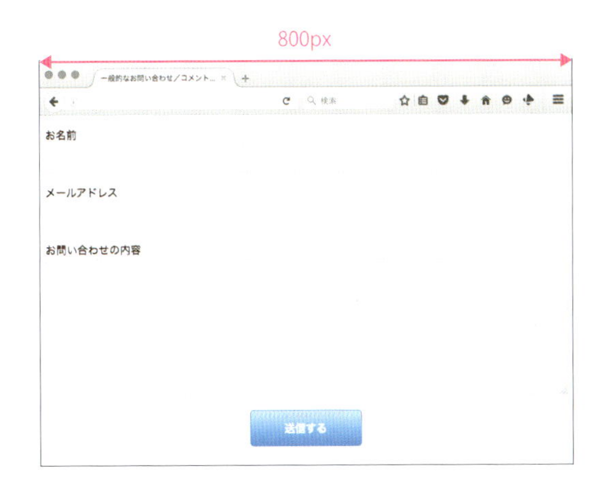

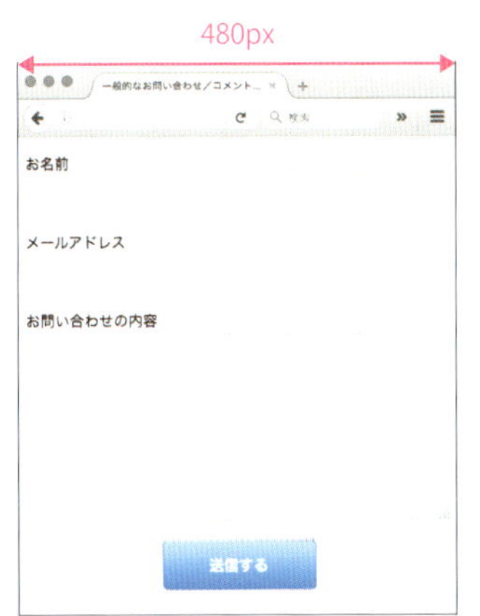

COLUMN

パソコンのブラウザでスマートフォンの表示を確認する

6章で紹介したブラウザの「開発ツール*1」には、スマートフォンやタブレットでページを閲覧したときの表示を確認する機能もあります。

スマートフォンやタブレットでの表示を確認したいときは、まず確認したいWebページを開いてから、開発ツールを起動します。そして、Chrome、Firefoxの場合は、開発ツールの上に並んでいる、レスポンシブデザイン表示のアイコンをクリックすると、スマートフォンやタブレットの画面サイズでページが表示されます*2。

図8-36　レスポンシブデザイン表示にするにはこのアイコンをクリック

Chrome

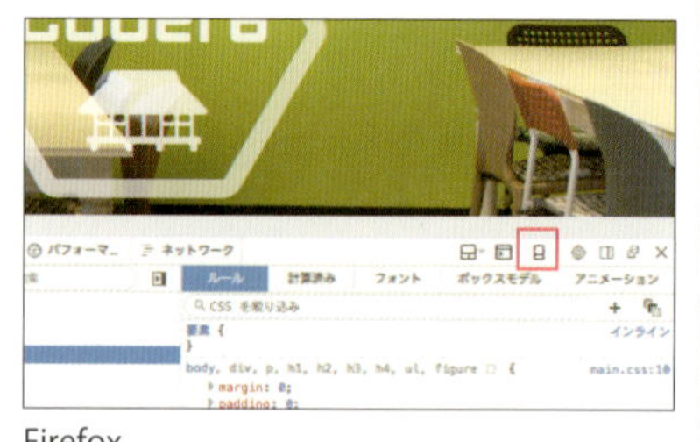

Firefox

レスポンシブデザイン表示では、実際の端末と同じ画面サイズでプレビューできたり、オリエンテーション（端末を縦長に持っているか、横長に持っているか）を切り替えることができたりして、実機がなくても一通りの確認ができるようになっています。フォームや次章のレイアウトでは、ページを作っている途中で頻繁にスマートフォンでの表示を確認したくなります。そういうときにレスポンシブデザイン表示は手軽で便利なので、試してみてください。

図8-37　レスポンシブデザイン表示

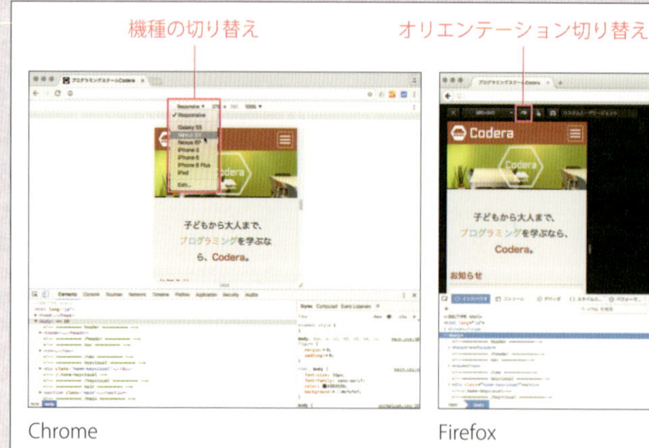

Chrome

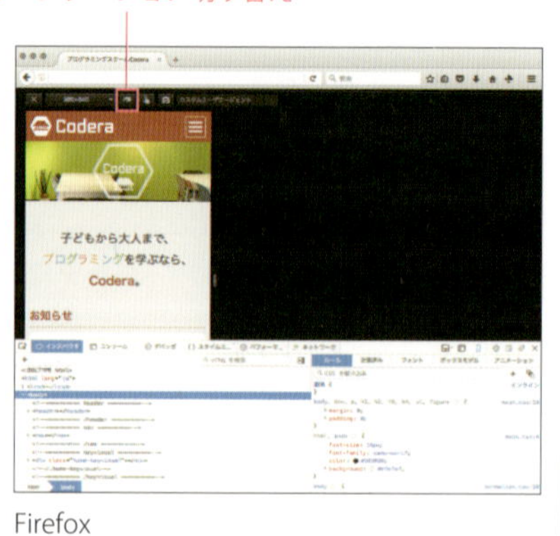

Firefox

*1　「開発ツールでボックスの状態を確認する」（p.142）

*2　Edgeの場合は［エミュレーション］タブをクリックします。Safariの場合は、メニューバーの［開発］メニュー－［レスポンシブ・デザイン・モードにする］を選びます。

ページ全体のレイアウトとナビゲーション

この章では、ページのレイアウトと、ナビゲーションメニューのマークアップを紹介します。レイアウトもナビゲーションメニューも、いろいろなマークアップのバリエーションがありますが、本書ではレスポンシブWebデザインとの相性が良く、今後さらに普及すると思われるフレックスボックスを使用したサンプルを紹介します。

CHAPTER 9
SECTION 1
HTML5&CSS3

管理しやすく、わかりやすいCSSを書こう

実践的なコーディングのために知っておきたいCSSの知識

この章から、ページ全体のデザインに取り組みます。レイアウトやナビゲーションを作成し始めると、CSSの記述量が増えて、管理がしづらくなってきます。少しでも管理がしやすく更新もしやすいCSSを書くために、実践で役に立つ知識を身につけましょう。

CSSの上書き原則

CSSは、スタイルを適用したい要素1つひとつに、いちいちすべてのプロパティを書かなくても済む仕組みになっています。

たとえば、<h1>と<p>に、次のようなスタイルを適用したいとしましょう。

<h1>

- フォントファミリー: sans-serif
- カラー: 茶色
- マージン: デフォルト(marginプロパティを変更しない)

<p>

- フォントファミリー: sans-serif
- カラー: 茶色
- マージン: 上下左右とも「0」

このとき、もし、それぞれの要素にすべてのプロパティを設定しなければいけないとしたら、次のようなCSSを書くことになります。

▶ <h1>と<p>に適用するすべてのプロパティを書くとしたら

```
h1 {
  font-family: sans-serif;
  color: #6e1820;
}
p {
  font-family: sans-serif;
  color: #6e1820;
  margin: 0;
}
```

　これだとCSSのソースコードはものすごく長くなりそうですし、変更するときも大変です。カラーを変更するには、すべての要素のcolorプロパティを変えなければならないのですから。
　そんなことにならないように、CSSは、一度設定したプロパティを極力書かなくてよいようになっています。大まかにいえば、次のような法則でスタイルを適用します。

(1) 親要素に設定したスタイルの一部は、その子孫要素にも適用される（継承）
(2) より多くの要素に適用されるスタイルは、特定の要素だけに適用されるスタイルで上書きできる（詳細度）
(3) 先に出てきたスタイルは、後から出てきたスタイルで上書きできる

　このうち、(1)の「継承」は、親要素に設定したスタイルが、その子要素、そのまた子要素に引き継がれるというものです[*1]。
　また、(2)と(3)を合わせて「カスケード」と呼びます。このカスケードという仕組みを通して、CSSは「大ざっぱで多くの要素に適用されるスタイルを、より詳細で特定の要素にだけ適用されるスタイルで上書きできる」ようになっています。

*1　「CSSの継承」(p.46)

詳細度

　詳細度とは、セレクタに決められている「点数」のことです。この点数が「高い」スタイルは、「低い」スタイルを上書きします。詳細度は、次のように決められています。

- タイプセレクタなど、より多くの要素に適用されるセレクタは詳細度の点数が「低い」。つまり、ほかのセレクタで上書きしやすい
- idセレクタなど、より少ない要素にピンポイントで適用されるセレクタは詳細度の点数が「高い」。つまり、ほかのセレクタで上書きしにくい

図9-1　セレクタの詳細度[*2]

セレクタ1つひとつには詳細度の点数が決められている

セレクタの種類	セレクタの例	詳細度（点数）
style属性	<p style="color: red;">	1000点
idセレクタ	#idname	100点
クラスセレクタ・属性セレクタ・擬似クラス	.class、[type="text"]、:hover	10点
タイプセレクタ・擬似要素	p、::before	1点
全称セレクタ（すべての要素を選択するセレクタ）	*	0点

使っているセレクタの点数を合計して実際のセレクタの詳細度が決まる

セレクタの例	点数の数え方	詳細度（合計点）
#main	idセレクタ×1＝100点	100点
div.container p	クラスセレクタ×1＝10点 タイプセレクタ×2＝2点	12点
div.sidebar	クラスセレクタ×1＝10点 タイプセレクタ×1＝1点	11点
.footer	クラスセレクタ×1＝10点	10点

*2　わかりやすくするために、この詳細度の表は本来の仕様よりも簡略化されています。実際には、タイプセレクタを10個使ったセレクタ（タイプセレクタ×10＝10点）を作っても、詳細度でクラスセレクタ（10点）を上回ることはありません。しかし、実用上はこの簡略化された表を理解していれば十分でしょう。
詳細度についてより詳しく知りたい方は、「Specificity Calculator」を試してみてください。
https://specificity.keegan.st

図9-2　詳細度の低いセレクタに書かれているスタイルは、詳細度の高いセレクタに書かれているスタイルに上書きされる

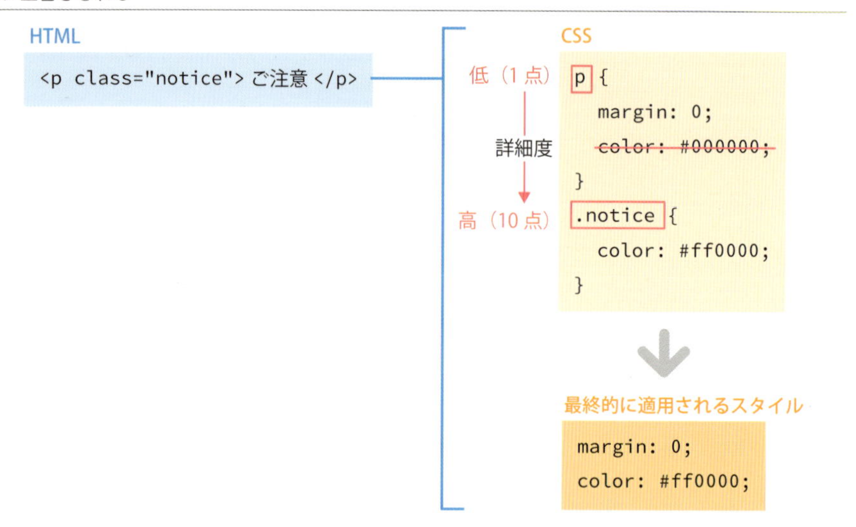

カスケード

もし仮に、CSSに同じセレクタが2回以上出てきた場合（詳細度の点数が同じセレクタが2回以上出てきた場合）は、先に出てきたスタイルを、後から出てきたスタイルが上書きします。

図9-3　セレクタの詳細度が同じ場合、後から出てきたスタイルが上書きする

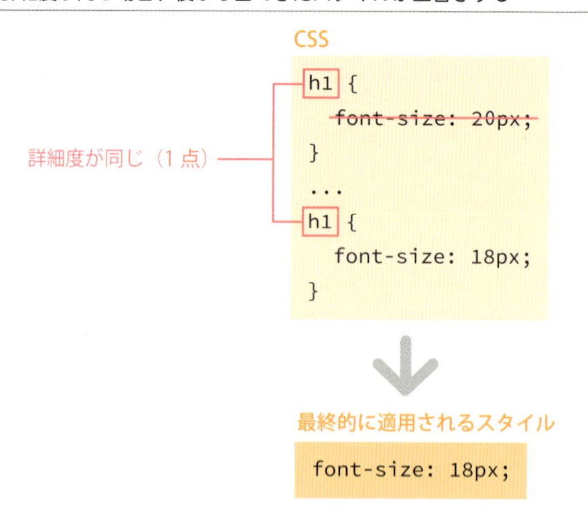

それで、どうすればいいの？

継承や詳細度の仕組みを理解して、それらをうまく利用することで、管理しやすいCSSを作ることができます。基本的には、CSSは「ページ全体の大まかなスタイルを適用してから、だんだん細かい部分を調整して仕上げる」ように書くと、うまくいきます。

具体的には、まずは次のことに気をつけてCSSを書くとよいでしょう。

タイプセレクタ→クラスセレクタ→子孫セレクタ→idセレクタの順に書く

CSSファイルには、原則として詳細度の低いセレクタのスタイルを先に書き、詳細度の高いセレクタのスタイルを後に書きます。

図9-4 CSSファイルには、詳細度がだんだん高くなる順番で書く

CSS ファイル

```
html, body {
  font-size: 16px;
  color: black;
}
...
.notice {
  color: red;
}
...
div .main-content {
  padding: 8px 0 8px 0;
}
...
#logo {
  background: url(logo.png) no repeat;
}
```

詳細度がだんだん
高くなる順番で書く

タイプセレクタには「ページ全体に影響する」CSSを書く

タイプセレクタを使ったスタイルは、ページ全体の標準的なフォントサイズやフォントカラーなどを適用するのに使用し、CSSファイルの上のほうに書くようにします。

▶ ページ全体の標準的なフォントサイズを設定するなら、<html>と<body>の両方に適用するとよい

```
html, body {
  font-size: 16px;
}
```

クラスセレクタを中心に使用する

一度公開したWebサイトは、その後も頻繁に更新されます。ページを増やしたり、コンテンツを増やしたりするだけでなく、CSSの編集も非常によく行われます。ときには、すでに適用されているスタイルを、新しく作成したページに合わせて上書きする必要が出てくることもあります。

更新作業のことを考えて、CSSで使用するセレクタには、できるだけ詳細度が低くなるものを使いましょう。詳細度が低ければ、後からCSSを追加して上書きすることが可能だからです。

そのために、セレクタはクラスセレクタか、もしくは子孫セレクタ[*1]を中心に使うようにします。子孫セレクタを使う場合、詳細度を低く保つために、できるだけ個別のセ

*1 「子孫セレクタ」(p.50)

レクタの数が少なくなるように書きます。

逆に、詳細度が極めて高いidセレクタは、極力使わないようにします。idセレクタよりもさらに詳細度が高い、タグのstyle属性は、公開用のWebサイトでは使ってはいけません[*1]。また、「!important」も、原則として使ってはいけません。

＊1　style属性は詳細度が高いだけでなく、HTMLドキュメントに紛れ込んでしまうため、管理は非常にやっかいです。

図9-5　子孫セレクタを使う場合は、詳細度を低く保つためにできるだけセレクタ数を減らす

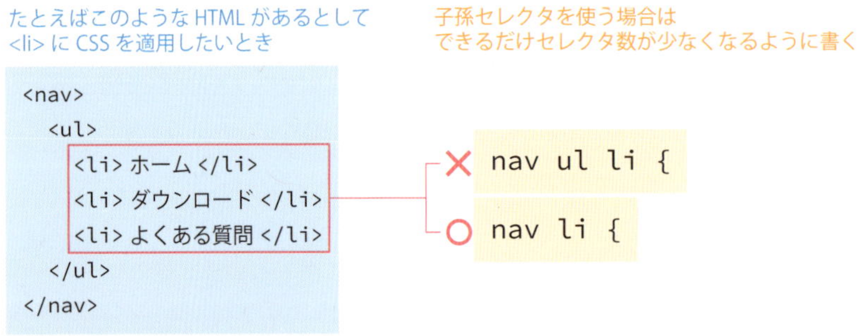

たとえばこのようなHTMLがあるとして
<li>にCSSを適用したいとき

```
<nav>
  <ul>
    <li>ホーム</li>
    <li>ダウンロード</li>
    <li>よくある質問</li>
  </ul>
</nav>
```

子孫セレクタを使う場合は
できるだけセレクタ数が少なくなるように書く

× `nav ul li {`

○ `nav li {`

Note　!importantとは？

プロパティの値の後ろに「!important」と書くと、そのプロパティはセレクタの詳細度に関係なく、必ず適用されます。

▶「!important」の使用例。このdisplayプロパティは詳細度に関係なく必ず適用される

```
.item {
  display: block !important;
  margin: 0;
}
```

既存のサイトを更新するときに、無理やりCSSを適用させるために、よく「!important」を使いがちです。でも、「!important」は特別な理由がないかぎり使わないようにしましょう。「!important」がついているプロパティを書き換える方法はないため、後からデザインを変更する必要が出てきたときに、とても困ることになります。

基本のレイアウト。
すべてのレイアウトはこれをベースに発展させる

シングルコラムレイアウト

シングルコラムレイアウトは、使用頻度も高く、より複雑なレイアウトのベースにもなる「基本形」です。

ノーマライズCSSを読み込む

実践的なWebデザインでは、「ノーマライズCSS」というCSSライブラリ[*1]を読み込んだり、スマートフォンで表示しても全体が小さくなりすぎないようにするための準備をします。次に紹介するのは、そうした準備を済ませた、より実践的なテンプレートとして使えるソースコードの例です。

＊1　「ライブラリ」とは、よく使う機能を何度も書かないで済むように、ひとまとめにしたものです。

HTML　準備を済ませたテンプレート　chapter9/c09-01-a/index.html

```
<!DOCTYPE html>
<html>
<head>
<meta charset="utf-8">
<meta name="viewport" content="width=device-width, initial-
scale=1">
<title>準備を済ませたテンプレート | c09-01-a</title>
<link rel="stylesheet" href="normalize.css">
<link rel="stylesheet" href="style.css">
</head>
<body>

</body>
</html>
```

CSS　準備を済ませたテンプレート　chapter9/c09-01-a/style.css

```
@charset "utf-8";

body {
  margin: 0;
}
```

新しく追加した<meta>タグについて

<head>～</head>に新しく追加した<meta>タグは、このHTMLをスマートフォンで表示したときの、ページ全体のサイズなどを設定するものです。実際にはいろいろな機能があるのですが、通常は今回紹介した書き方だけ覚えておけば大丈夫です。

書式 ビューポートの設定

```
<meta name="viewport" content="width=device-width, initial-
scale=1">
```

「ビューポート」とは「ページが表示される画面の領域」のことで、スマートフォンであればその端末の画面全体、パソコンならブラウザのウィンドウを指します。この<meta>タグは、ページがスマートフォンかタブレットで表示されているときだけ効力を発揮します。

<meta name="viewport">が書かれていないHTMLを開いた場合、スマートフォンのブラウザは、そのページがパソコンの画面サイズに合わせて作られていると仮定して、小さい画面に全体を縮小して表示しようとします。

しかし、そのページがもともと小さい画面でも表示できるように作られている場合、スマートフォンのブラウザにわざわざ縮小してもらう必要はありません。そこで、先の書式に示したような<meta name="viewport">を書くことで、ブラウザの縮小機能をキャンセルしているのです。スマートフォン向けのWebページを作る場合は、必ずこの<meta name="viewport">を書きます。

図9-6 <meta name="viewport">が書かれていない場合、スマートフォンのブラウザはページ全体を縮小して表示する

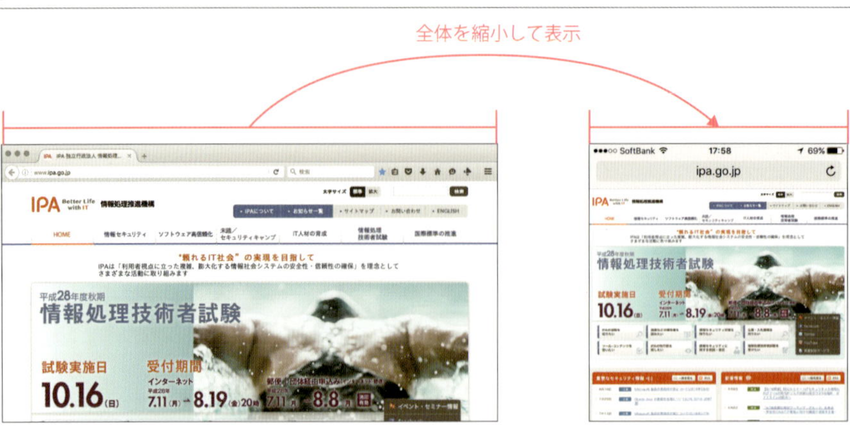

ノーマライズCSS

今回紹介したテンプレートでは、オリジナルのCSS (style.css) 以外に、「normalize.css」というCSSファイルを読み込んでいます。このファイルは「ノーマライズCSS」と呼ばれているライブラリで、異なるブラウザ間のちょっとした表示誤差を調整してくれ

るものです。このノーマライズCSSを読み込んでおくと、ブラウザの表示の違いを気にせずにCSSを書けるようになります。

最近は、ノーマライズCSSよりもさらにスマートフォン向けWebサイト構築に最適化した「サニタイズCSS」を使うこともあります。

ノーマライズCSS
URL https://necolas.github.io/normalize.css/

サニタイズCSS
URL https://jonathantneal.github.io/sanitize.css/

シングルコラムのページレイアウト

画面上部にヘッダーとナビゲーション、下部にフッターがあり、真ん中の部分（メイン部分）がシングルコラムになったページレイアウトのHTML、CSSを紹介します。レイアウトの状態がイメージしやすいように、サンプルではヘッダー、ナビゲーション、メイン、フッターにそれぞれ背景色を適用しています。

HTML　シングルコラムレイアウトのHTML　chapter9/c09-01-b/index.html

```
<body>
<header>
  <div class="container">
    <div class="header-inner">
      <!-- ヘッダーの要素 -->
      <div class="logo">Header</<div>
    </div><!-- /.header-inner -->
  </div><!-- /.container -->
</header>
<nav>
  <div class="container">
    <div class="nav-inner">ホーム 会社案内 製品案内 サポート お問い合わせ
</div>
  </div>
</nav>
<section>
  <div class="container">
    <main>
      <div class="main-inner">
        <!-- コンテンツの要素 -->
        <p class="main-title">Main</p>
      </div><!-- /.main-inner -->
    </main>
  </div><!-- /.container -->
</section>
<footer>
  <div class="container">
```

```
    <div class="footer-inner">
      <!-- フッターの要素 -->
      <p class="copyright">footer ©20XX HTML/CSS Technic</p>
    </div><!-- /.footer-inner -->
  </div><!-- /.container -->
</footer>
</body>
```

CSS シングルコラムレイアウトのCSS　chapter9/c09-01-b/style.css

```
@charset "utf-8";

body {
  margin: 0;
}

/*
各パートにパディング、背景、テキスト色などを指定する
<div class="container">の子要素に指定する
*/
.header-inner {
  background: #bad7f5;
}
.nav-inner {
  color: #fff;
  background: #0086f9;
}
.main-inner {
  background: #fffde3;

  /*
   レイアウトのイメージをしやすいように高さを設定。
   通常のWebデザインではレイアウトで高さを指定しない
  */
  height: 400px;
}
.sidebar-inner {
  background: #c0f5b9;
}
.footer-inner {
  background: #bad7f5;
}

/* わかりやすくするために適用しているCSS */
...
```

※このstyle.cssでは、<div class="main-inner">にheightプロパティで高さを指定しています。これはレイアウトの状態をわかりやすくするためだけのもので、実際のWebデザインではレイアウトのボックスの高さを指定する必要はありません。また、「/* わかりやすくするために適用しているCSS */」の下に、コンテンツに含まれる要素のマージンなどを設定するCSSが書かれています。これらのCSSもわかりやすくするために適用しているもので、レイアウトとは直接の関係はありません。

図9-7　ウィンドウ幅いっぱいに伸縮するシングルコラムレイアウト

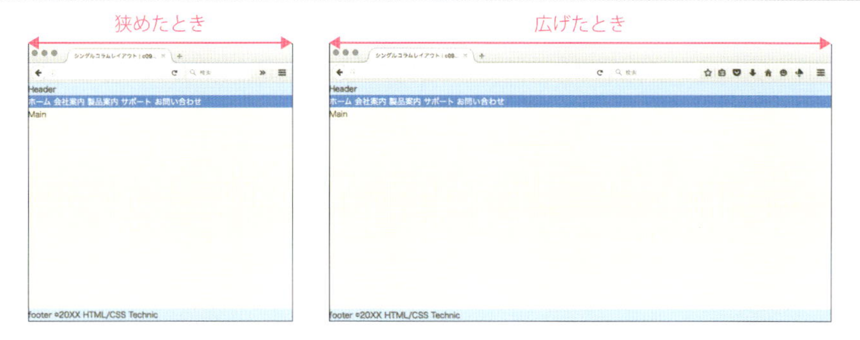

HTMLの構造

実は、シングルコラムレイアウトは、紹介したHTMLよりももっと単純な構造で書くこともできます。しかし、レスポンシブWebデザインとの相性や、デザインの柔軟性を高めてマージンやパディング、背景の設定をしやすくするには、多少複雑でもサンプルで紹介したような構造にするのがよいでしょう。

本書でこの後に紹介する2コラムレイアウトや3コラムレイアウトも、基本的にはこのシングルコラムレイアウトの構造をベースに発展させています。

図9-8　HTMLの基本的な構造

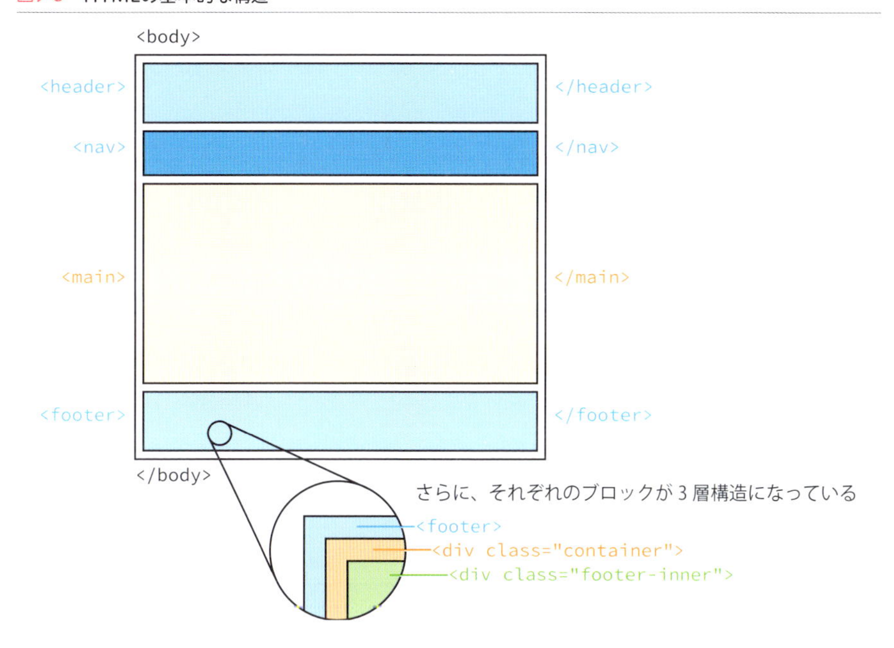

サンプルで使用した各種タグ

このサンプルでは、<header>、<nav>、<section>、<main>、<footer>タグを使用しています。これらはどれも「ほかのタグを囲んで情報の整理をしたり、グループ化したりする[*1]」タグです。表示上は<div>と変わりません。

*1　「タグと表示の関係」（p.112）

表9-1 使用したタグの一覧

要素	説明
<header>	「ヘッダー」を意味する
<nav>	「ページの主要なナビゲーション」を意味する
<section>	「セクション」を意味する。セクションとは、本来は1つの記事の部分的なまとまりを指すが、Webページのレイアウトでは、「ヘッダー」「フッター」以外の「コンテンツの中心部分」を<section>で囲む
<main>	「ページの中心的なコンテンツ」を意味する。ページ内で一度しか使用できない。<article><aside><header><footer><nav>タグの子要素にしてはいけない(<section>タグの子要素にするのは可)
<footer>	「フッター」を意味する

Note HTML、CSSのコメント文

HTMLドキュメント内にコメントを残したいときは、次のように記述します。

HTMLのコメント文

```
<!-- コメントの内容 -->
```

また、CSSドキュメントにコメントを残したいときは、次のように記述します。

CSSのコメント文

```
/* コメントの内容 */
```

HTMLにもCSSにも、適切なコメント文を残して、管理をしやすくしておきましょう。

実践的なWebデザインでは、HTMLの開始タグと終了タグの関連がわかりやすいように、終了タグの後ろにクラス名などがわかるコメントをよく残します。

▶ 終了タグに残すコメントの例

```
<div class="container">
  <div class="content">
  </div><!-- /.content -->
  <div class="sidebar">
  ...
  </div><!-- /.sidebar -->
</div><!-- /.container -->
```

シングルコラムにスペースを作る

ページのレイアウトを作るために、いろいろな要素にマージンやパディングを設定します。しかし、どの要素にマージンやパディングを設定すればよいのか、悩むことも多いのではないでしょうか。マージンやパディングを設定すべき要素には、ある程度のパターンと考え方があります。具体例を見てみましょう。

ウィンドウの端にくっつかないようにする

まず、ヘッダー部分やメイン部分などの各パーツがウィンドウの端にくっつかないようにするには、<body>から見て2階層下の要素にパディングを設定します。

CSS　ページの左右にスペースを設ける　chapter9/c09-01-c/style.css

```
@charset "utf-8";

body {
  margin: 0;
}
.container {
  padding: 0 16px 0 16px;
}
```

図9-9　ページの左右にスペースが空いた

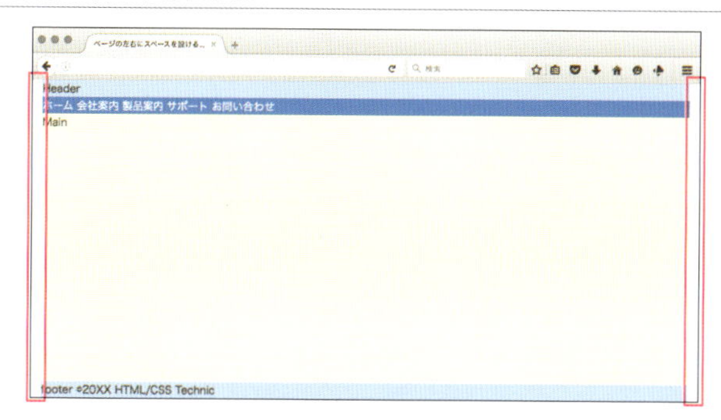

スペースを設定する場所

ページの両端にスペースを設けるには、<body>の直接の子要素（<header>、<nav>、<section>、<footer>）の、そのまた子要素（<div class="container">）にパディングを設定します。

ただ単にページの両端にスペースを設けるだけなら、<body>の直接の子要素にマージンもしくはパディングを設定しても同じことができます。ですが、デザインの柔軟性を高めるために、基本的に<body>の直接の子要素には、左右のマージン、ボーダー、パディングを設定しません*1。

*1　たとえば、ページのデザインによっては、ヘッダーやフッターなどの背景色だけをウィンドウ幅いっぱいに引き伸ばすことがあります。そのようなときに、<body>の直接の子要素の左右にマージンやパディングを設定していると、うまくスタイルを調整することができなくなります。

図9-10　ページの左右にスペースを作るには、<body>の子要素の子要素にパディングを設定する

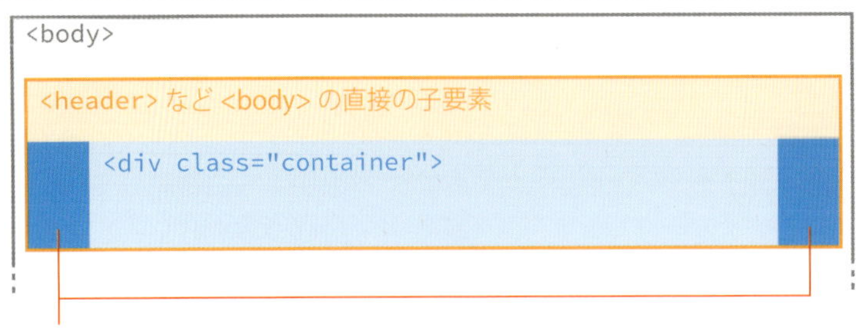

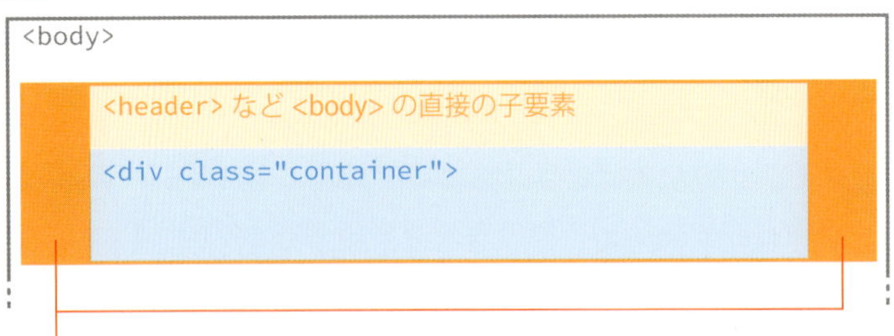

ヘッダー、メインコンテンツなどの周囲にスペースを設ける

ヘッダー、ナビゲーション、メイン部分などの背景の縁（外周）と、それらの要素に含まれるコンテンツとの間にスペースを設けるには、<div class="container">の子要素（<div class="header-inner">など）に上下左右のパディングを設定します。

CSS　ヘッダー、メインコンテンツなどの周囲にスペースを設ける　chapter9/c09-01-d/style.css

```
...
.container {
  padding: 0 16px 0 16px;
}

/*
各パートにパディング、背景、テキスト色などを指定する
<div class="container">の子要素に指定する
*/
.header-inner {
  padding: 10px 10px 0 10px;
  background: #bad7f5;
}
.nav-inner {
  padding: 10px 10px 0 10px;
  color: #fff;
  background: #0086f9;
}
```

```
.main-inner {
  padding: 20px 10px 20px 10px;
  background: #fffde3;
  ...
}
.sidebar-inner {
  padding: 20px 10px 20px 10px;
  background: #c0f5b9;
}
.footer-inner {
  padding: 20px 16px 10px 16px;
  background: #bad7f5;
}
```

図9-11　背景とコンテンツの間にスペースができた

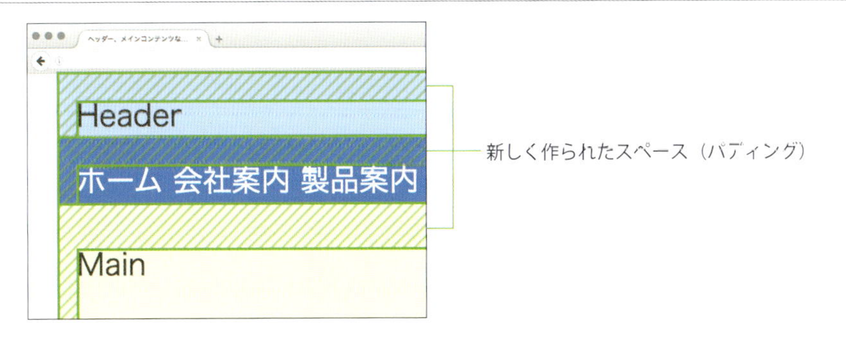

背景の縁とコンテンツの間にスペースを作るには

ヘッダー部分やメイン部分など、それぞれのパートの背景の縁（外周）とコンテンツの間にスペースを作るには、<div class="container">の子要素——つまり、<div class="header-inner">などの要素——にパディングを設定します。

図9-12　各パートの背景の縁とコンテンツの間にスペースを作るには、<div class="container">の子要素にパディングを設定する

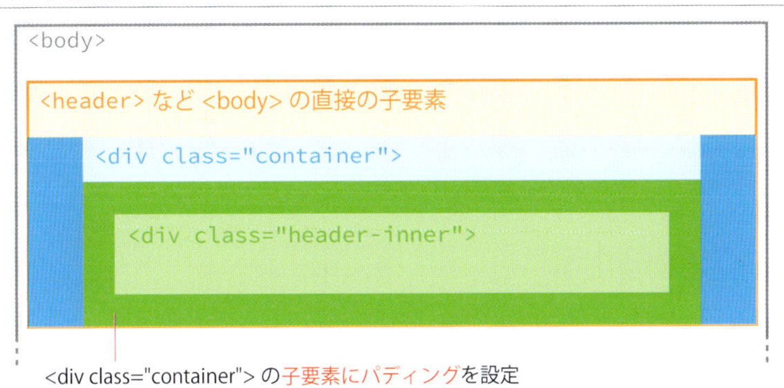

<header>や<footer>と、<section>の間を離す

ナビゲーション部分とメイン部分、メイン部分とフッター部分など、各パート間にスペースを設ける場合は、<body>の直接の子要素（<header>など）に上マージン、または下マージンを適用します。

このサンプルでは、ナビゲーション部分に下マージン、フッター部分に上マージンを設定して、メイン部分の上下にスペースを作っています。

CSS　ヘッダー、フッターとメインの間にスペースを設ける例　chapter9/c09-01-e/style.css

```
...
.container {
  padding: 0 16px 0 16px;
}

/*
 ナビゲーション部分とメイン部分のスペースを空けるには、
 メインに上マージンを設定する
 */
nav {
  margin-bottom: 20px;
}
footer {
  margin-top: 20px;
}
```

図9-13　ヘッダー、フッターとメインの間にスペースができた

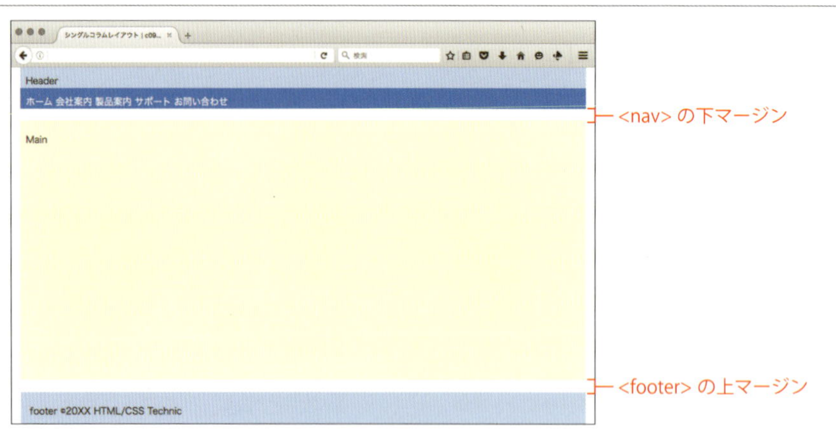

上下にスペースを作るときの考え方

ヘッダー部分、ナビゲーション部分、メイン部分、フッター部分の間にスペースを作るときは、<body>の直接の子要素に、上マージンもしくは下マージンを設定します。<body>の直接の子要素に上下マージンを設定すると、それぞれに適用した背景と背景の間にスペースが空くことに注意しましょう。マージンとパディングの使い分けは、次

のようにまとめることができます。

- ナビゲーション部分とメイン部分の背景と背景を**離したい**とき、もしくは、ナビゲーション部分とメイン部分に**ボーダーラインを引きたい**とき

　ナビゲーション部分の<body>の直接の子要素に、下マージンを設定（もしくはメイン部分に上マージンを設定）します。ボーダーラインを引く場合も同様です。

- ナビゲーション部分とメイン部分の背景と背景を**離したくない**とき

　ナビゲーション部分とメイン部分の、<div class="container">の子要素――サンプルではクラス名が「-inner」になっている要素――に上下パディングを設定。「ヘッダー、メインコンテンツなどの周囲にスペースを設ける」(p.208) で紹介した方法で、上下にもスペースを設けることができます。

伸縮幅の上限を設定する

　画面の広いデスクトップパソコンなどでページを閲覧したときに、あまりに横幅が広くなるとテキストが読みづらくなります。そこで、伸縮の上限を決め、1000px以上は横に伸びないようにします。また、ページ全体をウィンドウの中央に配置するようにもします。

CSS　ページの横幅の上限を1000pxにしてウィンドウの中央に配置　chapter9/c09-01-f/style.css

```
.container {
  margin: 0 auto 0 auto;
  padding: 0 16px 0 16px;
  max-width: 1000px;
}
```

図9-16　ページの横幅は1000px以上は広がらず、ウィンドウの中央に配置される

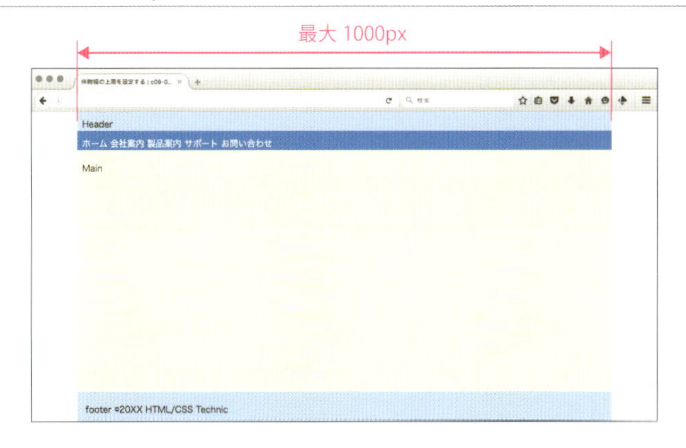

max-widthプロパティ

max-widthプロパティを使うと、適用したボックスの横幅の上限を決めることができます。このサンプルのように、ページの横幅の上限を設定するのによく使われます。

また、max-widthプロパティよりも使われる頻度は落ちますが、ボックスの横幅や高さの上限・下限を設定するプロパティがほかにもあります。

表9-2　ボックスのサイズの上限・下限を設定するプロパティ

プロパティと使用例	説明
max-width: 500px;	ボックスの幅が500pxより広くならないようにする。ページの幅の上限を決めるのによく使われる
min-width: 100px;	ボックスの幅が100pxを下回らないようにする。ページの幅の下限を決めるときなどに使われる
max-height: 500px;	ボックスの高さが500pxより高くならないようにする。あまり使われない
min-height: 1000px	ボックスの高さが1000pxを下回らないようにする。横に並ぶボックスの高さを揃えたり、サイドバーの高さを確保したりするのにときどき使われる

ページをウィンドウの中央に配置する

横幅が設定されているボックスの左右マージンの値を「auto」にすると、そのボックスは親要素の中央に配置されるようになります。

書式　ボックスを親要素の中央に配置する

```
margin: 0 auto 0 auto;
```

ページの横幅の上限を設定したり、またウィンドウの中央に配置したりするには、ウィンドウの幅いっぱいに広がる要素の子要素に、いま紹介したmax-widthプロパティ、marginプロパティを設定します。今回のサンプルでいえば、<div class="container">に、これらのプロパティを設定します。

図9-17　ウィンドウの幅いっぱいに広がる要素の子要素に設定する

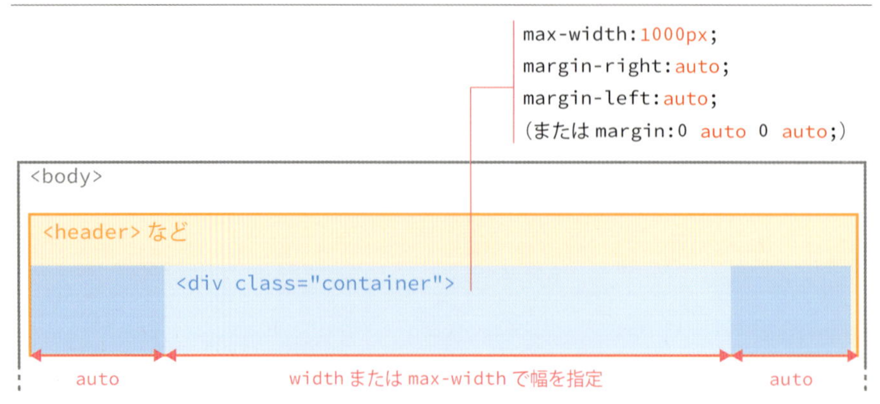

Note　ページを伸縮させずに横幅を固定するには

　ページを伸縮させず横幅を固定するには、max-widthプロパティの代わりにwidthプロパティを使います。次のCSSの例では、ページの横幅を980pxに設定してあります。現在のWebデザインでは、普及しているパソコンのディスプレイサイズを考えて、ページの横幅を固定するなら960～980px、伸縮させて上限を設けるなら、その上限を1000～1200px程度にすることが多いようです。

CSS　ページの横幅を固定する　chapter9/c09-01-g/style.css

```
.container {
  margin: 0 auto 0 auto;
  padding: 0 16px 0 16px;
  width: 980px; /* max-widthの代わりにwidthを使う */
}
```

フロートよりも簡単で柔軟、これからはフレックスボックス

フレックスボックスを使ったコラムレイアウト

flexbox（フレックスボックス）は、近年新たに定義されたCSSのレイアウト機能です。フロートを使った旧来の方法と比べ、簡単に2コラムレイアウトや3コラムレイアウトを実現することができます。

2コラムレイアウト

フレックスボックスを使った2コラムレイアウトのソースを見てみます[*1]。

*1　これから紹介する2コラムレイアウト、3コラムレイアウトのHTML・CSSは、すべて「シングルコラムレイアウト」（p.201）で紹介したソースコードをベースに作成しています。

HTML　2コラムレイアウトのHTML　chapter9/c09-02-a/index.html

```
...
<body>
<header>
  <div class="container">
    <div class="header-inner">
      <!-- ヘッダーの要素 -->
      <div class="logo">Header</<div>
    </div><!-- /.header-inner -->
  </div><!-- /.container -->
</header>
<nav>
  <div class="container">
    <div class="nav-inner">ホーム 会社案内 製品案内 サポート お問い合わせ
</div>
  </div>
</nav>
<section>
  <div class="container">              ❶
    <main>                             ❷
      <!-- コンテンツの要素 -->
      <p class="main-title">Main</p>
    </main>
    <aside class="sidebar">            ❸
      <!-- サイドバーの要素 -->
      sidebar
    </aside><!-- /.sidebar -->
  </div><!-- /.container -->
</section>
<footer>
  <div class="container">
    <div class="footer-inner">
```

```
      <!-- フッターの要素 -->
      <p class="copyright">footer ©20XX HTML/CSS Technic</p>
    </div><!-- /.footer-inner -->
  </div><!-- /.container -->
</footer>
</body>
...
```

CSS　2コラムレイアウトのCSS　chapter9/c09-02-a/style.css

```
@charset "utf-8";

body {
  margin: 0;
}
.container {
  margin: 0 auto 0 auto;
  max-width: 1000px;
}
section .container {
  display: flex;
  flex-flow: column;
}

/*
各パートにパディング、背景、テキスト色などを指定する
<div class="container">の子要素に指定する
*/
.header-inner {
  padding: 10px 10px 0 10px;
  background: #bad7f5;
}
.nav-inner {
  padding: 10px 10px 0 10px;
  color: #fff;
  background: #0086f9;
}
main {
  padding: 20px 10px 20px 10px;
  background: #fffde3;

  /*
   レイアウトのイメージをしやすいように高さを設定。
   通常のWebデザインではレイアウトで高さを指定しない
  */
  height: 400px;
}
.sidebar {
  padding: 20px 10px 20px 10px;
```

```
  background: #c0f5b9;
}
.footer-inner {
  padding: 20px 16px 10px 16px;
  background: #bad7f5;
}

@media only screen and (min-width: 768px) {
  section .container {
    flex-flow: row;
  }
  main {
    flex: 1 1 auto;
  }
  .sidebar {
    flex: 0 0 340px;
  }
}
...
```

図9-22　伸縮する2コラムレイアウトができた

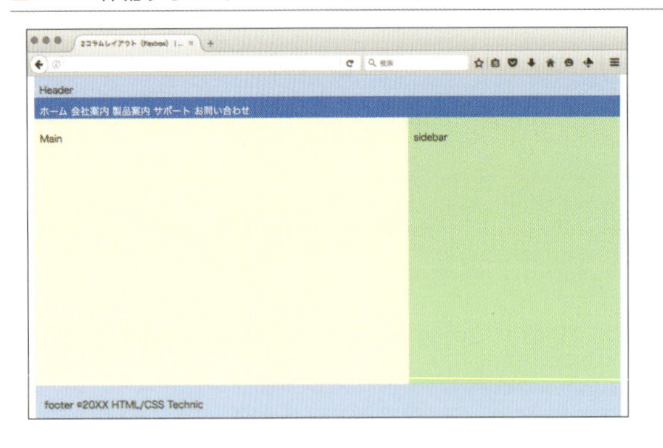

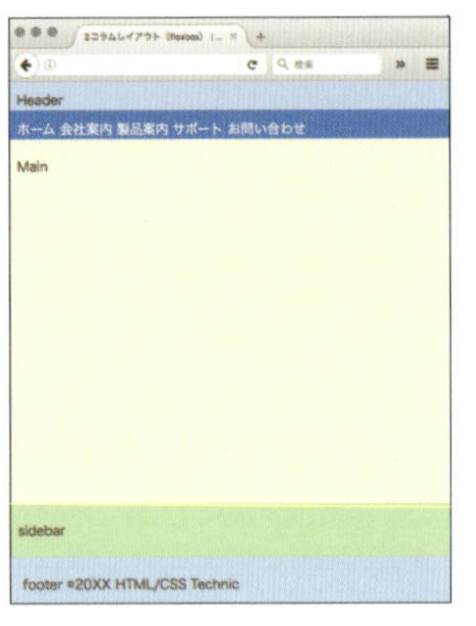

メディアクエリ

style.cssの「@media only screen and (min-width: 768px) {～}」の部分を「**メディアクエリ**」といいます[*1]。メディアクエリとは、ある条件を満たすときだけ「{～}」に書かれているCSSを適用し、満たさないときは適用しないようにする機能です。主に画面サイズを条件にしてレイアウトを変更するのに使われます。レスポンシブWebデザインを実現するための、重要な機能です。

さて、「ある条件」は、「@media」に続く部分に書かれています。このサンプルでは、ウィンドウまたは画面のサイズが768px以上なら、「{～}」のCSSを適用するような条件を設定しています。

＊1　メディアクエリには、IE9以降、およびすべての主要なブラウザが対応しています。仮にメディアクエリに対応していないブラウザでページを閲覧した場合、「{～}」に書かれたCSSは、条件を満たすかどうかにかかわらず適用されません。

図9-19　このサンプルで使用したメディアクエリ


```
@media only screen and ( min-width:768px ) {
    /* 条件を満たしたときだけ適用されるCSS */
}
```

このメディアクエリでは、標準的なタブレット(iPad)の画面サイズである768px×1024pxに合わせて、それ以上に大きい端末で閲覧したときには2コラムになるように条件を設定しています。

フレックスボックス

フレックスボックス(正式名：フレキシブルボックスレイアウト)は、まったく新しいCSSのレイアウトシステムです。対応するブラウザがIE11以降と、比較的新しい機能ですが、徐々に普及が進んでいます。フロート[*1]に比べて機能が多く柔軟なうえに、慣れれば使い方も簡単なことから、将来的にはコラムレイアウトや後述するナビゲーションのレイアウトなどでは、現在のフロートを使ったテクニックが、ほぼ全面的にフレックスボックスに置き換わるものと考えられます。

フレックスボックスにはさまざまな機能がありますが、おおよそ次のような利点があります。

(1) フロートを使ったレイアウトに比べて、HTML、CSSともにソースコードがシンプルでわかりやすくなる
(2) ボックスを横に並べたり、縦に並べたりすることがCSSだけで簡単にできるため、レスポンシブWebデザインと非常に相性が良い
(3) 横に並んだボックスの高さを揃えることができる
(4) ボックスの順序を入れ替えることができる

それでは、コラムレイアウトにフレックスボックスを使うときの基本的なHTMLとCSSを見ていきましょう。

＊1　フレックスボックスが登場するまで、コラムレイアウトには長年フロートが使われてきました。フロートによる2コラムレイアウトは、コラム「フロートとポジション」(p.231)で取り上げています。

図9-23 HTMLの基本構造。「display: flex;」を設定した要素の子要素は横一列に並ぶようになる

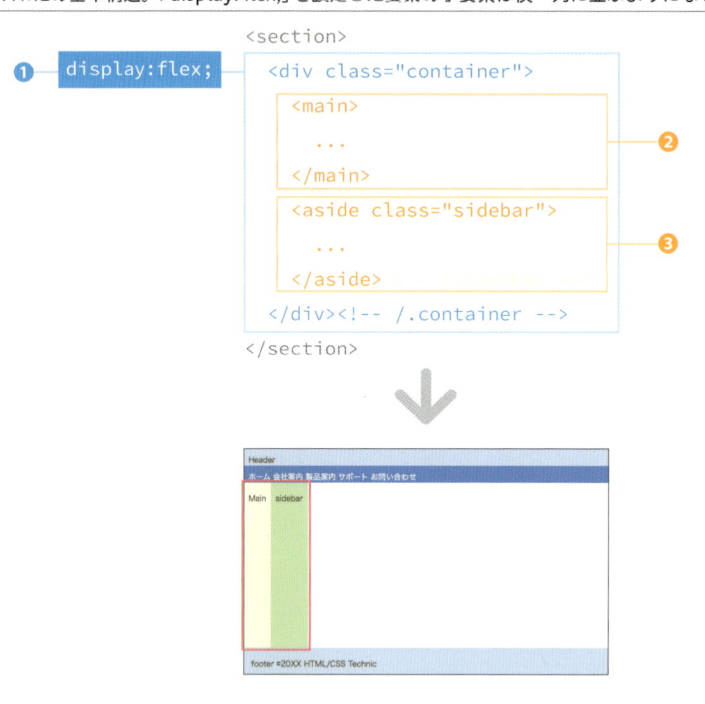

<main>❷と、<aside class="sidebar">❸を横に並べるには、その2つの要素を囲む親要素❶が必要です（本書ではこの親要素を「フレックスボックスの親要素」と呼ぶことにします）。そして、❶のCSSに「display: flex;」を設定します。「display: flex;」を設定した要素の直接の子要素――ここでは❷と❸――は、デフォルトでは横一列に並ぶようになります（本書ではこれら子要素を「フレックスアイテム」と呼ぶことにします）。また、横に並んだ❷と❸の高さは揃うようになります。❷と❸の幅は、コンテンツの量に合わせて自動調整されます。

さて、このままではウィンドウサイズがどんなに狭くなっても、フレックスアイテムである❷と❸は、横に並んだままです。そこで、ウィンドウ幅がある程度狭くなったとき――サンプルでは幅が768px以下のとき――は、❷と❸を縦に並べるようにします。

フレックスアイテムの並びを横にするか縦にするかの設定には、flex-flowプロパティを使用します。flex-flowプロパティの値を「flex-flow: column;」にすると、フレックスアイテムは縦に並びます。また、「flex-flow: row;」にすると、フレックスアイテムは横に並びます。なお、このflex-flowプロパティは「display: flex;」を設定した要素、つまりフレックスボックスの親要素❶に適用します。

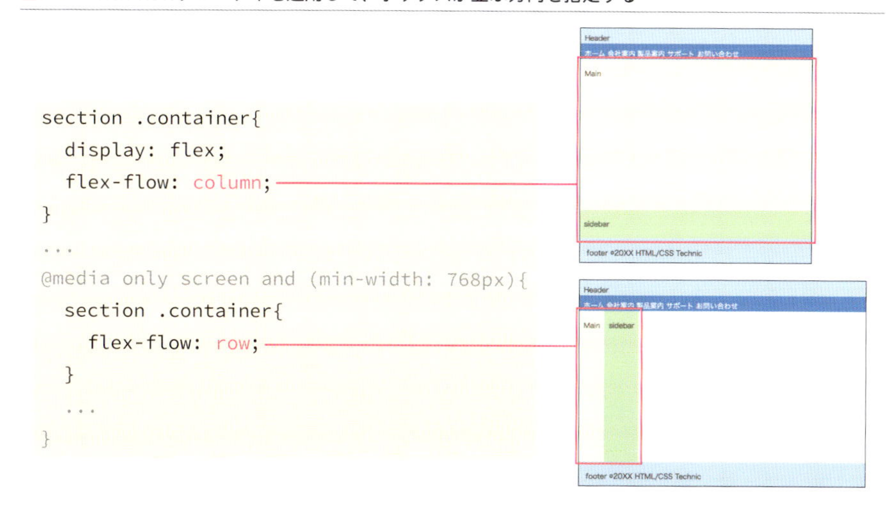
section .container{
display: flex;
flex-flow: column;
}
...
@media only screen and (min-width: 768px){
section .container{
flex-flow: row;
}
...
}
Header
Main
sidebar
footer ©20XX HTML/CSS Technic
Header
Main
sidebar
footer ©20XX HTML/CSS Technic

図9-24　flex-flowプロパティを適用して、ボックスが並ぶ方向を指定する

ここまでで、「画面幅が狭いときはシングルコラムに、広いときは2コラムに」という、基本的なレスポンシブWebデザインの仕組みができあがりました。次に、2コラムのときの❷と❸のボックスの幅を指定するところを見てみましょう。

フレックスアイテムの幅を設定するには、❷と❸両方にflexプロパティを適用します。

flexプロパティには、3つの値を半角スペースで区切って指定します。この3つの値のうち、1番目には、フレックスボックスの親要素の幅が広がったときに、そのフレックスアイテムが「伸びる割合」を指定します。2番目には逆に、親要素の幅が狭くなったときに、そのフレックスアイテムが「縮む割合」を指定します。このサンプルのように、サイドバー（❸）の幅を固定し、❷だけを伸縮させたいときは、1番目と2番目の値を次のようにします。メカニズムを知りたい場合は次図をご覧ください。

- ❷のように、ウィンドウサイズに合わせて伸縮させたいボックスの1番目と2番目の値には、「flex: 1 1 ...;」と指定する
- ❸のように、ウィンドウサイズに連動させず、幅を固定したいボックスの1番目と2番目の値には、「flex: 0 0 ...;」と指定する

CHAPTER 9

図9-25　flexプロパティの1番目と2番目の値

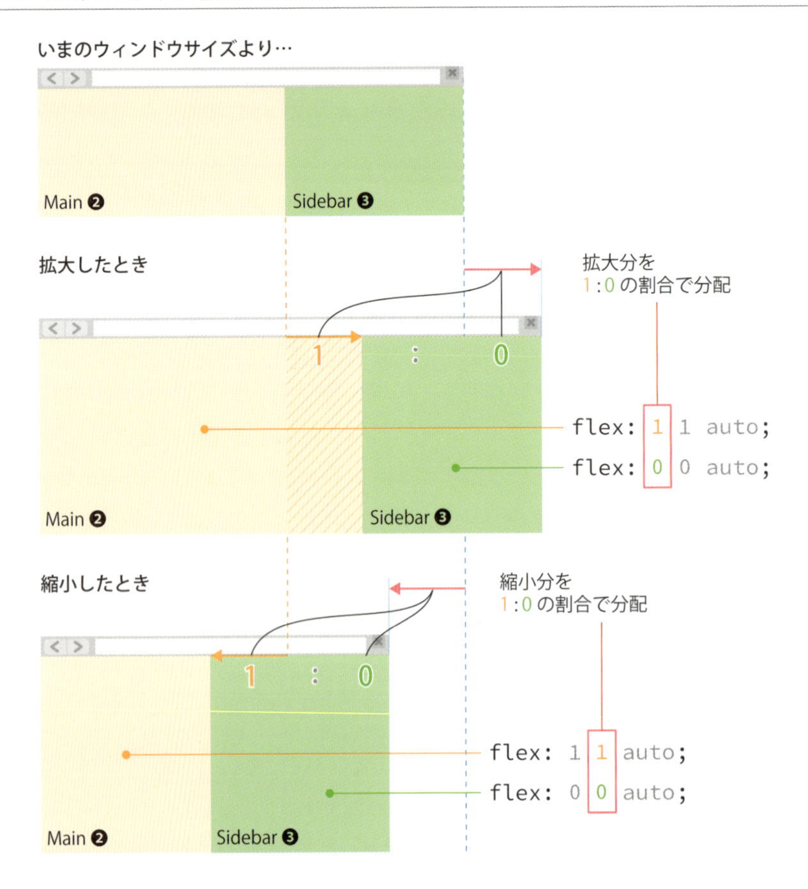

後はサイドバー（❸）の幅を340pxにすれば完了です。幅を固定するボックスのサイズは、flexプロパティの3番目の値に指定します。伸縮する❷のほうは、flexプロパティの3番目の値を「auto」にします。3番目の値には「拡大も縮小もしていないときの幅」を指定します。この値の最も基本的な設定の仕方は次のとおりです。

- 伸縮するボックス（flexプロパティの1番目と2番目の値が1）には「auto」を指定する
- 伸縮しないボックス（flexプロパティの1番目と2番目の値が0）には、その幅をpxまたはemで指定する（%は使用しない）

flexプロパティの設定方法はいくつかあるのですが、まずは上記の設定の仕方だけ知っていればたいていの場合問題ないはずです。

サイドバーの左右を入れ替える

フレックスボックスを使うと、サイドバーとコンテンツの領域の順序を入れ替えることも簡単です。

CSS　サイドバーを左に移動する　chapter9/c09-02-b/style.css

```
...
.footer-inner {
  padding: 20px 16px 10px 16px;
  background: #bad7f5;
}

@media only screen and (min-width: 768px) {
  section .container {
    flex-flow: row;
  }
  .main {
    flex: 1 1 auto;
    order: 2;
  }
  .sidebar {
    flex: 0 0 340px;
    order: 1;
  }
}
...
```

図9-26　サイドバーが左に移動した

orderプロパティ

orderは、フレックスアイテムに設定するプロパティで、配置の順番を指定します。orderプロパティに指定されている値が小さいほうが、より先に配置されます。サイドバーを左に移動する（先に配置する）ために、このサンプルではサイドバーのorderプロパティに、メインコンテンツのorderプロパティよりも小さい値を指定しています。

3コラムレイアウト

旧来のフロートを使った3コラムレイアウトは、位置の入れ替えが柔軟ではなく、レスポンシブWebデザインには向きません。ソースコードもかなり複雑になり、苦労した方もいらっしゃるかもしれません。

そんな3コラムレイアウトもフレックスボックスを使うと簡単で、位置の入れ替えも柔軟にこなせます。

今回のサンプルでは、コンテンツの領域を真ん中に、左右にサイドバーを配置します。左サイドバーの幅は200px、右サイドバーの幅は250pxに設定します。

HTML　3コラムレイアウト　chapter9/c09-02-c/index.html

```
...
<section>
  <div class="container">
    <main>
      <!-- コンテンツの要素 -->
      <p class="main-title">Main</p>
    </main>
    <aside class="sidebar sidebar1">
      <!-- サイドバー1の要素 -->
      sidebar1
    </aside>
    <aside class="sidebar sidebar2">
      <!-- サイドバー2の要素 -->
      sidebar2
    </aside>
  </div><!-- /.container -->
</section>
...
```

新しいサイドバーを追加

CSS　3コラムレイアウト　chapter9/c09-02-c/style.css

```
...
@media only screen and (min-width: 768px) {
  section .container {
    flex-flow: row;
  }
  main {
    flex: 1 1 auto;
    order: 2; /* orderで並び順を設定 */
  }
  .sidebar1 {
    flex: 0 0 200px;
    order: 1; /* orderで並び順を設定 */
```

```
  }
  .sidebar2 {
    flex: 0 0 250px;
    order: 3; /* orderで並び順を設定 */
  }
}
...
```

図9-27　3コラムレイアウト。画面幅が狭いときはメイン→サイドバー 1→サイドバー 2の順に並ぶ

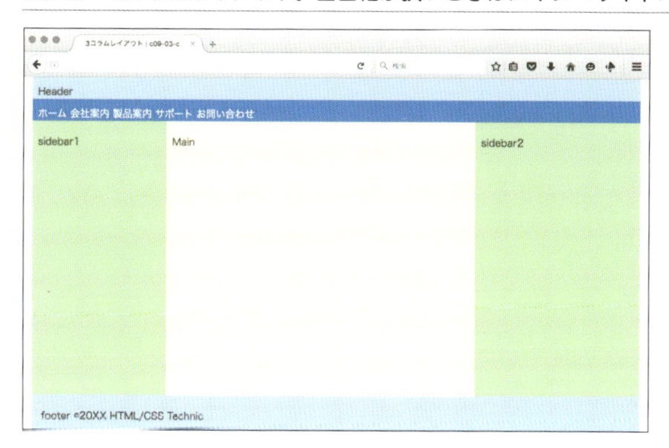

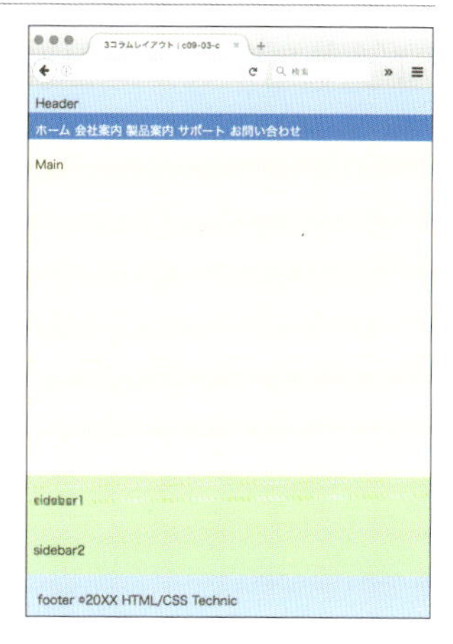

HTMLに書かれた順番に注目

このサンプルでは、画面幅が広いとき、左から順に「サイドバー 1→メインコンテンツ→サイドバー 2」の順に配置されています。また、画面幅が狭いときは、上から順に「メインコンテンツ→サイドバー 1→サイドバー 2」の順に配置されています。

でも、HTMLには「メインコンテンツ→サイドバー 1→サイドバー 2」の順で書かれていることに注目してください。フレックスボックスのorderプロパティを使って、画面幅が広いときの配置順を、HTMLとは異なる順番に並べ替えているのです。

HTMLは上から順に解読されるため、可能なかぎり重要なコンテンツを上に記述したほうがよいでしょう[*1]。

＊1　たとえば、スクリーンリーダーを使う場合、メインコンテンツが先に書かれていたほうが、重要なものが先に読み上げられることになります。少なくともアクセシビリティの観点からは、重要なコンテンツを先に書くことは有益だといえます。

パターン化されているマークアップを知っていればOK

ナビゲーションメニューを作成する

フレックスボックスを使ったナビゲーションメニューの作成方法を紹介します。

フレックスボックスを使ったナビゲーションを作成する

フレックスボックスは、ナビゲーションの作成にも最適です。

まずは基本の例として、ナビゲーションの項目を左寄せで配置する例を見てみましょう。

HTML ナビゲーションのHTML　chapter9/c09-03-a/index.html

```
...
<body>
<header>
  <div class="container">
    <div class="header-inner">
      <button class="hamburger" id="mobile-menu"></button> ❶
    </div><!-- /.header-inner -->
  </div><!-- /.container -->
</header>
<nav>
  <div class="container">
    <ul class="navbar">
      <li><a href="#">ホーム</a></li>
      <li><a href="#">会社案内</a></li>
      <li><a href="#">製品案内</a></li>
      <li><a href="#">サポート</a></li>
      <li><a href="#">お問い合わせ</a></li>
    </ul>
  </div>
</nav>
...
<script src="script.js"></script> ❷
</body>
</html>
```

CSS　ナビゲーションのCSS　chapter9/c09-03-a/style.css

```
...
/* ヘッダー部 */
.hamburger {
  border: none;
  width: 50px;
  height: 50px;
  background: url(../../images/hamburger.png) no-repeat;
  background-size: contain;
}

/* ナビゲーション */
.navbar {
  display: none;
  margin: 0;
  padding: 0;
  list-style-type: none;
  background: #565656;
}
.navbar li a {
  display: block;
  padding: 10px 8px;
  color: #fff;
  text-decoration: none;
}
.navbar li a:hover {
  background: #fff;
  color: #565656;
}

@media only screen and (min-width: 768px) {
  ...
  /* ナビゲーション */
  .hamburger {
    display: none;
  }
  .navbar {
    display: flex !important;
  }
}
...
```

(注釈: ❸ .hamburger { … }　❹ display: none;　❺ display: block; / padding: 10px 8px;　❻ display: flex !important;)

図9-35　画面幅が広いときは、ナビゲーションが左寄せで配置される

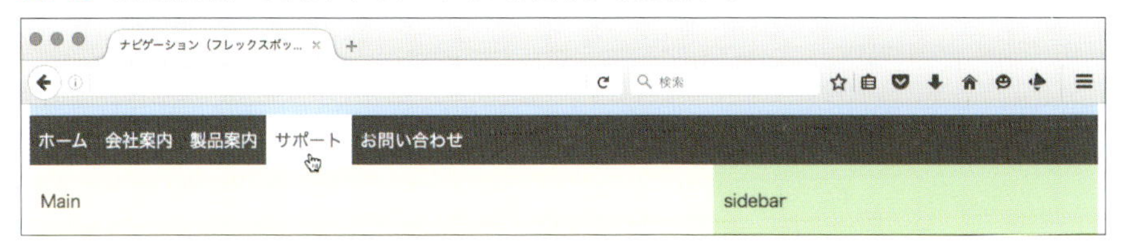

<header> ～ </header>に<button>タグを追加

今回のサンプルでは、画面幅が狭いときには、ヘッダーに表示されるボタンのタップでナビゲーションを開閉できるようにしています。この動作を実現するには、ページにJavaScriptプログラムを組み込む必要があります。

そこで、HTMLにはヘッダー部分に<button>タグを追加して❶、あらかじめ作っておいたJavaScriptプログラム（script.js[*1]）を読み込ませています❷。プログラムが正しく動作するように、<button>タグにはid属性をつけています。

*1　script.jsでは、ボタンをクリックしたときに<ul class="navbar">に適用されるdisplayプロパティの値を操作して、この要素を表示したり、非表示にしたりを切り替えています。

<button>に適用したCSSの内容

ヘッダーに追加した<button>には、style.cssの❸の部分のCSSが適用されます。このボタンの背景には、100px×100pxのサイズで作られた「hamburger.png」を表示させるようにしています。

しかし、このボタンのサイズは、CSSで50px×50pxと設定されています。要素のサイズよりも背景画像のサイズのほうが大きいため、そのままでは次図のように画像の一部だけしか表示されません。

図9-32　backgroundプロパティだけだと、画像の一部しか表示されない

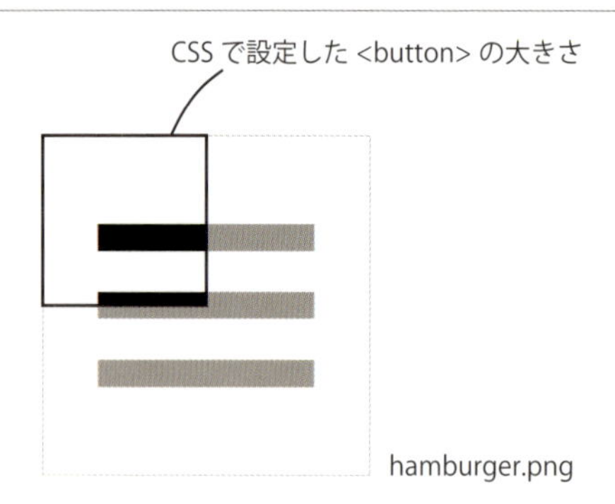

そこで使用するのがbackground-sizeプロパティです。このプロパティの値に「background-size: contain;」を指定すると、画像の縦横比を維持したまま、ボックスのサイズに収まるように縮小して全体を表示するようになります。

図9-33　ボックスのサイズに合わせて画像を縮小表示する

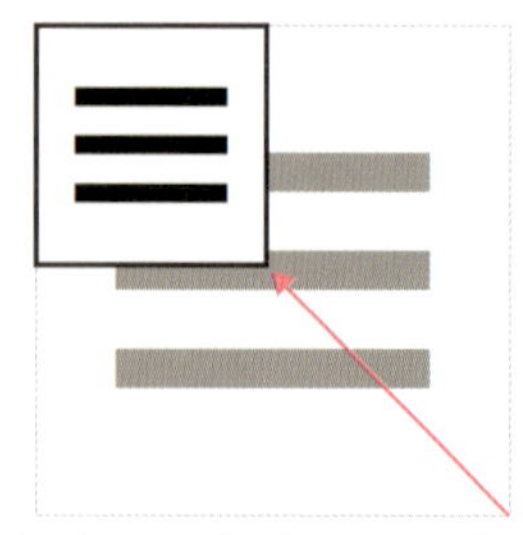

Note　表示サイズよりも大きな画像を使う理由

なぜわざわざ表示サイズよりも大きな画像を使うかというと、「高解像度ディスプレイできれいに見せたいから」です。

ほとんどのスマートフォン、タブレットをはじめ、一部のノートパソコンや外付けディスプレイには、高解像度ディスプレイが搭載されています。

高解像度ディスプレイは、CSSの「px」で指定する数値や、<img>タグのwidth属性、height属性で指定する数値よりも2倍かそれ以上のピクセル数を持ち、より高精細な画像を表示できるようになっています。

その性能を生かすためには、Webサイトで使う画像を、実際に表示するピクセル数の2倍のサイズで作成します。

図9-34　高解像度ディスプレイは、同じ面積を通常の2倍以上のピクセル数で表示する

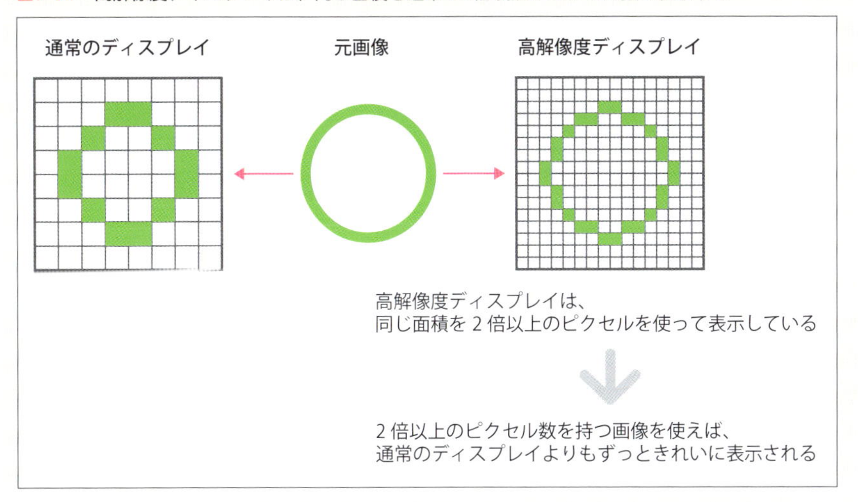

ナビゲーション部分のCSS

それでは、ナビゲーション部分のHTMLとCSSを見ていきます。

画面幅が狭いときも広いときも共通して適用されるCSSでは[*1]、<ul>、<li>のデフォルトCSSのリセットと、ナビゲーション各項目のリンクを調整しています。

＊1　「/* ナビゲーション */」からメディアクエリの前まで。

また、画面幅が狭いときは、ボタンがクリックされるまでナビゲーションを閉じておく必要があります。そこで<ul class="navbar">に「display: none;」を適用して、ナビゲーション全体を非表示にしています❹。

❺は、<a>のクリックできる領域を拡大する常套手段です。ポイントは、<a>に「display: block;」を適用して、ブロックボックスとして表示させるという点です。ブロックスボックスとして表示させることにより、<a>の幅が自動的に親要素の<li>と同じになるので、クリック可能な領域を広げることができます。このCSSは、ナビゲーションの<a>にはほぼ必ず適用します。

図9-35 <a>をブロックボックスで表示すると、クリック可能な領域を拡大できる

通常の <a>（インラインボックス）の場合

<a> に「display:block;」を適用すると

続くメディアクエリの部分には、画面幅が広いときにだけ適用されるCSSを記述しています。ここでは主に、各ナビゲーション項目の<li>を横に並ばせる処理をしています。

ナビゲーションの項目を横に並べるには、親要素の<ul>に「display: flex;」を適用します❻。この1行だけで、<ul class="navbar">がフレックスボックスの親要素になり、その子要素がフレックスアイテムになるため、<li>が横に並ぶようになります。

Note 「!important」があるのはなぜ？

「!important」は、詳細度に関係なくCSSを適用するためのキーワードです[*1]。原則として「!important」は使うべきではありませんが、このサンプルではJavaScriptを動作させるため例外的に使用しています。

*1 「!important とは?」(p.200)

ナビゲーションを右寄せにする

ナビゲーションをフレックスボックスで作成することの利点は、リンク項目の配置を自由に決められる点にあります。それでは、ナビゲーションの項目を右寄せにしてみます。

CSS ナビゲーションを右寄せにする　chapter9/c09-03-b/style.css

```
...
@media only screen and (min-width: 768px) {
  ...

  /* ナビゲーション */
  .hamburger {
    display: none;
  }
  .navbar {
    display: flex !important;
    justify-content: flex-end;
  }
}
...
```

図9-36　ナビゲーションが右寄せになった

justify-contentプロパティ

justify-contentは、フレックスアイテム――このサンプルでいえばナビゲーションの<li>――の配置を決めるプロパティです。サンプルで紹介したとおり、値を「justify-content: flex-end;」にすると、フレックスアイテムが右寄せで配置されます。このjustify-contentプロパティは、フレックスボックスの親要素に適用します。

justify-contentプロパティには、ほかにも以下のような値があります。

左寄せで配置する

justify-contentプロパティを省略するか、「justify-content: flex-start;」とすると、フレックスアイテムが左寄せで配置されます。

▶ フレックスアイテムを左寄せで配置する

```
.navbar {
  display: flex !important;
  justify-content: flex-start;
}
```

図9-37　フレックスアイテム(<li>)が左寄せで配置される

中央揃えにする

「justify-content: center;」にすると、フレックスアイテムが中央揃えになります。

▶ フレックスアイテムを中央揃えにする

```
.navbar {
  display: flex !important;
  justify-content: center;
}
```

図9-38　フレックスアイテム(<li>)が中央揃えで配置される

ホーム　会社案内　製品案内　サポート　お問い合わせ
Main
sidebar

均等配置にする

「justify-content: space-around;」にすると、フレックスアイテムが均等配置になります。ちなみに、「space-between」という値もあります。この2つの値の効果は似ていますが、両方試して好きなほうを使ってください。

▶ フレックスアイテムを均等配置にする

```
.navbar {
  display: flex !important;
  justify-content: space-around;
}
```

図9-39　均等配置。space-aroundとspace-between

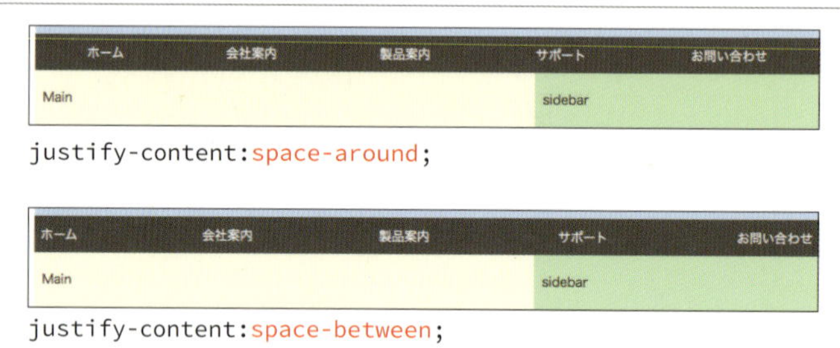

1つだけ左寄せにして、あとはすべて右寄せにする

「最初の1つだけ左寄せにして、あとはすべて右寄せにする」ということもできます。

CSS　1つだけ左寄せにして、あとはすべて右寄せにする　chapter9/c09-03-c/style.css

```
.navbar {
  display: flex !important;
  justify-content: flex-end;   ← 削除
}
.navbar  li:first-child {   ← 最初の<li>にだけ適用される
  margin-right: auto;
}
```

図9-40　「ホーム」だけが左寄せ、あとは右寄せに

ホーム　会社案内　製品案内　サポート　お問い合わせ
Main
sidebar

margin-right: auto;

margin-rightプロパティの値を「auto」にすると、ボックスの右マージンが自動的に計算され、前図のような表示になります。同じように、<li>の最後の要素に「margin-left: auto;」を適用すれば、最後の1つだけを右寄せにできます。試してみてください。

なお、margin-rightプロパティやmargin-leftプロパティに「auto」が適用できるのは、フレックスボックスだけです。普段はマージンに「auto」を指定しても何も起こりません。

COLUMN

フロートとポジション

フレックスボックスが実用化段階に入るまで、長らくレイアウトやナビゲーションの作成にはフロートを使用していました。

これから新規にWebサイトを作るときは、基本的にフレックスボックスを使ってかまわないと思いますが、既存のサイトをメンテナンスするときや、古いブラウザ[*1]をサポートしなければならないときは、フロートを使ったレイアウトテクニックも知っておく必要があります。

フロートを使って横幅を固定したレイアウトを作るのは比較的簡単ですが、ウィンドウ幅に合わせて伸縮させるとなると、かなり複雑なCSSを書かなければいけません。ただ、そのCSSの書き方には定番のパターンがあります。ここではその定番パターンを使った、2コラムレイアウトを紹介します。

紹介するフロート版の2コラムレイアウトは、サイドバーの幅を340pxに固定し、メインのコンテンツが伸縮するようにしてあります[*2]。ここには、サイドバーの幅を変えたいときに編集する箇所だけを掲載しています。すべてのソースコードを確認するには、サンプルデータ(「extra/float/」)をご覧ください。

CSS　フロート版2コラムレイアウトとナビゲーション　extra/float/style.css

```
...
@media only screen and (min-width: 768px) {
  section .container {
    overflow: hidden;
  }
  main {
    float: left;
    width: 100%;
    margin-right: -340px; /* サイドバーの幅にマイナスをつける */
  }
  .main-inner {
    margin-right: 340px; /* サイドバーの幅を指定 */
  }
  .sidebar {
    float: right;
    width: 340px; /* サイドバーの幅を指定 */
  }
}
```

＊1　IE10以前。

＊2　このサンプルはもちろんレスポンシブWebデザインになっていて、ウィンドウまたは画面の横幅が768px以上のときだけ、2コラムレイアウトで表示されます。ただし、フロートを使ったレイアウトでは、メインのコンテンツとサイドバーの高さは揃いません。

図9-41　右サイドバーの2コラムレイアウト

● 左サイドバーにするには

style.cssの「right」と書かれている部分をすべて「left」に、「left」と書かれている部分をすべて「right」に書き換えると、左サイドバーの2コラムレイアウトに変えることができます。「extra/float-left/」フォルダには、左サイドバーに変更したサンプルデータを収録しています。

CSS　左サイドバーにする例　extra/float-left/style.css

```
...
@media only screen and (min-width: 768px) {
  ...
  main {
    float: right;
    width: 100%;
    margin-left: -340px; /* サイドバーの幅にマイナスをつける */
  }
  .main-inner {
    margin-left: 340px; /* サイドバーの幅を指定 */

  }
  .sidebar {
    float: left;
    width: 340px; /* サイドバーの幅を指定 */
  }
...
```

図9-42　左サイドバーの2コラムレイアウト

● ポジション

フレックスボックスやフロートと並んで、レイアウトに使われる機能として「ポジション」があります。ポジションは、要素を座標で指定して自由に配置できる機能です。ただ、自由に配置できるといっても、多くの場合要素の幅だけでなく高さも固定する必要があったり、座標をpxなどの固定値で指定しなければならなかったりすることから、レスポンシブWebデザインとの相性はあまり良いとはいえません。

ポジションがよく使われるケースとしては、画面幅が広いパソコン用のレイアウトで、ヘッダーをウィンドウ上部に固定するケースです。サンプルデータの「extra/position/」フォルダには、10章で取り上げるWebページをベースに、ヘッダーを固定するサンプルを収録しています。

CSS　ヘッダーを固定するCSS　extra/position/css/main.css

```
...
/* ========== ヘッダーを画面上部に固定 ========== */
@media screen and (min-width: 768px) {
  .position-lock {
    position: fixed;
    top: 0;
    left: 0;
    width: 100%;
  }
  header {
    width: 100%;
    height: 86px;
  }
  nav {
    width: 100%;
    height: 47px;
```

```
  }
  .main,
  .home-keyvisual {
    margin-top: 133px;
  }
}
...
```

図9-42　ページをスクロールしてもヘッダーは移動しない

レスポンシブWebデザインのページを作成しよう

この章では、実際の作業プロセスに近い流れで、レスポンシブWebデザインのサイトを作成します。使用するHTML、CSSの機能はこれまでに紹介したものも多いのですが、それらを実際のページに組み込み、組み合わせて使う方法と手順を紹介します。

フルーイドデザイン+伸縮する画像+メディアクエリ

レスポンシブWebデザインとは

同じ1枚のHTMLで、スマートフォンでもパソコンでも、画面サイズに合わせて最適なレイアウトで表示する「レスポンシブWebデザイン」は、多くのサイトに導入され、広く普及しています。レスポンシブWebデザインに必要な基礎知識を確認しておきましょう。

レスポンシブWebデザインを実現するテクニック

レスポンシブWebデザインを実現するためのテクニックには、大きく分けて次の3つがあります。

- 画面サイズに合わせてページの幅を伸縮させる「フルーイドデザイン」
- 画面サイズに合わせて適用するCSSを切り替える「メディアクエリ」と、メディアクエリに関連する「ブレイクポイント」
- 画面サイズに合わせて表示する画像のサイズを調整する「伸縮する画像の表示」

このうち、「伸縮する画像の表示」については、「オリジナルとは異なるサイズで表示する」(p.102)を参照してください。ここではそれ以外の、フルーイドデザイン、メディアクエリ、ブレイクポイントについて説明します。

フルーイドデザイン

フルーイドデザインとは、ボックスのサイズを極力固定せず、ウィンドウサイズ・画面サイズに合わせて伸縮するように作られたデザインのことを指します。本書で紹介しているサンプルのほとんどは、幅を固定していません。とくに、本書の9章で紹介しているレイアウトやナビゲーションは、すべてフルーイドデザインで作られています。

ただし、表示する要素やレイアウトによっては、幅を固定しないと実現できなかったり、できたとしても難しかったりすることがあります。また、タグや使用するCSSによっては伸縮が苦手なものもあります。伸縮が苦手な機能(またはタグ)を使う場合は、フルーイドデザインが可能かどうか、十分検討してページのデザインをしましょう。伸縮が苦手な機能、得意な機能には次のようなものがあります。

表10-1　幅の伸縮が苦手な機能・要素、得意な機能・要素

幅の伸縮が苦手な機能・要素	苦手なポイント	解決方法
フォーム部品	テキストフィールドなどのフォーム部品の幅を「width: 100%;」にすると、全体の幅がパディング・ボーダーぶん親要素よりも多くなり、親要素からはみ出してしまう	box-sizing: border-box;を適用して、パディング・ボーダーの幅をwidthプロパティに含める。「テキストフィールドのボックスモデル」(p.178)参照
フロート	HTMLやCSSのソースコードが長く、複雑になる傾向がある	HTMLを工夫すればある程度対策はできるが、可能であればフレックスボックスの使用を検討する。9章参照
テーブル	テーブルのデータが横にも縦にも並ぶため、画面幅が狭いと見づらい	フルーイドデザインのWebページにテーブルを使用する場合は、できるだけシンプルで、横方向の項目数が少なくなるように工夫する。テーブルのマークアップやCSSについては7章参照
ブロックボックス全般	横幅が伸縮するようにwidthプロパティを単位%で指定すると、パディング、ボーダー、マージンを指定する方法が難しい	box-sizing: border-box;を適用して、パディング・ボーダーの幅をwidthプロパティに含める。もしくはHTMLを工夫して、パディング、ボーダーを指定する要素の外側に必ず親要素があるようにする。9章のコラムレイアウト参照
幅の伸縮が得意な機能・要素	**得意なポイント**	**使いどころ**
フレックスボックス	子要素が親要素に収まるように伸縮するので、ボックスのサイズを気にする必要がない	フロートでできることのほとんどはフレックスボックスでできるため、IE11より古いブラウザに対応する必要がなければフレックスボックスを使う
box-sizing:border-box;	widthプロパティで指定できる幅に、コンテンツ領域、パディング、ボーダーを含めることができるため、親要素からはみ出さずに伸縮できる	レイアウトに限らず、ブロックボックスを表示させたいときは、ほぼ全面的に「box-sizing: border-box;」が使える*1

*1　本書では基本的なボックスモデルを習得しておいたほうがよいという観点から、「box-sizing: border-box;」の使用は最小限にとどめています。

メディアクエリ

「メディアクエリ」(p.216)でも紹介したとおり、ある条件を満たしたときだけ適用されるCSSを作ることができます。次の例では、画面幅が768px以上のときだけ、「{～}」に書かれたCSSが有効になります。

▶ メディアクエリの例

```
@media screen and (min-width: 768px) {
  .content {
    float: left;
  }
}
```

逆に、「@media ...」の「{～}」に囲まれていない部分のCSSは、どんな端末にも無条件で適用されます。つまり、メディアクエリで囲まれていない部分は、どんな端末にも共通する「ベースデザイン」と考えることができます。

そのベースデザインの部分でまずスマートフォン向けのデザインを完成させ、その後メディアクエリを使って、画面幅の広い、パソコンやタブレット向けのCSSを追加する手法を「**モバイルファーストCSS**」といいます。

モバイルファーストとは逆に、ベースデザインで先にパソコン用のCSSを書いてしまう「**デスクトップファーストCSS**」という手法もあります。古いブラウザ(IE8以前)に対応するためなどの理由で、以前はデスクトップファーストCSSが主流でした[*1]。しかし、モバイルファーストでCSSを書いたほうが、全体の記述量が減り管理もしやすくなります。そのため、現在ではモバイルファーストCSSのほうが一般的です。

*1 仮に、メディアクエリに対応していないブラウザでページを閲覧した場合、メディアクエリの「{~}」に書かれたCSSは、条件を満たすかどうかにかかわらず適用されません。そのため、メディアクエリに非対応のブラウザをサポートするには、ベースデザインのほうに、パソコン向けのCSSを書いておく必要があったのです。過去にはデスクトップファーストCSSが主流だったのには、そういう事情があります。

図10-1 モバイルファーストCSS。「@media」に囲まれていない部分は、すべての端末に無条件で適用される

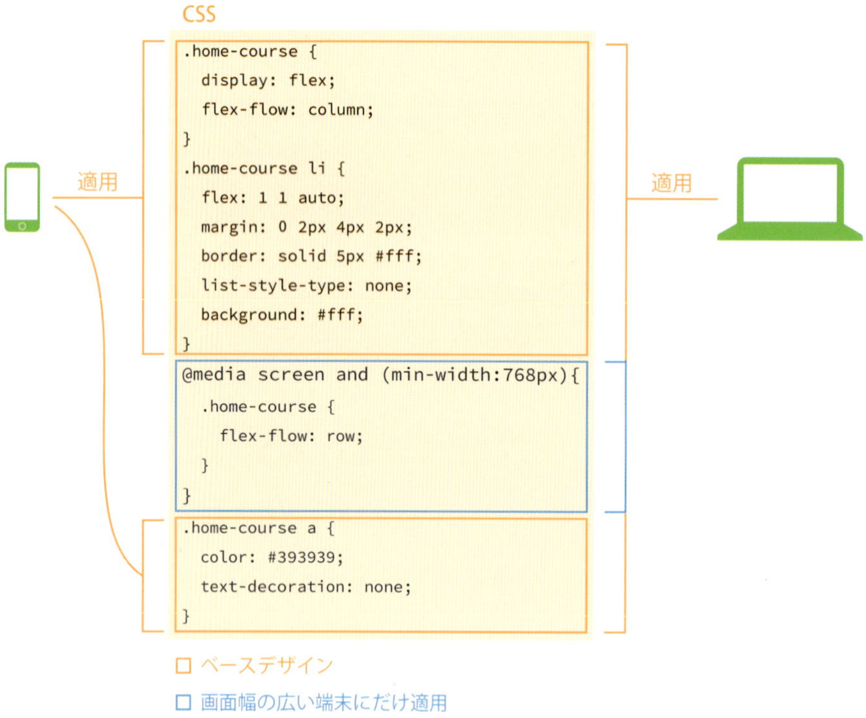

CSS

```
.home-course {
  display: flex;
  flex-flow: column;
}
.home-course li {
  flex: 1 1 auto;
  margin: 0 2px 4px 2px;
  border: solid 5px #fff;
  list-style-type: none;
  background: #fff;
}
@media screen and (min-width:768px){
  .home-course {
    flex-flow: row;
  }
}
.home-course a {
  color: #393939;
  text-decoration: none;
}
```


ブレイクポイント

ブレイクポイントとは、「デザインを切り替える画面幅」のことを指します。具体的には、メディアクエリの「min-width: ○○px」の○○に入る数値がブレイクポイントです。ブレイクポイントは、「標準的な端末の画面幅」に合わせて設定するのが基本です[*2]。

端末の画面サイズに合わせて、きめ細かくデザインを切り替えるときは、次のようなブレイクポイントがよく使われます。

*2 サイトのデザインによっては、端末の画面サイズに関係なく、見た目の印象がよいところにブレイクポイントを設定する場合もあります。その場合、ブレイクポイントは試行錯誤をしながら決めます。

図10-2 よく使われるブレイクポイントの例

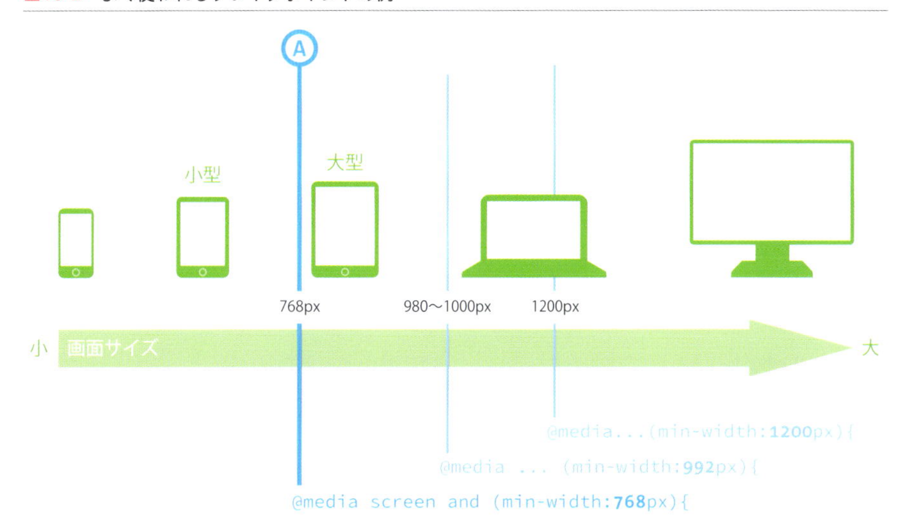

これらのブレイクポイントの中で最も重要なのは、タブレット以上とそれ以下でCSSの適用を切り替える、「ブレイクポイントⒶ」です。ブレイクポイントⒶより小さい端末にはシングルコラム、大きい端末には2コラムレイアウトで表示するといった、大きなレイアウトの切り替えをします。

なお、標準的なサイズのタブレットには、原則としてパソコンと同じデザインで表示させたほうが好まれるようです[*1]。

それ以外のブレイクポイントは、デザインの微調整[*2]に使うことが多く、ブレイクポイントⒶほど重要ではありません。

＊1 「タブレット端末ユーザーにはフルサイズのウェブを表示しましょう」 ― Google ウェブマスター向け公式ブログ https://webmaster-ja.googleblog.com/2012/11/giving-tablet-users-full-sized-web.html

＊2 デザインの微調整には、端末のサイズに合わせてフォントサイズを調整したり、タブレットとパソコンでサイドバーの幅を変えるなどが考えられます。

実際の制作プロセスに近い流れを体験しよう

レスポンシブWebデザインのサイトを作る

本書のまとめとして、レスポンシブWebデザインのサイトを作成します。ここでは、HTMLやCSSのテクニック自体よりも、全体の作業の流れや、ゼロからページを作るときの考え方を中心に紹介していきます。

作成するページの概要

本書でこれまでに解説してきたテクニックを利用して、実際の制作プロセスに近い状態で、4ページ構成のWebサイトを作成していきます。作成するのは「プログラミング学習スクール」のサイトです。

このサイトはもちろんレスポンシブWebデザインで作成し、ブレイクポイントを768px、ページの横幅の上限を1000pxに設定します。IE11以降に対応し、基本的なレイアウトにはフレックスボックスを使用します。

図10-3　ページの完成図

フォルダを用意する

HTMLやCSSを書く前に、ファイルを整理するためのフォルダを作成します。

本章で紹介する作例は、「1ページにつき1つのフォルダを作る」(p.13) 方法でフォルダを作成します。ファイル・フォルダの構成は次図のとおりです。

なお、作成するサイトは規模が小さいため、ページのフォルダごとに「images」フォルダを作成することはせず、すべての画像ファイルをルートの「images」フォルダに保存しています。

図10-4　ファイル・フォルダの構成

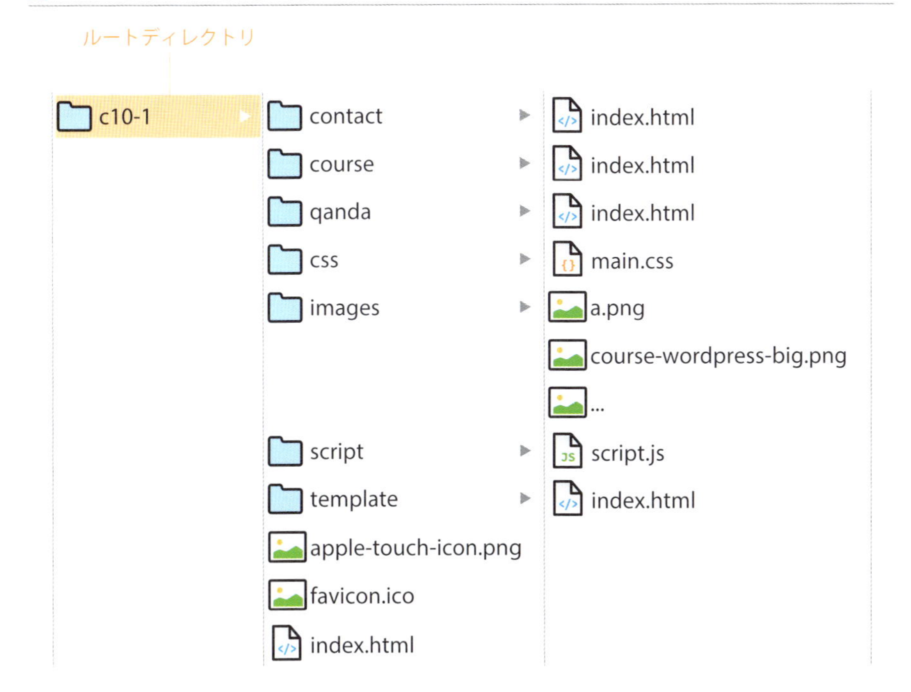

各ページに共通する基礎部分のHTMLを作成する

Webサイトを作るときは、通常はトップページから作成します。まずは、ルートディレクトリ（Webサイトの一番上の階層のフォルダ）にindex.htmlを作成し、HTMLの基礎部分と、各ページで共通する<head> ～ </head>の部分を記述します。

HTML　基礎部分のHTML　chapter10/c10-01/index.html

```
<!doctype html>
<html lang="ja">
<head>
<meta charset="utf-8">
<meta name="viewport" content="width=device-width, initial-
scale=1">
<link rel="shortcut icon" href="/favicon.ico">
<link rel="apple-touch-icon" href="/apple-touch-icon.png">
<meta name="description" content="子どもから大人まで、プログラミングを学
ぶなら、Codera。">
<title>プログラミングスクールCodera</title>
<link rel="stylesheet" href="css/normalize.css">
<link rel="stylesheet" href="css/main.css">
</head>
<body>

</body>
</html>
```

ファビコンの設定

ファビコンの設定

ファビコンとは、ブラウザのアドレスバーやブックマークなどに表示されるアイコンのことです。AndroidやiOSの場合は、ブックマークをホーム画面に登録するときのアイコンとしても使われています。

図10-5　ファビコンが使われている場所

タブに表示されるファビコン（Chrome）

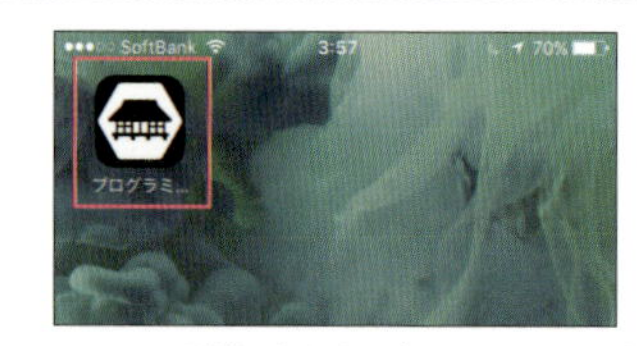

ホーム画面に登録されたブックマーク（iOS）

ファビコンの画像には、パソコン向けの「favicon.ico」というICO形式のファイルと、スマートフォンやタブレット向けの「apple-touch-icon.png」というPNG形式のファイルの2種類を用意して、Webサイトのルートディレクトリに保存します。このうち、PNG形式の画像のサイズは、180px×180pxにします。

なお、ICO形式の画像は画像処理ソフトでは作成するのが難しいため、Webサービスを利用するとよいでしょう。「ファビコン 作成」などのキーワードで検索すると、ICOファイルを作成してくれるWebサービスを探すことができます。

ファビコンの挿入[*1]

```
<link rel="shortcut icon" href="/favicon.ico">
<link rel="apple-touch-icon" href="/apple-touch-icon.png">
```

*1　このサンプルをローカル環境で確認しているときは、ルート相対パスが正しく認識できないため、動作しません。どうしてもローカル環境で動作させたいときは、href属性の値を、index.htmlからの相対パスで記述します。つまり、「/favicon.ico」を「favicon.ico」に変更します。

Note　ファビコンの画像のサイズ

ファビコンの画像は、端末や用途に合わせて、サイズの違う何種類かを用意することができます。ただ、すべての端末や用途に合わせて異なるサイズの画像を用意するとなると、最大で20種類近くのファイルを作らなくてはなりませんし、用意した画像の数だけ<link>ファイルも書かなくてはいけません。画像のサイズを変え、<link>タグを追加する作業は、面倒なわりに手間をかけるだけの効果も出ません。省力化を図るために、ICO形式のファイル1枚と、180px×180pxのPNG画像1枚の、2種類の画像だけを用意することをお勧めします。

シングルコラムレイアウトとナビゲーションを組み込む

HTMLの基礎部分ができたら、続いてトップページの<body> ～ </body>の部分を作成します。トップページの作成を始める前に、最終完成図を見て、骨格となるおおまかなレイアウトの構造と、共通化できる部分を探します。

図10-6 各ページに共通する部分と基本的なレイアウトを考える

共通

レイアウトは基本的にシングルコラム

ヘッダー、フッター部分は明らかに共通します。また、メイン部分のレイアウトは、場所によってコラム数が変わっていますが、基本的には「シングルコラム」と考えてよいでしょう。そこで、まずヘッダーとナビゲーション、フッター、シングルコラムのメイン部分まで作成します。その後、トップページをさらに作り込む前にHTMLをコピーし、ほかのページで使うテンプレートを作成する方針で作業を進めます。

なお、ナビゲーションとシングルコラムは9章で紹介したソースコードをほぼそのまま使用します*1。

*1 ここで作成するHTMLとCSSについては、「伸縮幅の上限を設定する」(p.211)、および「フレックスボックスを使ったナビゲーションを作成する」(p.224)に詳しい解説があります。

HTML 各ページに共通する部分のHTML chapter10/c10-01/index.html

```
<!doctype html>
<html lang="ja">
<head>
...
</head>
<body>
<!-- ========== header ========== -->
<header>
  <div class="container header-container">
    <div class="header-inner">

    </div>
  </div><!-- /header-container -->
</header>
<!-- ========== /header ========== -->
<!-- ========== nav ========== -->
<nav>
  <div class="container nav-container">
       <ul class="navbar">
        <li><a href="./index.html">ホーム</a></li>
        <li><a href="course/index.html">コース紹介</a></li>
        <li><a href="qanda/index.html">よくある質問</a></li>
```

```
        <li><a href="contact/index.html">お申し込み</a></li>
      </ul>
  </div><!-- /nav-container -->
</nav>
<!-- ========== /nav ========== -->

<!-- ========== main ========== -->
<section class="main">
  <div class="container">
    <main>

    </main>
  </div><!-- /.container -->
</section>
<!-- ========== /main ========== -->

<!-- ========== footer ========== -->
<footer>
  <div class="container footer-container">

  </div><!-- /.footer-container -->
</footer>
<!-- ========== /footer ========== -->

<script src="script/script.js"></script>
</body>
</html>
```

CSS 各ページに共通する部分のCSS chapter10/c10-01/css/main.css

```
@charset "utf-8";

/* ========== すべて共通 ========== */
html, body {
  font-size: 16px;
  font-family: sans-serif;
  color: #393939;
  background: #efefef;
}
body, div, p, h1, h2, h3, h4, ul, figure {
  margin: 0;
  padding: 0;
}
p, td, th, li {
  line-height: 1.8;
}
img {
  width: 100%;
  height: auto;
```

```
}
a {
  color: #709a00;
}
a:hover {
  color: #95cd00;
}
a:active {
  color: #4b6700;
}
.img-responsive {
  display: block;
  max-width: 100%;
  height: auto;
}
/* 共通の見出し */
main h1 {
  margin-bottom: 1rem;
  border-bottom: 1px dashed #c84040;
  font-weight: normal;
  font-size: 1.6rem;
}

.container {
  margin: 0 auto;
  padding-left: 10px;
  padding-right: 10px;
  max-width: 1000px;        ← 伸縮の幅を最大1000pxに設定
}
@media screen and (min-width: 768px) {
  .container {
    padding-left: 20px;
    padding-right: 20px;
  }
}

/* ========== ヘッダー ========== */
header {
  background: #c84040;
}
.header-inner {
  display: flex;
  justify-content: space-between;
  align-items: center;
}

/* ========== ナビゲーション ========== */
nav {
  background: #393939;
}
.navbar {
```

```
  display: none;
  list-style-type: none;
}
.navbar a {
  display: block;
  padding: 0.6rem 0;
  color: #fff;
  text-decoration: none;
}
.navbar a:hover {
  background: #c84040;
}

@media screen and (min-width: 768px) {
  .navbar {
    display: flex !important;
  }
  .navbar li {
    flex: 1 1 auto;
    text-align: center;
  }
  .navbar a.nav-current {
    background: #c84040;
  }
}

/* ========== メインエリア基本レイアウト ========== */
main {
  padding-top: 50px;
  padding-bottom: 50px;
  background: #efefef;
}

@media screen and (min-width: 768px) {
  main {
    padding-left: 30px;
    padding-right: 30px;
  }
}

/* ========== フッター ========== */
footer {
  background: #c84040;
  font-size: 0.9rem;
  color: #fff;
}
.footer-container {
  padding-top: 20px;
  padding-bottom: 20px;
}
```

図10-7　<nav>（ナビゲーション）と<body>、<footer>に指定した背景色が表示される*1

*1　ここまでの途中経過を確認したいときは「chapter10/c10-a/」フォルダのデータをご覧ください。

ウィンドウ幅いっぱいの背景色を適用するには

　ページの幅または最大幅*2が設定されていて、かつ、ナビゲーションやヘッダーなど、一部の要素にだけウィンドウの幅いっぱいに背景色を塗りたいときは、<body>の直接の子要素にbackgroundプロパティを適用します。ウィンドウの幅いっぱいに背景色を塗るテクニックは非常によく使われます。

*2　このサンプルでは最大値を1000pxに設定しています。

図10-8　ウィンドウの幅いっぱいに背景色を塗りつぶすには、<body>の直接の子要素にbackgroundプロパティを適用する

max-width:1000px

ホーム　コース紹介　よくある質問　お申し込み

```
<body>
  ...
  <footer>                        { background:#c84040; }
    <div class="container">       { max-width:1000px; }
      ...
    </div>
  </footer>
  ...
</body>
```

ヘッダーを作成する

　<header>～</header>の間に、ロゴと、画面幅が狭いときだけ表示されるナビゲーション用のボタンを配置します。

HTML　ヘッダー部分のHTML　chapter10/c10-01/index.html

```
<!-- ========== header ========== -->
<header>
  <div class="container header-container">
    <div class="header-inner">
      <h1 class="header-logo"><a href="index.html">
```

```
        <img src="images/logo.png" srcset="images/logo.png 1x,
                                             images/logo@2x.
png 2x" alt="Codera">   ❶
      </a></h1>
      <button class="menu-btn" id="mobile-menu"></button>
    </div>
  </div><!-- /header-container -->
</header>
<!-- ========== /header ========== -->
```

CSS　ヘッダー部分のCSS　chapter10/c10-01/css/main.css

```
/* ========== ヘッダー ========== */
header {
  background: #c84040;
}
.header-inner {
  display: flex;
  justify-content: space-between; ❷
  align-items: center; ❸
}
.header-logo {
  padding: 10px 0;
  width: 160px;
  height: 37px;
}
.menu-btn {
  padding: 10px 0;
  border: 1px solid #fff;
  border-radius: 4px;
  width: 40px;
  height: 40px;
  background: url(../images/hamburger.png) no-repeat center
center;
  background-size: contain;
}

@media screen and (min-width: 768px) {
  .header-logo {
    padding: 20px 0;
    width: 200px;
    height: 46px;
  }
  .menu-btn {
    display: none;
  }
}
```

図10-9　画面幅が狭いときは、ヘッダーにロゴとボタンが並んで表示される[*1]

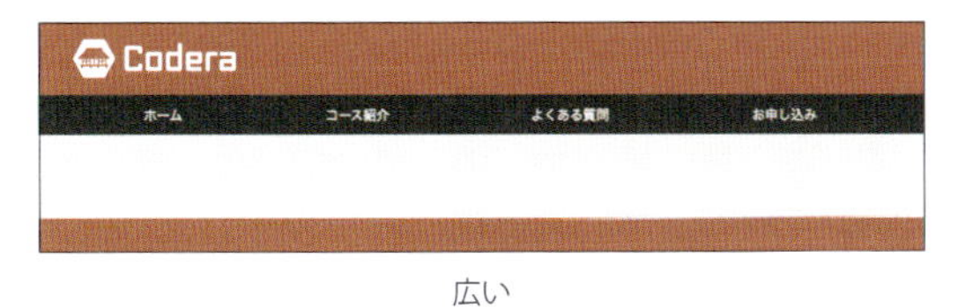

広い

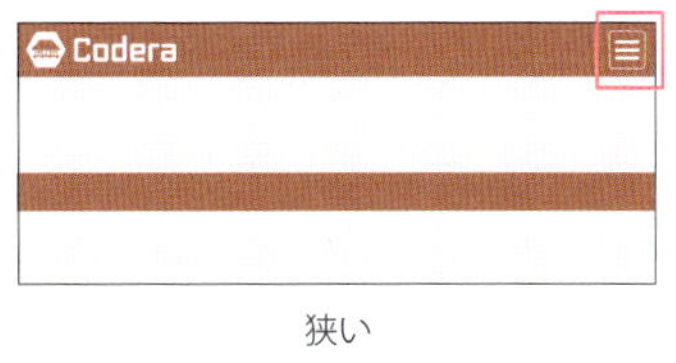

狭い

＊1　ここまでの途中経過：chapter10/c10-b/

<img>タグのsrcset属性

ロゴの画像には、標準的な解像度のディスプレイ向けの「logo.png」と、高解像度ディスプレイ用に、2倍のサイズの「logo@2x.png」を用意しています。

<img>タグのsrcset属性を使用すると、ディスプレイの解像度に合わせて表示する画像を切り替えることができます。

srcset属性の書式は次図のとおりです。なお、srcset属性に対応していないブラウザ（IE11以前）は、src属性で指定された画像を表示します。

図10-10　srcset属性の書式例

```
<img src="通常解像度の画像ファイル.jpg"
  srcset="通常解像度の画像ファイル.jpg 1x,
          高解像度の画像ファイル.jpg 2x>
```

Codera
標準解像度

Codera
高解像度（縦横２倍）

justify-content: space-between;

ロゴ（<h1>）とボタン（<button>）は、フレックスボックスを使って横に並べています。9章で紹介していないフレックスボックスのプロパティを使用したので、少し解説しておきます。

フレックスボックスの親要素（<div class="header-inner">）には、フレックスボックス関係のプロパティとして、justify-contentプロパティ❷と、align-itemsプロパティ❸を適用しています。

このうち、justify-contentプロパティは9章でも紹介しましたが、フレックスアイテムの「水平方向の整列方法」を決めるものです[*2]。このロゴとボタンのように、1つを左寄せ、もう1つを右寄せにしたいときには、「justify-content: space-between;」を指定するとうまくいきます。

＊2　「justify-contentプロパティ」（p.229）

図10-11　justify-contentプロパティの値の違い。「space-between」にすると、フレックスアイテムが2つのとき、1つは左寄せ、1つは右寄せになる

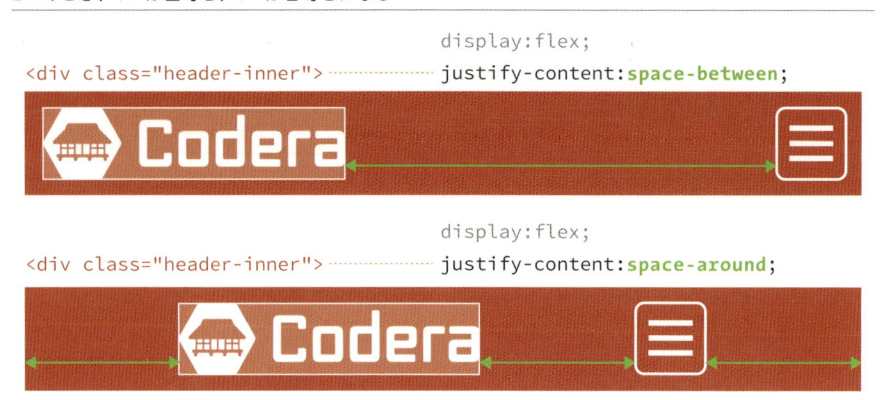

align-items: center;

align-itemsプロパティは、フレックスアイテムの「垂直方向の整列方法」を決めるものです。

フレックスアイテムの高さが違うとき――このサンプルでは、ロゴの高さは37px、ボタンの高さは40pxと設定しています――、align-itemsプロパティを使うと、上端揃え、中央揃え、下端揃えなどを設定することができます。サンプルでは「align-items: center;」と設定して❸、ロゴとボックスを垂直方向に中央揃えにしています。

図10-12　align-itemsプロパティの主な値と効果

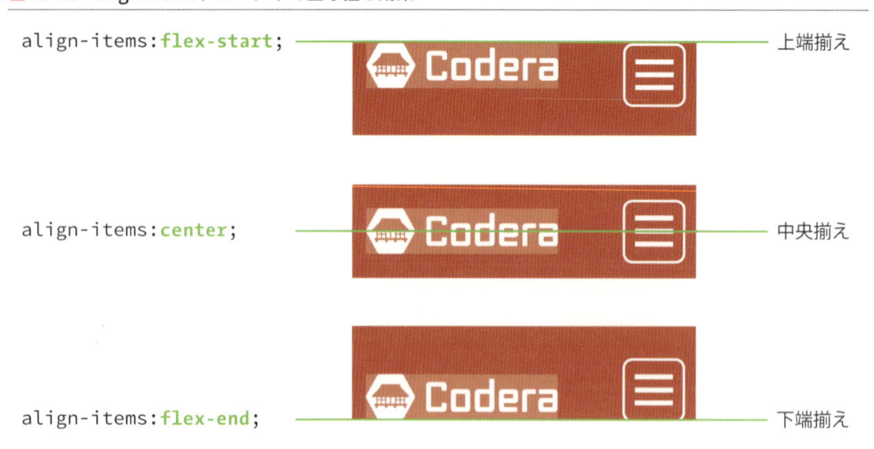

フッターを作成する

次にフッターを作成します。フッター部分は、<li>を横に並べているくらいで、とくに目新しいテクニックは使っていません。

HTML　フッター部分のHTML　chapter10/c10-01/index.html

```
<!-- ========== footer ========== -->
<footer>
  <div class="container footer-container">
    <ul class="footer-nav">
      <li><a href="course/index.html">コース紹介</a></li>
      <li><a href="qanda/index.html">よくある質問</a></li>
      <li><a href="contact/index.html">お申し込み</a></li>
    </ul><!-- /.footer-nav -->
    <p class="footer-copyright">
    &copy; codera
    </p><!-- /.footer-copyright -->
  </div><!-- /.footer-container -->
</footer>
<!-- ========== /footer ========== -->
```

CSS　フッター部分のCSS　chapter10/c10-01/css/main.css

```
/* ========== フッター ========== */
footer {
  ...
}
.footer-container {
  ...
}
.footer-nav {
  list-style-type: none;
}
.footer-nav li {
  display: inline;
  padding: 0 1rem 0 0;
}
.footer-nav a {
  color: #fff;
  text-decoration: none;
}
.footer-nav a:hover {
  opacity: 0.5;
}
```

ここを追加（.footer-nav 以降）

図10-13　フッター部分が完成[*1]

*1　ここまでの途中経過：chapter10/c10-c/

テンプレートを作成する

フッターまでできあがると、各ページに共通する部分のHTMLとCSSが完成します。この段階で、当初の計画どおり、トップページの作業を続ける前にHTMLファイルをコピーして、ほかのページの作成に使えるテンプレートファイルを作ってしまいます。

テンプレートを作るには、ルートディレクトリに「template」という名前のフォルダを作り、その中に作業中のindex.htmlをコピーします。

テンプレートのindex.htmlは、元のindex.htmlとはフォルダの階層関係が変わるため、すべてのパスを書き換えます。書き換えはとくに難しくはなく、すべてのパスの先頭に「../」を追加するだけです。ここにはすべてのソースを掲載しませんが、例としてナビゲーション部分のHTMLをお見せします。パスを書き換えたら、テンプレート作成作業は終了です。

HTML テンプレートのindex.htmlのパスを書き換える例 chapter10/c10-01/template/index.html

```
<!-- ========== nav ========== -->
<nav>
  <div class="container nav-container">
      <ul class="navbar">
        <li><a href="../index.html">ホーム</a></li>
        <li><a href="../course/index.html">コース紹介</a></li>
        <li><a href="../qanda/index.html">よくある質問</a></li>
        <li><a href="../contact/index.html">お申し込み</a></li>
      </ul>
  </div><!-- /nav-container -->
</nav>
<!-- ========== /nav ========== -->
```

伸縮するキービジュアルと、メイン部分を仕上げる

テンプレートファイルを作った後は、ルートディレクトリの「index.html」に戻って、トップページの残りの部分を作成します。ここで追加するのは、キービジュアルとコンテンツ部分です。キービジュアルは、画面幅に合わせて伸縮するようにします[*1]。

また、「コース案内」部分の4つのボックスはフレックスボックスで並べ、画面幅が狭いときは縦に、広いときは横一列に並ぶようにします[*2]。

*1 伸縮する画像を実現するCSSの詳細については「オリジナルとは異なるサイズで表示する」(p.102)を参照してください。

*2 「フレックスボックス」(p.217)

HTML　キービジュアルとコンテンツ部分のHTML　chapter10/c10-01/index.html

```
...
<!-- ========== /nav ========== -->

<!-- ========== keyvisual ========== -->
<div class="home-keyvisual">
  <img src="images/keyvisual.jpg" alt="Codera"
class="img-responsive">
</div><!-- /.home-keyvisual -->
<!-- ========== /keyvisual ========== -->

<!-- ========== main ========== -->
<section class="main">
  <div class="container">
    <main>
      <p class="home-maincopy">子どもから大人まで、<br>
      <span class="home-color1">プ</span><span class="home-
color2">ロ</span><span class="home-color3">グ</span><span
class="home-color4">ラ</span><span class="home-color1">ミ</
span><span class="home-color2">ン</span><span class="home-
color3">グ</span>を学ぶなら、<strong>Codera</strong>。</p>
      <h2 class="home-h2">お知らせ</h2>
      <div class="home-news">
      <ul>
      <li>来月から、新コースを続々開講します</li>
      <li>Web最新動向トークセッション、参加者受付開始</li>
      <li>今すぐ始めるキャンペーンで入会費が50%OFF!</li>
      </ul>
      </div><!-- /.home-news -->

      <h2 class="home-h2">コース紹介</h2>
      <ul class="home-course">
        <li>
          <a href="html.html"><figure><img src="images/
course1.png" alt="HTML&CSS基礎">
          <figcaption>HTML&amp;CSS基礎</figcaption>
          </figure></a>
        </li>
        <li>
          <a href="#"><figure><img src="images/course2.png"
alt="WordPressサイト構築">
          <figcaption>WordPressサイト構築</figcaption>
          </figure></a>
        </li>
        <li>
          <a href="#"><figure><img src="images/course3.png"
alt="Pythonでデータ解析">
          <figcaption>Pythonでデータ解析</figcaption>
          </figure></a>
        </li>
```

キービジュアル

キャッチコピー

お知らせ

ボックスが並ぶ
コース案内

```
        <li>
          <a href="#"><figure><img src="images/course4.png"
alt="Rubyスクレイピング">
          <figcaption>Rubyスクレイピング</figcaption>
          </figure></a>
        </li>
      </ul>
    </main>
  </div><!-- /.container -->
</section>
<!-- ========== /main ========== -->
...
```

CSS キービジュアルとコンテンツ部分のCSS chapter10/c10-01/css/main.css

```
/* ========== index トップページ ========== */

/* キャッチコピー */
.home-maincopy {
  text-align: center;
  font-size: 1.4rem;
}
.home-maincopy strong {
  color: #c84040;
}

@media screen and (min-width: 768px) {
  .home-maincopy {
    font-size: 2.4rem;
  }
}

.home-color1 {
  color: #f8b173;
}
.home-color2 {
  color: #74b9d9;
}
.home-color3 {
  color: #8bca85;
}
.home-color4 {
  color: #f8817e;
}

/* 見出し */
.home-h2 {
  padding-bottom: 5px;
  margin: 30px 0 10px 0;
```

```
  color: #c84040;
  border-bottom: 1px dashed #c84040;
  font-size: 1.3rem;
}

/* お知らせ */
.home-news {
  padding: 30px;
  border-radius: 10px;
  background: #fff;
}

/* コース紹介 */
.home-course {
  display: flex;
  flex-flow: column;
}
.home-course li {
  flex: 1 1 auto;
  margin: 0 2px 4px 2px;
  border: solid 5px #fff;
  list-style-type: none;
  background: #fff;
}

/* 画面幅が広い(タブレット・パソコン向け) */
@media screen and (min-width: 768px) {
  .home-course {
    flex-flow: row;
  }
}

.home-course a {
  color: #393939;
  text-decoration: none;
}
.home-course figure:hover {
  opacity: 0.5;
}
.home-course figcaption {
  padding: 15px 0;
  font-size: 0.9rem;
  font-weight: bold;
  text-align: center;
}
```

図10-14 トップページが完成[*1]

*1 ここまでの途中経過：chapter10/c10-d/

フレックスボックスのパディング、マージン

今回、縦に並べたり横に並べたりしたボックスには、マージンもボーダーも適用されています。フレックスアイテムが伸縮するのは、ボックスのコンテンツ領域だけで、パディング、ボーダー、マージンは伸縮しません。また、上下マージンにたたみ込み[*2]も発生しません。

フレックスボックスのパディング、ボーダー、マージンについてはもう1つ、念のため注意しておきたいことがあります。それは、パディングやマージンの大きさを「%」で指定してはいけないということです[*3]。ブラウザ間で解釈に違いがあり、表示が崩れる可能性があります[*4]。

*2 「2つ以上のボックスを並べる」(p.137)

*3 フレックスボックスかどうかにかかわらず、ボーダーの太さは「%」で指定できません。

*4 パディングやマージンを「%」にするなんて考えたこともないという方が多いかもしれませんが、数年前までの（原始的な）レスポンシブWebデザインでは、パディングやマージンの大きさを「%」で指定することがありました。現在は、パディングやマージンを「%」で指定することはまずありません。

Note メディアクエリは、切り替えるスタイルのすぐ近くに書くとよい

メディアクエリは、同じCSSドキュメント内で何度でも書くことができます。その特性を生かして、メディアクエリは、切り替えるスタイルのすぐ近くに書くようにしましょう。後からCSSを見返したときに、切り替わるスタイルがすぐ近くにあるほうが理解しやすく、管理が楽になります。

図10-15 メディアクエリを書く場所。切り替えるスタイルのすぐ近くにするとわかりやすい

```
.home-maincopy {
  text-align: center;
  font-size: 1.4rem;
}
.home-maincopy strong {
  color: #c84040;
}
@media screen and (min-width: 768px) {
  .home-maincopy {
    font-size: 2.4rem;
  }
}
```

コース紹介ページを作成する

これから「コース紹介ページ」を作成します。

コース紹介ページは、テンプレートHTMLをもとに作成します。トップページ以外のページはすべて同様です。すでにヘッダー、フッター、基本的なレイアウト部分は完成しているので、主な作業はページのコンテンツの部分——このサイトでは<main>～</main>の中身——を作成することになります。

まず、「template」フォルダをコピー＆ペーストして複製し、フォルダ名を「course」に変更します。複製したフォルダの中にあるindex.htmlと、「css」フォルダのmain.cssを開いて編集します。

HTML コース紹介ページのHTML　chapter10/c10-01/course/index.html

```
...
<head>
...
<meta name="description" content="「Wordpressサイト構築 基礎と実践」WordPressでサイトを構築するための基礎知識から、実際の構築・運営ノウハウを実習しながら学ぶ全6回のコースです。"> ❶
<title>コース紹介:Wordpressサイト構築 基礎と実践</title> ❷
<link rel="stylesheet" href="../css/normalize.css">
<link rel="stylesheet" href="../css/main.css">
</head>
<body>
...
<!-- ========== main ========== -->
<section class="main">
  <div class="container">
    <main>
```

```
      <div class="course-container">
        <div class="course-image">
          <img src="../images/course-wordpress-small.png"
               srcset="../images/course-wordpress-small.png
1x,
                       ../images/course-wordpress-big.png 2x"
               alt="wordpress">
        </div><!-- /.course-image -->

        <div class="course-text">
          <h2 class="course-h2">Wordpressサイト構築　基礎と実践</h2>
          <ul class="course-spec">
          <li>6月30日　第1期開講</li>
          <li>基礎編:3回×90分<br>
          実践編:3回×90分</li>
          <li>全6回　¥108,000-</li>
          <li>
            <span class="course-label">HTML</span>
            <span class="course-label">CSS</span>
            <span class="course-label">PHP</span>
            <span class="course-label">MySQL</span>
            <span class="course-label">セキュリティ</span>
          </li>
          </ul><!-- /.course-text -->
        </div><!-- /.course-block2 -->
      </div><!-- /.course-container -->

      <div class="course-description">
        <p>WordPressでサイトを構築するための基礎知識から、実際の構築・運営ノウ
ハウを実習しながら学ぶ全6回のコースです。HTML、CSSはある程度書ける方が対象です。</
p>
        <p>基礎編では、WordPressのインストールから記事投稿の方法、テーマ作成
の基本部分までを取り上げます。</p>
        <p>実践編では、WordPressの高度な機能を使いこなして、コンテンツに合わ
せたサイト設計、セキュリティ対策、効果的なWebサイトに育てていくための運営ノウハウな
どをお送りします。</p>
        <p>基礎編のみ、実践編のみの受講も可能です。<a href="#">お気軽にお問い
合わせください</a>。</p>
      </div>

      <h3 class="course-h3">開催予定</h3>
      <table class="course-schedule">
        <tr><th>6月30日(土)</th><td>19:00～20:30</td><td>基礎編(1)
</td></tr>
        <tr><th>7月　1日(日)</th><td>19:00～20:30</td><td>基礎編(2)
</td></tr>
        <tr><th>7月2日(月)</th><td>19:00～20:30</td><td>基礎編(3)
</td></tr>
        <tr><th>7月3日(火)</th><td>19:00～20:30</td><td>実践編(1)
</td></tr>
```

コース概要

コース説明

スケジュール

```
        <tr><th>7月4日(水)</th><td>19:00～20:30</td><td>実践編(2)
</td></tr>
        <tr><th>7月5日(木)</th><td>19:00～20:30</td><td>実践編(3)
</td></tr>
      </table>

      <h3 class="course-h3">講師</h3>
      <div class="course-instructor">
        <img src="../images/instructor.jpg" alt="インストラクター
船出健一"> ❸
        <p class="course-instructor-name">船出健一</p>
        <p>アメリカに留学してIT技術を勉強した後、大手通信会社に勤務、会員専用サ
イトの構築・運営に携わる。2013年よりWebスペクタクル株式会社。各種Webサービスの企
画・開発、インフラ整備を担当している。</p>
      </div><!-- /.course-instructor -->

      <a href="#" class="course-button">お申し込み</a>

    </main>
  </div><!-- /.container -->
</section>
<!-- ========== /main ========== -->
...
</body>
</html>
```

講師プロフィール

CSS　コース紹介ページのCSS　chapter10/c10-01/css/main.css

```
/* ========== course コース紹介 ========== */
/* コース概要 */
.course-container {
  display: flex;
  flex-flow: column;
}

@media screen and (min-width: 768px) {
  .course-container {
    flex-flow: row;
  }
  .course-image {
    flex: 1 1 400px;
    margin-right: 20px;
  }
  .course-text {
    flex: 1 1 580px;
  }
}

.course-image img {
```

```
  border-radius: 10px;
}
.course-h2 {
  font-size: 1.6rem;
  margin-bottom: 1rem;
}
.course-spec {
  list-style-type: none;
}
.course-label {
  display: inline-block;
  padding: 0.1rem 0.5rem;
  margin-right: 0.1rem;
  border-radius: 3px;
  background: #c84040;
  font-size: 0.7rem;
  color: #fff;
}

/* コース説明 */
.course-h3 {
  margin: 30px 0 10px 0;
  color: #c84040;
  border-bottom: 1px dashed #c84040;
  font-size: 1.3rem;
}
.course-description {
  margin-top: 30px;
  padding: 30px;
  background: #fff url(../images/point.png) no-repeat;
  background-size: 50px 50px;  ❹
  border-radius: 10px;
}

/* スケジュール(テーブル) */
.course-schedule {
  border-collapse: collapse;
}
.course-schedule td, .course-schedule th {
  padding: 0.5em 1em;
  border-bottom: 1px dotted #aeaeae;
}

/* 講師プロフィール */
.course-instructor {
  overflow: hidden;
}
.course-instructor img {
  float: left;
  margin-right: 20px;
```

```
  border-radius: 50%;
  width: 20%;
}
.course-instructor-name {
  font-size: 1.2rem;
  font-weight: bold;
  padding: 1rem 0 0.5rem 0;
}

/* お申込みボタン */
.course-button {
  display: block;
  width: 300px;
  margin: 30px auto;
  padding: 1rem 0;
  background-color: #709a00;
  border-radius: 10px;
  text-align: center;
  text-decoration: none;
  color: #fff;
  font-size: 1.2rem;
}
.course-button:hover {
  background-color: #95cd00;
  color: #fff;
}
```

❺ (border-radius: 50%;)

図10-16　コース紹介ページが完成[*1]

＊1　ここまでの途中経過：chapter10/c10-e/

<meta name="description">と<title>の内容は1ページごとに変える

<meta name="description">❶のcontent属性に書くテキストと、<title>❷の内容は、1ページごとに変えるようにしましょう。2章の「HTMLドキュメントの基礎部分をマークアップ」(p.35)でも説明しましたが、とくに<title>タグの内容は、そのページの一番重要な見出し(通常は最初に出てくる<h1>)とほぼ同じ内容にしておきます。

高解像度の画像を背景画像に使用する方法

「コース説明」部分を囲む<div class="course-description">には、背景画像が指定してあります。この背景画像は50px×50pxで表示されていますが、画像ファイル自体は100px×100pxで作られています。背景画像に高解像度画像を使用するには、CSSでbackground-sizeプロパティを適用する必要があります[*1]。

今回のように、画像よりも大きなボックスに背景を指定する場合は、❹のように実際の表示サイズをピクセル数で指定します。逆に、画像よりも小さなボックスの背景にする場合は、background-sizeプロパティの値を「contain」にします。

＊1 「background-sizeプロパティ」(p.226)

図10-17　background-sizeプロパティの指定方法

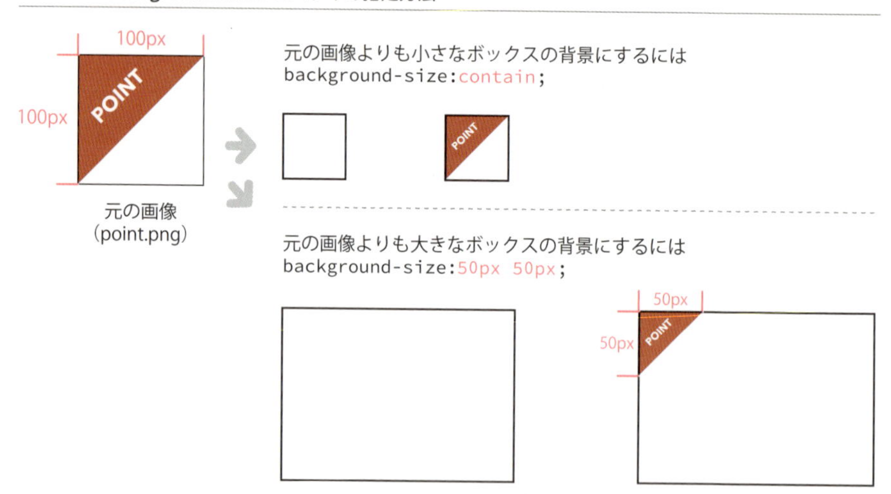

ボックスを丸く切り抜く

border-radiusプロパティ[*2]の値を「50%」にすると、四角いボックスを円形に切り抜くことができます。とくに<img>タグに適用して、写真を丸く表示するのによく使われます❸❺。

＊2 「border-radiusプロパティ」(p.150)

図10-18 「border-radius: 50%;」を適用すると、四角いボックスを丸く切り抜くことができる

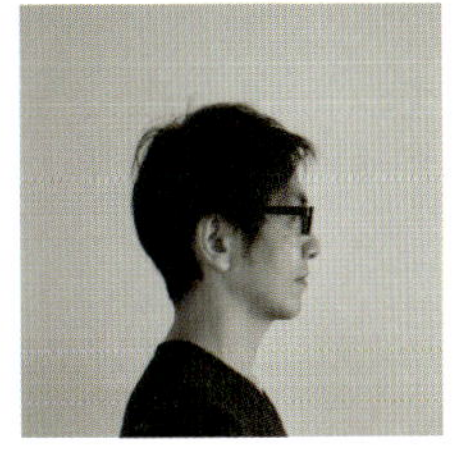

元の画像

border-radius:50%;

よくある質問ページを作成する

「よくある質問」のページを作成します。テンプレートフォルダをコピー＆ペーストして複製し、フォルダ名を「qanda」にしてから、index.html、style.cssを編集します。

HTML 「よくある質問」ページのHTML　chapter10/c10-01/qanda/index.html

```
<main>
  <h1>よくある質問</h1>
  <p class="q-and-a question">受講にあたってパソコンは必要ですか？</p> ❶
  <p class="q-and-a answer">パソコンは、教室で貸し出しをしておりません。パソコンは必ずご用意ください。</p>

  <p class="q-and-a question">教室まで通う時間がありません。</p>
  <p class="q-and-a answer">Coderaの全授業は、オンラインで動画を公開しています(要会員登録)。また、オンライン専用コースもあります。まずはお気軽にご相談ください。</p>

  <p class="q-and-a question">コンテストがあると聞いたのですが？</p>
  <p class="q-and-a answer">6ヶ月に1回、Webアプリケーション部門、スマートフォンアプリ部門、グラフィック部門など、現在計5部門のコンテストを開催しています。受講生・卒業生であれば、どなたでも応募できます。詳しい内容は受講生の方々にメールをお送りしています。</p>

  <p class="q-and-a question">授業料の払い戻しはできますか？</p>
  <p class="q-and-a answer">講座の開講2日前までであれば可能です。詳しくはお問い合わせください。</p>
</main>
```

CSS 「よくある質問」ページのCSS　chapter10/c10-01/css/main.css

```
/* ========== qanda よくある質問 ========== */
.q-and-a {
  margin-top: 1em;
  padding: 8px 0 0 60px; ❷
}
```

```
.question {
  font-weight: bold;
  color: #6eba44;
  background: url(../images/q.png) no-repeat;
  background-size: 40px 40px;
}
.answer {
  margin-bottom: 2em;
  background: url(../images/a.png) no-repeat;
  background-size: 40px 40px;
}
```

図10-19　よくある質問ページが完成[*1]

[*1] ここまでの途中経過：chapter10/c10-f/

<p>に適用されるCSS

それぞれの質問と回答は、<p>～</p>でマークアップされています❶。この<p>には背景画像を適用しているほか、上8px、左60pxのパディングも適用しています❷。ボックスモデルは次図のようになっています。テキストの冒頭部分に、マークのような画像を表示させたいときによく使われるテクニックです。

図10-20　<p>のパディングの状態

複数クラスの使用

ところで、質問の段落と回答の段落に適用するスタイルは、使用している背景画像やテキスト色などは違いますが、マージンやパディングの設定は基本的に同じです。

一部のCSSの設定が同じときに、「共通する部分のスタイル」と「独自のスタイル」を別々に作成しておいて、HTMLの要素にはその両方が適用されるよう、複数のクラスを指定することがあります。共通する部分をまとめて1つのクラスにしておくと、一括で修正ができ[*1]、管理もしやすくなります。よく使われる便利なテクニックです。

＊1　たとえばパディングの値を修正したくなったときに、共通する部分がまとまっていれば、CSSを1箇所書き換えるだけで済みます。

図10-21　要素に複数のクラスを指定する

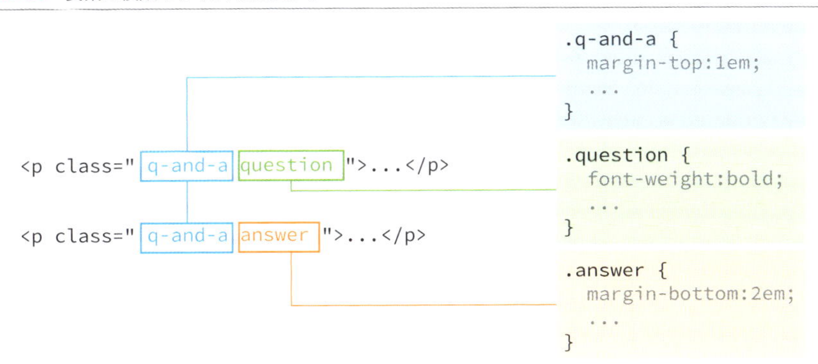

お申込みページを作成する

「お申込み」ページを作成します。「コース紹介」ページ、「よくある質問」ページ同様、「template」フォルダを複製して、フォルダ名を「contact」に変えてから、index.html、style.cssを編集します。フォームのマークアップとCSSの適用については、8章を参照してください。

HTML　お申込みページのHTML　chapter10/c10-01/contact/index.html

```
<main>
  <h1>お申し込み</h1>
  <div class="contact">
    <p>受講をご希望の方は、以下のフォームに必要事項を入力してください。</p>
    <form action="#" method="POST">
      <p><label for="name-field">お名前</label><br>
      <input type="text" name="name" id="name-field"></p>
      <p><label for="email-field">メールアドレス</label><br>
      <input type="email" name="email" id="email-field"></p>
      <p>
        <label for="course">ご希望のコース</label><br>
        <select name="course" id="course">
          <option value="" selected>コースを選択してください</
option>
          <option value="course1">HTML&amp;CSS基礎</option>
          <option value="course2">WordPressサイト構築</option>
          <option value="course3">Pythonでデータ解析</option>
          <option value="course4">Rubyスクレイピング</option>
```

```
        </select>
      </p>
      <p><label for="comment">ご意見・ご質問など</label><br>
      <textarea name="comment" id="comment"></textarea></p>
      <p><input type="submit" name="submit" value="入力した内容を
確認" id="submit"></p>
    </form>
  </div>
</main>
```

CSS　お申込みページのCSS　chapter10/c10-01/css/main.css

```
/* ========== contact お申し込み ========== */
.contact {
  padding: 20px;
  background: #fff;
  border-radius: 10px;
}
.contact p {
  margin-bottom: 1em;
}

input[type="text"],
input[type="email"],
textarea {
  width: 100%;
}
textarea {
  height: 200px;
  border: 1px solid: #ccc;
}

@media screen and (min-width: 768px) {
  input[type="text"],
  input[type="email"] {
    width: 50%;
  }
}

/* お申込みボタン */
input[type="submit"] {
  width: 300px;
  padding: 8px 0;
  background-color: #709a00;
  border: none;
  border-radius: 10px;
  text-align: center;
  text-decoration: none;
  color: #fff;
```

```
  font-size: 1.2rem;
}
```

図10-22　お申込みページが完成[*1]

＊1　これで完成です。確認には「chapter10/c10-01/」のデータをご覧ください。

完成後、必要なら最後の仕上げでパスを書き換える

Webサイトのページが出揃ったら、めでたく完成、あとは公開するのみです。

ですが、場合によっては、Webサーバーにデータをアップロードする前に、HTMLドキュメント内のパスを書き換えるときがあります。

URLの「index.html」は、Webサーバー上では省略しても正しくリンクがつながるため、公開されている多くのWebサイトでは省略しています[*2]。

そこで、公開直前にリンクのパスから「index.html」を省略したり、相対パスをルート相対パス[*3]に書き換えたりという、「後加工」をすることがあります。

リンクのパスを書き換えるには、複数のファイルを一括で検索・置換できるテキストエディタ、またはAdobe Dreamweaverなどのアプリケーションを使うと便利です。ただし、検索・置換でパスを書き換えるのは、少しでも間違えると事故につながる危険な操作です。バックアップを取るなど、十分に注意して行いましょう。

こうした危険な後加工を避けるためにも、現在では多くの制作会社が開発用のWebサーバーで作業をしていると考えられます。Webサイトの制作には、開発用のWebサーバーを用意することをお勧めします。

＊2　「特殊なファイル名『index.html』」(p.87)

＊3　「ルート相対パス」(p.88)

Note Photoshopを使わず、いきなりHTMLとCSSを書く時代のデザイン

レスポンシブWebデザインが普及する以前は、Photoshopなどの画像編集アプリケーションを使って、デザインを画像ファイル[*1]で作成していました。そして、作成したデザイン画像から実際のページで使う部分を切り出し、また各所のサイズを計測して、HTML・CSSを書いていました。現在でもこの方式は健在で、とくにページのデザインを担当するデザイナーと、HTML・CSSをマークアップするマークアップエンジニアが分業する場合は、デザイン画像の作成は必須といえるでしょう。

しかし、レスポンシブWebデザインでは、ページのデザインは画面の幅に応じて変わるため、デザインを静止した画像ファイルに描き起こすことが困難です。また、CSSの機能が強化されたおかげで、わざわざ画像を作らなくて済むケースが多くなっているので、デザイン画像を描き起こすこと自体が遠回りな作業になりつつあります。

そこで、最近では画像編集アプリケーションでデザインを起こさず、いきなりHTML・CSSを書いてしまうケースが増えています。この作業の流れだと、「デザインが完成した時点で、HTMLもCSSもできあがっている」ということになります。

デザイン画像ファイルを作らないため、作業工程が簡略化されるという利点はありますが、その半面、デザイナーがHTML・CSSを書ける必要がある、もしくはエンジニアがデザインをできる必要があります。いままで以上に高いスキルが要求されるようになってきているといえるでしょう。

なお、いきなりHTML・CSSを書いてデザインするために、レイアウトやよく使われるパーツのCSSがあらかじめ作られた、「CSSフレームワーク」と呼ばれるライブラリを使うことがあります。有名なCSSフレームワークには「Bootstrap」などがあります。

また、商業用のWebサイトでは、数ページのサイトであっても、CSSの行数が1000行を超えることも珍しくありません。サイトの規模が大きくなれば、なおさらCSSは巨大化するため、管理が大変です。そこで、管理を少しでもしやすくするために、「CSSプリプロセッサー」と呼ばれるツールを使うこともあります。CSSプリプロセッサーとしては「Sass」が有名で、多くのWeb開発者が使用しています。

BootstrapやSassは、どちらも利用者が多く、検索すればいろいろなテクニックを紹介した記事が見つかります。HTMLやCSSに慣れてきたら、こうしたライブラリやツールを試してみるとよいでしょう。

Bootstrap

URL http://getbootstrap.com

Sass

URL http://sass-lang.com

*1 Webページのマークアップに入る前に作成するデザイン画像のことを「カンプ」といいます。

COLUMN

参考資料：HTML・CSSの機能とブラウザの対応状況

現在、スマートフォンに対応しないWebサイトを作ることは、まず考えられません。

世界中のWebサイトのアクセス統計を公表している「StatCounter Global Stats*1」によれば、パソコン（Windows、Mac）からの閲覧が約64%、スマートフォンおよびタブレット端末（Android、iOS）からは約29%となっています。スマートフォンの存在は大きく、無視できないのです*2。

● スマートフォンに対応する2種類の方法

Webサイトを、パソコンにもスマートフォンにも、画面サイズに合わせて最適なデザインで提供する方法は2通りあります。そのうちの1つはレスポンシブWebデザインですが、もう1つは、パソコン向けとスマートフォン向けに2つのサイトを作ることです。それぞれのメリット・デメリットを次表に挙げます。

表10-2 レスポンシブWebデザインと別サイト構築のメリットとデメリット

テクニック	メリット	デメリット
レスポンシブWebデザイン	・別サイトを構築するのに比べると、作業にかかる手間は少なくて済む ・パソコンで閲覧してもスマートフォンで閲覧しても、同一ページであればURLが変わらないので、スマートフォンで見ていたページの続きをパソコンで見る、などがしやすくユーザーに利点がある。HTMLが1枚で済むので管理がしやすく、またアクセス解析がしやすいという点から運営側にも利点がある	・パソコン向けに作られた既存のコンテンツがたくさんあるサイトの場合、レイアウトを変えることが難しいため、レスポンシブWebデザインの導入は難しい。サービス系のWebサイトなどで、サーバー側プログラムを変更しなければならない場合も難しいかもしれない ・機能的に劣る、古いブラウザをサポートしなければならないときには構築が手間
別サイトを構築する	・古いブラウザがサポートしやすくなる	・一般に、レスポンシブWebデザインに比べ作業量が多くなる ・同じ内容が掲載されたページであっても、パソコン用とスマートフォンでURLが変わる、つまり途中まで見た続きを別の端末で見るのが難しい

● ブラウザの対応状況と対処法

レスポンシブWebデザインで構築できるかどうかを左右する要素の1つが、「どこまで古いブラウザをサポートするか」です。当然、古いブラウザほど機能が少なくなります。レスポンシブWebデザインではメディアクエリなど比較的新しい機能を使うため、基本的に「古いブラウザに対応しようとすればするほど、スマートフォンに対応するのが難しくなる」といえます。

そこで、原則としては、「IE8をサポートしなければならないなら、レスポンシブWebデザインで構築するのはあきらめる」のが安全です。また、IE9、IE10をサポートしなければならないのなら、フレックスボックスではなくフロートを使います。

なお、IE10以前は、マイクロソフトの公式サポートが2016年1月12日に切れています*3。また、IE8～IE10のブラウザのシェアが2%以下という統計も出ており*4、スマートフォンをサポートすることに比べてその重要度は低いと考えられます。IE11

*1 2016年9月時点。日本国内からのWebサイト閲覧で使用されたOSの割合。http://gs.statcounter.com/#all-os-JP-monthly-201509-201609

*2 実際にはこれよりもスマートフォン比率の高いWebサイトはたくさんあります。実際、著者が運営管理しているいくつかのサイトでも、スマートフォン比率は高いところで7割を超えています。

*3 Windows Serverの一部ではサポートが残っています。

*4 2016年9月時点日本国内のバージョン別ブラウザシェア。「Stat Counter Global Stats」による。http://gs.statcounter.com/#all-browser_version_partially_combined-JP-monthly-201509-201609

より古いブラウザをサポートする必要が本当にあるのかどうか、少なくとも検討すべき時期にあります。

以下に、ブラウザが対応しているかどうかでWebサイトの作り方が大きく変わってくる機能3つ——メディアクエリ、フレックスボックス、単位rem——の、ブラウザの対応状況を掲載しておきます。

・メディアクエリ

メディアクエリは、IE9以降が対応しています。IE8は、メディアクエリの部分を完全に無視します。IE8をサポートする場合は、前述のとおりレスポンシブWebデザインをあきらめるか、デスクトップファーストCSS[*1]で記述します。

*1 「メディアクエリ」(p.216)

図10-23 メディアクエリの対応状況と代替手段

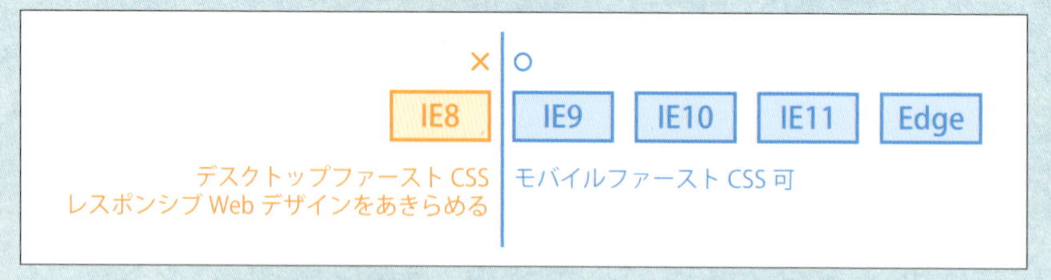

・フレックスボックス

フレックスボックスには、IE11以降が対応しています[*2]。そのため、IE10以前をサポートする場合は、フレックスボックスではなくフロートを使ってレイアウトやナビゲーションを組み立てます。

*2 ただし、IE11のフレックスボックスには多少不具合があります。フレックスボックスを使う際はよく動作確認をしましょう。

図10-24 フレックスボックスの対応状況と代替手段

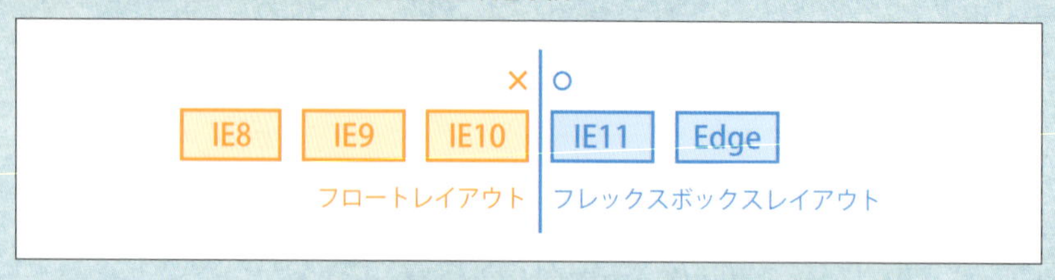

・単位rem

CSSの単位「rem」は、IE9以降が対応しています。そのため、IE8をサポートする場合には「すべてのフォントサイズを相対的に決める方法」(p.56)で紹介した方法は使えません。

図10-25 単位remの対応状況と代替手段

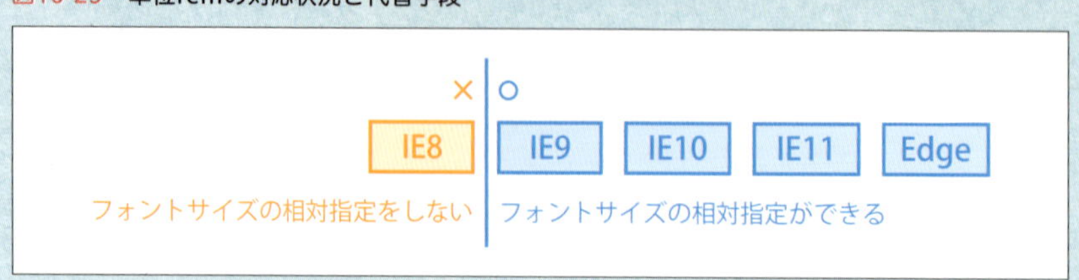

INDEX
HTML5&CSS3

本書のサポートページ

https://isbn.sbcr.jp/88541/

本書をお読みいただいたご感想を上記URLからお寄せください。
本書に関するサポート情報やお問い合わせ受付フォームも掲載しておりますので、あわせてご利用ください。

著者紹介

狩野 祐東（かのう すけはる）

UIデザイナー／エンジニア／執筆家
アメリカ・サンフランシスコでUIデザイン理論を学ぶ。帰国後会社勤務、フリーランスを経て、2016年株式会社Studio947設立。Webサイトやアプリケーションのインターフェースデザイン、インタラクティブコンテンツの開発を数多く手がける。各種セミナーや研修講師としても活動中。

主な著書に『確かな力が身につくJavaScript「超」入門』『スラスラわかるCSSデザインのきほん』『作りながら学ぶjQueryデザインの教科書』『スラスラわかるHTML&CSSのきほん』（SBクリエイティブ）など。

https://studio947.net
@deinonychus947

著者の書籍サポートサイト『狩野祐東の本』
https://book.studio947.net

・サンプルデータ作成協力
狩野さやか（株式会社Studio947）

いちばんよくわかる
HTML5 & CSS3 デザインきちんと入門

2016年 11月 7日 初版第1刷発行
2018年 12月26日 初版第7刷発行

著　者…………狩野 祐東
発行者…………小川 淳
発行所…………SBクリエイティブ株式会社
〒106-0032　東京都港区六本木2-4-5
TEL 03-5549-1201（営業）
https://www.sbcr.jp
印刷・製本…………株式会社シナノ
カバーデザイン…………武田 厚志（SOUVENIR DESIGN INC.）
制　作…………クニメディア株式会社

落丁本、乱丁本は小社営業部（03-5549-1201）にてお取り替えいたします。
定価はカバーに記載されております。

Printed in Japan ISBN 978-4-7973-8854-1